执业资格考试丛书

一级注册建筑师考试历年真题与解析
第四分册　建筑材料与构造

（第十一版）

《注册建筑师考试教材》编委会　编

曹纬浚　主编

中国建筑工业出版社

图书在版编目（CIP）数据

一级注册建筑师考试历年真题与解析.第四分册　建筑材料与构造/《注册建筑师考试教材》编委会编；曹纬浚主编. —11版.
北京：中国建筑工业出版社，2016.10
（执业资格考试丛书）
ISBN 978-7-112-20024-5

Ⅰ.①一⋯ Ⅱ.①注⋯②曹⋯ Ⅲ.①建筑材料-资格考试-题解②建筑结构-资格考试-题解 Ⅳ.①TU-44

中国版本图书馆CIP数据核字（2016）第251138号

责任编辑：张　建　何　楠
责任校对：王宇枢　关　健

执业资格考试丛书
一级注册建筑师考试历年真题与解析
第四分册　建筑材料与构造
（第十一版）
《注册建筑师考试教材》编委会　编
曹纬浚　主编
*
中国建筑工业出版社出版、发行（北京西郊百万庄）
各地新华书店、建筑书店经销
北京红光制版公司制版
廊坊市海涛印刷有限公司印刷
*
开本：787×1092毫米　1/16　印张：18　字数：438千字
2016年11月第十一版　2016年11月第十五次印刷
定价：**45.00**元
ISBN 978-7-112-20024-5
（29461）

版权所有　翻印必究
如有印装质量问题，可寄本社退换
（邮政编码　100037）

《注册建筑师考试教材》
编 委 会

主 任 委 员　赵知敬
副主任委员　于春普　曹纬浚
主　　　编　曹纬浚
编　　　委（以姓氏笔画为序）

于春普　王昕禾　冯　玲　吕　鉴
任朝钧　刘　博　刘宝生　李　英
李魁元　杨金铎　何　力　汪琪美
张思浩　陈　璐　陈向东　林焕枢
周惠珍　赵知敬　荣玥芳　侯云芬
姜中光　耿长孚　贾昭凯　钱民刚
曹纬浚　曾　俊　樊振和

序

赵春山

(住房和城乡建设部执业资格注册中心原主任
兼全国勘察设计注册工程师管理委员会副主任
中国建筑学会常务理事)

我国正在实行注册建筑师执业资格制度,从接受系统建筑教育到成为执业建筑师之前,首先要得到社会的认可,这种社会的认可在当前表现为取得注册建筑师执业注册证书,而建筑师在未来怎样行使执业权力,怎样在社会上进行再塑造和被再评价从而建立良好的社会资源,则是另一个角度对建筑师的要求。因此在如何培养一名合格的注册建筑师的问题上有许多需要思考的地方。

一、正确理解注册建筑师的准入标准

我们实行注册建筑师制度始终坚持教育标准、职业实践标准、考试标准并举,三者之间相辅相成、缺一不可。所谓教育标准就是大学专业建筑教育。建筑教育是培养专业建筑师必备的前提。一个建筑师首先必须经过大学的建筑学专业教育,这是基础。职业实践标准是指经过学校专门教育后又经过一段有特定要求的职业实践训练积累。只有这两个前提条件具备后才可报名参加考试。考试实际就是对大学建筑教育的结果和职业实践经验积累结果的综合测试。注册建筑师的产生都要经过建筑教育、实践、综合考试三个过程,而不能用其中任何一个去代替另外两个过程,专业教育是建筑师的基础,实践则是在步入社会以后通过经验积累提高自身能力的必经之路。从本质上说,注册建筑师考试只是一个评价手段,真正要成为一名合格的注册建筑师还必须在教育培养和实践训练上下工夫。

二、关注建筑专业教育对职业建筑师的影响

应当看到,我国的建筑教育与现在的人才培养、市场需求尚有脱节的地方,比如在人才知识结构与能力方面的实践性和技术性还有欠缺。目前在建筑教育领域实行了专业教育评估制度,一个很重要的目的是想以评估作为指挥棒,指挥或者引导现在的教育向市场靠拢,围绕着市场需求培养人才。专业教育评估在国际上已成为了一种通行的做法,是一种通过社会或市场评价教育并引导教育围绕市场需求培养合格人才的良好机制。

当然,大学教育本身与社会的具体应用需要之间有所区别,大学教育更侧重于专业理论基础的培养,所以我们就从衡量注册建筑师的第二个标准——实践标准上来解决这个问题。注册建筑师考试前要强调专业教育和三年以上的职业实践。现在专门为报考注册建筑

师提供一个职业实践手册，包括设计实践、施工配合、项目管理、学术交流四个方面共十项具体实践内容，并要求申请考试人员在一名注册建筑师指导下完成。

理论和实践是相辅相成的关系，大学的建筑教育是基础理论与专业理论教育，但必须要给学生一定的时间使其把理论知识应用到实践中去，把所学和实践结合起来，提高自身的业务能力和专业水平。

大学专业教育是作为专门人才的必备条件，在国外也是如此。发达国家对一个建筑师的要求是：没有经过专门的建筑学教育是不能称之为建筑师的，而且不能进入该领域从事与其相关的职业。企业招聘人才也首先要看他们是否具备扎实的基本知识和专业本领，所以大学的本科建筑教育是必备条件。

三、注意发挥在职教育对注册建筑师培养的补充作用

在职教育在我国有两个含义：一种是后补充学历教育，即本不具备专业学历，但工作后经过在职教育通过社会自学考试，取得从事现职业岗位要求的相应学历；还有一种是继续教育，即原来学的本专业和其他专业学历，随着科技发展和自身业务领域的拓宽，原有的知识结构已不适应了，于是通过在职教育去补充相关知识。由于我国建筑教育在过去一时期底子薄，培养数量与社会需求差距很大。改革开放以后为了满足快速发展的建筑市场需求，一批没有经过规范的建筑教育的人员进入了建筑师队伍。而要解决好这一历史问题，提高建筑师队伍整体职业素质，在职教育有着重要的补充作用。

继续教育是在职教育的一种行之有效的教育形式，它特指具有专业学历背景的在职人员从业后，因社会的发展使得原有知识需要更新，要通过参加新知识、新技术的学习以调整原有知识结构，拓宽知识范围。它在性质上与在职培训相同，但又不能完全画等号。继续教育是有计划性、目标性、提高性的，从整体人才队伍和个人知识总体结构上作调整和补充。当前，社会在职教育在制度上和措施上还不够完善，质量很难保证。有一些人把在职读学历作为"镀金"，把继续教育当作"过关"。虽然最后证明拿到了，但实际的本领和水平并没有相应提高。为此需要我们做两方面的工作：一是要让我们的建筑师充分认识到在职教育是我们执业发展的第一需求；二是我们的教育培训机构要完善制度、改进措施、提高质量，使参加培训的人员有所收获。

四、为建筑师创造一个良好的职业环境

要向社会提供高水平、高质量的设计产品，关键还是要靠注册建筑师的自身素质，但也不可忽视社会环境的影响。大众审美的提高可以让建筑师感受到社会的关注，增强自省意识，努力创造出一个经受得住大众评价的作品。但目前实际上建筑师的很多设计思想受开发商与业主方面很大的影响，有时建筑水平并不完全取决于建筑师，而是取决于开发商与业主的喜好。有的业主审美水平不高，很多想法往往只是自己的意愿，这就很难做出跟社会文化、科技、时代融合的建筑产品。要改善这种状态，首先要努力创造尊重知识、尊重人才的社会环境。建筑师要维护自己的职业权力，大众要尊重建筑师的创作成果，业主不要把个人喜好强加于建筑师。同时建筑师自己也要提高自身的素质和修养，增强社会责任感，建立良好的社会信誉。要让创造出的作品得到大众的尊重，首先自己要尊重自己的劳动成果。

五、认清差距，提高自身能力，迎接挑战

目前中国的建筑师与国际水平还存在着一定差距，而面对信息化时代，如何缩小差距

以适应时代变革和技术进步，成为建筑教育需要探讨解决的问题，并及时调整、制定新的对策。

我们现在的建筑教育不同程度地存在重艺术、轻技术的倾向。在注册建筑师资格考试中明显感觉到建筑师们在相关的技术知识包括结构、设备、材料方面的把握上有所欠缺，这与教育有一定的关系。学校往往比较注重表现能力方面的培养，而技术方面的教育则相对不足。尽管这些年有的学校进行了一些课程调整，加强了技术方面的教育，但从整体来看，现在的建筑师在知识结构上还是存在欠缺。

建筑是时代发展的历史见证，它凝固了一个时期科技、文化发展的印记，建筑师如果不能与时代发展相适应，努力学习和掌握当代社会发展的科学技术与人文知识，提高建筑的科技、文化内涵，就很难创造出高水平的作品。

当前，我们的建筑教育可以利用互联网加强与国外信息的交流，了解和掌握国外在建筑方面的新思路、新理念、新技术。这里想强调的是，我们的建筑教育还是应该注重与社会发展相适应。当今，社会进步速度很快，建筑所蕴含的深厚文化底蕴也在不断地丰富、发展。现代建筑创作不能单一强调传统文化，要充分运用现代科技发展成果，使经济、安全、健康、适用和美观得到全面体现。在人才培养上也要与时俱进。加强建筑师科技能力的培养，让他们学会适应和运用新技术、新材料去进行建筑创作。

一个好的建筑要实现它的内在和外表的统一，必须要做到：建筑的表现、材料的选用、结构的布置以及设备的安装融为一体。但这些在很多建筑中还做不到，这说明我们一些建筑师在对新结构、新设备、新材料的掌握和运用上能力不够，还需要加大学习的力度。只有充分掌握新的结构技术、设备技术和新材料的性能，建筑师才能够更好地发挥创造水平，把技术与艺术很好地融合起来。

中国加入WTO以后面临国外建筑师的大量进入，这对中国建筑设计市场将会有很大的冲击，我们不能期望通过政府设立各种约束限制国外建筑师的进入而自保，关键是要使国内建筑师自身具备与国外建筑师竞争的能力，迎接挑战，参与竞争，通过实践提高我们的设计水平，为社会提供更好的建筑作品。

前　言

　　《注册建筑师考试教材》的编者自1995年起就先后参加了北京市注册建筑师考试辅导班的培训工作。编者以考试大纲和现行规范、标准为依据，在辅导班讲课教案的基础上，经多年教学实践的检验修改，于2001年为全国考生正式编写、出版了《注册建筑师考试教材》。为帮助考生复习，更好地掌握教材内容，我们又编写了《历年真题与解析》。书中收录了历年大量的真实试题，并提供了提示和参考答案，深受考生欢迎。

　　为了方便考生复习，我们将《历年真题与解析》（知识题部分）分为5个分册，以对应《教材》的第一至五分册。收录了2004~2012年的真实试题（今年个别分册还增加了2013、2014年试题）。我们将最近4年的试题集中放在《历年真题与解析》各分册的后面，以方便考生做考前自测。对2004~2009年的考题，由于有些题与以后的试题重复，有些题因规范的更新已经过时，我们将这些重复的和过时的题均删去，将其按从2009年起由近及远的顺序放在《历年真题与解析》的各章中。除第一、二章和第二分册的部分章外，其他各章试题已分到各节，以方便考生在复习完教材的某章或某节时可及时做题练习，以检验和巩固自己的学习效果。

　　因2015、2016两年停考，2015~2016年底开始实施的新修订的规范、标准不少，与我们考试关系较大的有：《城市工程管线综合规划规范》、《城乡建设用地竖向规划规范》、《文化馆建筑设计规范》、《图书馆建筑设计规范》、《博物馆建筑设计规范》、《托儿所、幼儿园建筑设计规范》、《旅馆建筑设计规范》、《综合医院建筑设计规范》、《传染病医院建筑设计规范》、《车库建筑设计规范》、《住宅室内装饰装修设计规范》、《建筑设计防火规范》、《汽车库、修车库、停车场设计防火规范》、《智能建筑设计标准》、《绿色建筑评价标准》、《公共建筑节能设计标准》、《防洪标准》等。另外，还有《建设工程勘察设计管理条例》、《混凝土结构设计规范》、《城市居住区规划设计规范》、《建筑抗震设计规范》等，2015~2016年作了局部修订（详见本书附录2）。2017版的《历年真题与解析》均按这些新修订的规范、标准进行了修订。

　　原《历年真题与解析》中的作图部分并入了《教材》第六分册，该分册收录了"建筑方案、技术和场地设计（作图）"历年的真实试题，并提供了参考答案，有的题还附有判卷时的判分标准，对作图考试备考必定大有好处。

　　建议考生先认真复习好《教材》，真正掌握考试大纲要求的基本概念和标准、规范；在此基础上，再认真做《历年真题与解析》，通过解答试题，结合书中所提供的提示和答案，纠正错误概念，必将有利于巩固复习成果，进一步理解考试大纲的要求，更实际地熟悉《教材》中的基本概念及标准、规范。相信这套《历年真题与解析》一定能对考生提高答题的准确率和速度起到重要作用。本书对二级注册建筑师考生同样有重要的指导作用。

　　本书附录5对知识单选题考试备考和应试提出了建议，请各位考生注意阅读。

本书提示中引述的法律、法规、规范、标准及参考书目较多，为避免繁琐，我们将引述 4 次以上的法律、法规、规范、标准及参考书目均以简称代替，并在每章后附有这些法律、法规、规范、标准的简称、全称对照表，以方便考生查阅。

《历年真题与解析》主编： 曹纬浚

第一分册
"设计前期工作"及"场地设计知识" 耿长孚、陶维华
"建筑设计原理"及"建筑设计标准、规范" 张思浩
"中国古代建筑史" 何 力
"外国建筑史" 姜中光
"城市规划基础知识" 任朝钧、荣玥芳

第二分册
"建筑力学" 钱民刚
"建筑结构上的作用及设计方法"、"钢筋混凝土结构设计"
"钢结构设计"、"砌体结构设计"及"木结构设计" 林焕枢
"建筑结构与结构选型"、"建筑抗震设计基本知识"及
"地基与基础" 曾 俊

第三分册
"建筑热工与节能" 汪琪美
"建筑光学" 刘 博
"建筑声学" 李 英
"建筑给水排水" 吕 鉴、张 英
"暖通空调" 贾昭凯
"建筑电气" 冯 玲

第四分册
"建筑材料" 侯云芬
"建筑构造" 杨金铎

第五分册
"建筑经济" 周惠珍、陈向东
"建筑施工" 刘宝生、穆静波
"设计业务管理" 李魁元

《注册建筑师考试教材》编委会
2016 年 10 月

读者如发现《历年真题与解析》和《教材》中有差错，可发送电子邮件至：caowj0818@126.com。

一级注册建筑师考试历年真题与解析

总 目 录

第一分册 设计前期 场地与建筑设计（知识）

一 设计前期工作
二 场地设计知识
三 建筑设计原理
四 中国古代建筑史
五 外国建筑史
六 城市规划基础知识
七 建筑设计标准、规范
《设计前期与场地设计》三套试题及提示、参考答案
《建筑设计》三套试题及提示、参考答案

第二分册 建 筑 结 构

八 建筑力学
九 建筑结构与结构选型
十 建筑结构上的作用及设计方法
十一 钢筋混凝土结构设计
十二 钢结构设计
十三 砌体结构设计
十四 木结构设计
十五 建筑抗震设计基本知识
十六 地基与基础
《建筑结构》三套试题及提示、参考答案

第三分册 建筑物理与建筑设备

十七 建筑热工与节能
十八 建筑光学

十九　建筑声学
二十　建筑给水排水
二十一　暖通空调
二十二　建筑电气
《建筑物理与建筑设备》三套试题及提示、参考答案

第四分册　建筑材料与构造

二十三　建筑材料
二十四　建筑构造
《建筑材料与构造》三套试题及提示、参考答案

第五分册　建筑经济 施工与设计业务管理

二十五　建筑经济
二十六　建筑施工
二十七　设计业务管理
《建筑经济 施工与设计业务管理》三套试题及提示、参考答案

第四分册 建筑材料与构造

目 录

序 ··· 赵春山
前言
二十三 建筑材料 ·· 1
 （一）材料科学与建筑材料的基本性质 ·· 1
 （二）气硬性无机胶凝材料 ·· 3
 （三）水泥 ··· 7
 （四）混凝土 ··· 12
 （五）建筑砂浆 ·· 19
 （六）墙体材料与屋面材料 ·· 21
 （七）建筑钢材 ·· 24
 （八）木材 ··· 30
 （九）建筑塑料 ·· 34
 （十）防水材料 ·· 39
 （十一）绝热材料与吸声材料 ·· 45
 （十二）装饰材料 ··· 51
二十四 建筑构造 ·· 77
 （一）建筑物的分类、等级和建筑模数 ·· 77
 （二）建筑物的地基、基础和地下室构造 ··· 81
 （三）墙体的构造 ··· 91
 （四）楼板、楼地面、底层地面和顶棚构造 ·· 114
 （五）楼梯、电梯、台阶和坡道构造 ·· 126
 （六）屋顶的构造 ··· 131
 （七）门窗选型与构造 ··· 144
 （八）建筑工业化的有关问题 ··· 154
 （九）建筑装饰装修构造 ··· 156
 （十）高层建筑及老年人建筑和无障碍设计的构造措施 ································· 172
《建筑材料与构造》2014 年试题及提示、参考答案 ·· 184
《建筑材料与构造》2013 年试题及提示、参考答案 ·· 203
《建筑材料与构造》2012 年试题及提示、参考答案 ·· 221

《建筑材料与构造》2011年试题及提示、参考答案 ………………………… 239
附录1　全国一级注册建筑师资格考试大纲 …………………………………… 257
附录2　全国一级注册建筑师资格考试规范、标准及主要参考书目 ………… 260
附录3　2014年度全国一、二级注册建筑师资格考试考生注意事项 ………… 268
附录4　解读《考生注意事项》 ……………………………………… 郭保宁　270
附录5　对知识单选题考试备考和应试的建议 ………………………………… 275

二十三 建 筑 材 料

（一）材料科学与建筑材料的基本性质

23-1-1 (2010) 通常把导热系数（λ）值最大不超过多少的材料划分为绝热材料？
A 0.20W/（m·K）　　　　　　　　B 0.21W/（m·K）
C 0.23W/（m·K）　　　　　　　　D 0.25W/（m·K）
提示：导热系数小于0.23W/（m·K）的材料为绝热材料。
答案：C

23-1-2 (2010) 石棉水泥制品属于（　　）。
A 层状结构　　　B 纤维结构　　　C 散粒结构　　　D 堆聚结构
提示：石棉水泥制品是由水泥将大量细小呈堆聚状态的石棉纤维粘结而成。
答案：D

23-1-3 (2008) 建筑材料分类中，下列哪种材料属于复合材料？
A 不锈钢　　　　B 合成橡胶　　　C 铝塑板　　　　D 水玻璃
提示：铝塑板属于有机—无机复合材料。
答案：C

23-1-4 (2007) 下列常用建筑材料中，何者不属于脆性材料？
A 混凝土　　　　B 石材　　　　　C 砖　　　　　　D 木材
提示：材料受外力作用，当外力达到一定数值时，材料发生突然破坏，且破坏时无明显的塑性变形，这种性质称为脆性，具有这种性质的材料称脆性材料。材料在冲击或振动荷载作用下，能吸收较大的能量，同时产生较大的变形而不破坏的性质称为韧性。混凝土、石材和砖都是无机脆性材料，而木材为有机植物性材料，是韧性材料。
答案：D

23-1-5 (2006) 我国传统意义上的三大建材是下列哪一组？
A 钢材、水泥、砖瓦　　　　　　　B 钢材、水泥、玻璃
C 钢材、水泥、木材　　　　　　　D 钢材、水泥、塑料
提示：钢材、水泥和木材是我国传统意义上的三大建材。
答案：C

23-1-6 (2005) 建筑材料的结构有宏观结构、细观结构和微观结构。在宏观结构中，塑料属于以下哪种结构？
A 致密结构　　　B 多孔结构　　　C 微孔结构　　　D 纤维结构
提示：建筑材料的宏观结构按照其密实程度（或者说孔隙特征）可以分为致

构、纤维结构、层状结构、散粒结构等。塑料属于致密结构。
答案：A

23-1-7 **(2005)** 涂料属于以下哪一类材料？
A 非金属材料　　B 无机材料　　C 高分子材料　　D 复合材料
提示：涂料是由主要成膜物质、次要成膜物质和辅助成膜物质组成。其中主要成膜物质为油料和树脂，次要成膜物质包括着色颜料和体质颜料（如填料、滑石粉、碳酸钙粉等），辅助成膜物质是指溶剂和助剂等，所以涂料为有机高分子材料和无机矿物材料的复合体。
答案：D

23-1-8 **(2005)** 以下哪种材料属于韧性材料？
A 玻璃　　B 石材　　C 铸铁　　D 木材
提示：材料受外力作用，当外力达到一定数值时，材料发生突然破坏，且破坏时无明显的塑性变形，这种性质称为脆性，具有这种性质的材料称脆性材料，脆性材料抗压强度比抗拉强度大很多，如玻璃、石材、混凝土、铸铁等。材料在冲击或振动荷载作用下，能吸收较大的能量，同时产生较大的变形而不破坏的性质称为韧性，如建筑钢材、木材、有机高分子材料等。
答案：D

23-1-9 **(2005)** 以下哪种建筑材料的密度最大？
A 花岗岩　　B 水泥　　C 砂　　D 黏土
提示：建筑材料的密度是指材料在绝对密实状态下单位体积的质量。花岗岩的密度为 $2.8g/cm^3$，水泥的密度为 $3.1g/cm^3$，砂的密度为 $2.6g/cm^3$，黏土的密度为 $2.6g/cm^3$，所以这四种建筑材料中水泥的密度最大。
答案：B

23-1-10 **(2005)** 建筑材料在自然状态下，单位体积的质量，是指哪种基本物理性质？
A 精确密度　　B 表观密度　　C 堆积密度　　D 比重
提示：建筑材料在自然状态下单位体积的质量是指材料的表观密度。
答案：B

23-1-11 **(2004)** 建筑材料耐腐蚀能力是以下列何种数值的大小作为评定标准的？
A 重量变化率　　B 体积变化率　　C 密度变化率　　D 强度变化率
提示：建筑材料的耐腐蚀能力是根据腐蚀前后强度变化率来评定的。
答案：D

23-1-12 某一种材料的孔隙率增大时，以下各种性质中哪些一定下降？
A 密度、表观密度　　　　B 表观密度、抗渗性
C 表观密度、强度　　　　D 强度、抗冻性
提示：材料密度的大小与材料的孔隙率无关。表观密度是指材料在自然状态下，单位体积的质量。当孔隙率增大时，材料单位体积的质量减少，因而其表观密度下降。一般孔隙率越大的材料其强度越低。当孔隙率增大时，材料的吸水率不一定增大，而抗渗性及抗冻性也不一定下降，因为这些性质还与

材料的孔隙特征（孔隙的大小、是开口孔还是封闭孔）有密切关系。
答案：C

23-1-13 在下列与水有关的材料性质中，哪一种说法是错误的？
A 润湿边角 $\theta \leqslant 90°$ 的材料称为亲水性材料
B 石蜡、沥青均为憎水性材料
C 材料吸水后，将使强度和保温性降低
D 软化系数越小，表明材料的耐水性越好

提示：(1) 在材料、水和空气的交点处，沿水滴表面的切线与水和材料接触面所成的夹角称为润湿边角(θ)。当 $\theta \leqslant 90°$ 时，水分子之间的内聚力小于水分子与材料分子间的相互吸引力，此种材料为亲水性材料。(2) 一般材料随着含水量的增加，会减弱其内部结合力，强度会降低。材料吸水后，其导热系数将明显提高，这是因为水的导热系数[0.58W/(m·K)]比空气的导热系数[0.023W/(m·K)]约大 25 倍，使材料的保温性降低。(3) 软化系数为材料在吸水饱和状态下的抗压强度与材料在干燥状态下的抗压强度之比，该值越小，说明材料吸水饱和后强度降低越多，耐水性越差，通常软化系数大于 0.80 的材料，可以认为是耐水的。(4) 通常有机材料是憎水性材料，但木材例外。
答案：D

23-1-14 在建筑中主要作为保温隔热用的材料统称为绝热材料，其绝热性能主要用导热系数表示，下列哪类情况会导致材料的导热系数减小？
A 表观密度小的材料，孔隙率增高
B 在孔隙率相同条件下，孔隙尺寸变大
C 孔隙由互相封闭改为连通
D 材料受潮后

提示：材料的导热系数随孔隙率增大而减小。而材料中孔隙率不变，大孔增多或连通孔多时，导热系数会增大，吸湿后也会使导热系数增大。
答案：A

（二）气硬性无机胶凝材料

23-2-1 **(2010)** 以下有关水玻璃的用途哪项不正确？
A 涂刷或浸渍水泥混凝土　　B 调配水泥防水砂浆
C 用于土壤加固　　　　　　D 配制水玻璃防酸砂浆

提示：水玻璃不能用于调配水泥防水砂浆，因为会导致过快凝结。
答案：B

23-2-2 **(2009)** 消石灰的主要成分是以下哪种物质？
A 碳酸钙　　B 氧化钙　　C 碳化钙　　D 氢氧化钙

提示：消石灰的主要成分是氢氧化钙。
答案：D

23-2-3 **(2008)** 氧化钙（CaO）是以下哪种材料的主要成分？
A 石灰石　　　B 生石灰　　　C 电石　　　D 消石灰
提示：氧化钙（CaO）是生石灰或建筑石灰的主要成分。
答案：B

23-2-4 **(2007)** 建筑石膏一般贮存 3 个月后，其强度（　　）。
A 略有提高　　B 显著提高　　C 将降低　　D 不变
提示：建筑石膏具有水化活性，在贮存期间也会和空气中的水分发生水化反应，所以其强度将有所下降。
答案：C

23-2-5 **(2007)** 生石灰的主要化学成分是（　　）。
A 氢氧化钙 Ca(OH)$_2$　　　　　　　B 氧化钙 CaO
C 碳化钙 CaC$_2$　　　　　　　　　D 碳酸钙 CaCO$_3$
提示：含有碳酸钙的石灰石经过高温煅烧成生石灰，其主要成分为氧化钙（CaO）。
答案：B

23-2-6 **(2007)** 水玻璃涂刷在建筑材料表面，可使其密实度和强度提高，但不能用以涂刷下述哪种材料？
A 黏土砖　　　B 硅酸盐制品　　　C 水泥混凝土　　　D 石膏制品
提示：水玻璃具有良好的黏结能力，硬化时析出的硅酸凝胶有堵塞毛细孔防止水分渗透的作用，可涂刷在建筑材料（如混凝土、黏土砖等）表面，可使其密实度和强度提高，但不能涂刷在石膏制品表面，因为水玻璃会与石膏反应生成硫酸钠，在制品孔隙中结晶，体积显著膨胀而导致破坏。
答案：D

23-2-7 **(2006)** 胶凝材料按照凝结条件分为气硬性胶凝材料和水硬性胶凝材料，下列哪种材料不属于气硬性胶凝材料？
A 石灰　　　B 石膏　　　C 水泥砂浆　　　D 水玻璃
提示：气硬性胶凝材料只能在空气中硬化，也只能在空气中继续保持或发展其强度，如石膏、石灰、水玻璃和菱苦土等。水泥为水硬性胶凝材料。
答案：C

23-2-8 **(2006)** 以下对建筑石灰的叙述中，哪项错误？
A 石灰分为气硬性石灰和水硬性石灰
B 石灰分为钙质石灰和镁质石灰
C 生石灰淋以适量水所得的粉末称为消石灰粉
D 石灰产品所说三七灰、二八灰指粉末与块灰的比例，生石灰粉末越多质量越佳
提示：由碳酸钙含量较高，黏土杂质含量小于 8% 的石灰石煅烧而成的为气硬性石灰，用黏土含量大于 8% 的石灰石煅烧而成具有显著水硬性的石灰为水硬性石灰。氧化镁含量小于 5% 的石灰为钙质石灰，氧化镁含量大于 5% 的为镁质石灰。将生石灰用适量水消化而得的粉末为消石灰粉。三七灰和二

八灰是指生石灰和黏土的比例。
答案：D

23-2-9 **(2006)** 建筑石膏由于其自身特点在建筑工程中被广泛应用，下列哪一项不是建筑石膏制品的特性？
A 重量轻　　　B 抗火性好　　　C 耐水性好　　　D 机械加工方便
提示：石膏浆体硬化后，多余的自由水将蒸发，内部将留下大量的孔隙，因而表观密度小，并使石膏制品具有导热系数小，吸声性强，吸湿性大，机械加工方便等特点。石膏制品在遇到火灾时，二水石膏将脱出结晶水，吸热蒸发，并在制品表面形成蒸汽幕和脱水物隔热膜，有效地减少火焰对内部结构的危害，具有较好的防火性能。建筑石膏硬化体吸湿性强，吸收的水分会削弱晶体粒子的粘结力，使强度显著降低。吸水饱和的石膏制品受冻后，会因孔隙中的水结冰而开裂崩溃，所以石膏制品的耐水性和抗冻性差。
答案：C

23-2-10 **(2005)** 以下建筑石膏的哪种性质是不存在的？
A 导热系数小　　　　　　B 防火性能好
C 吸湿性大　　　　　　　D 凝固时体积收缩
提示：石膏在凝结硬化时，体积略有膨胀（膨胀率为 0.05%～0.15%），使石膏硬化表面光滑饱满，可制作出纹理细致的浮雕花饰。其他见23-2-8题提示。
答案：D

23-2-11 **(2005)** 建筑石膏属于以下何种胶凝材料？
A 有机胶凝材料　　　　　B 水硬性胶凝材料
C 气硬性胶凝材料　　　　D 混合型胶凝材料
提示：建筑石膏硬化体吸湿性强，吸收的水分会削弱晶体粒子的粘结力，使强度显著降低，即石膏只能在空气中硬化，并只能在空气中继续保持和发展强度，所以建筑石膏属于气硬性胶凝材料。
答案：C

23-2-12 **(2005)** 用于拌制石灰土的消石灰粉（生石灰熟化而成的消石灰粉），其主要成分是以下哪种？
A 碳酸钙　　　B 氧化钙　　　C 氢氧化钙　　　D 碳化钙
提示：生石灰加水熟化生成消石灰，其主要化学成分为氢氧化钙。
答案：C

23-2-13 **(2005)** 调制石膏砂浆用的熟石膏是用生石膏在多高温度下煅烧而成？
A 150～170℃　B 190～200℃　C 400～500℃　D 750～800℃
提示：将生石膏在107～170℃温度下煅烧即可得到建筑石膏。
答案：A

23-2-14 **(2004)** 安装在钢龙骨上的纸面石膏板可作为下列何种燃烧性能装修材料

使用？
A 不燃　　　　B 难燃　　　　C 可燃　　　　D 易燃

提示：石膏制品在遇到火灾时，二水石膏将脱出结晶水，吸热蒸发，并在制品表面形成蒸汽幕和脱水物隔热膜，有效地减少火焰对内部结构的危害，具有较好的防火性能，所以安装在龙骨上的纸面石膏板可作为不燃装修材料使用。

答案：A

23-2-15 石膏和石膏制品不适用于下列哪项装修？
A 作吊顶材料　　　　　　　　B 非承重隔墙板
C 冷库的内墙贴面　　　　　　D 影剧院穿孔贴面板

提示：冷库内湿度大，石膏制品的软化系数仅为0.2～0.3，且石膏吸湿性强，吸水后再经冻融，会使结构破坏，另外也使保温绝热性能显著降低。

答案：C

23-2-16 在下列几种无机胶凝材料中，哪几种属气硬性的无机胶凝材料？
A 石灰、水泥、建筑石膏　　　　B 水玻璃、水泥、菱苦土
C 石灰、建筑石膏、菱苦土　　　　D 沥青、石灰、建筑石膏

提示：气硬性无机胶凝材料只能在空气中硬化，也只能在空气中保持或继续发展其强度。常用的气硬性无机胶凝材料有石膏、石灰、水玻璃、菱苦土（镁质胶凝材料）等。这类材料适用于地上或干燥环境。

答案：C

23-2-17 有关建筑石膏的性质，下列哪一项的叙述是不正确的？
A 加水后凝结硬化快，且凝结时像石灰一样，出现明显的体积收缩
B 加水硬化后有很强的吸湿性，耐水性与抗冻性均较差
C 制品具有较好的抗火性能，但不宜长期用于靠近65℃以上高温的部位
D 适用于室内装饰、绝热、保温、吸声等

提示：建筑石膏加水凝固时体积不收缩，且略有膨胀（约1%），因此制品表面不开裂。建筑石膏实际加水量（60%～80%）比理论需水量（18.6%）多，因此制品孔隙率大（可达50%～60%），表观密度小，导热系数小，吸声性强，吸湿性强，水分使制品强度下降。可加入适量的水泥、密胺树脂等提高制品的耐水性。

建筑石膏（$CaSO_4 \cdot \frac{1}{2}H_2O$）加水硬化后主要成分为$CaSO_4 \cdot 2H_2O$，遇火时，制品中二水石膏中的结晶水蒸发，吸收热量，并在表面形成水蒸气帘幕和脱水物隔热层，因此制品抗火性好。但制品长期靠近高温部位，二水石膏会脱水分解而使制品失去强度。

答案：A

23-2-18 石膏制品抗火性能好的原因是（　　）。
A 制品内部孔隙率大　　　　　B 含有大量结晶水
C 吸水性强　　　　　　　　　D 硬化快

提示：石膏制品抗火性好的原因有二，一是在火灾高温下分解释放出结晶水，形成水蒸气帷幕，阻止火焰的传播；其二是孔隙率大，导热系数小，从而对燃烧的热量传递有一定阻碍，使火灾现场相邻结构的温度升高慢一些。二者相比，前者更重要。
答案：B

23-2-19 石膏属于下列建筑材料的哪一类？
A 天然石材　　　B 烧土制品　　　C 胶凝材料　　　D 有机材料
提示：石膏属于无机气硬性胶凝材料。
答案：C

（三）水　　泥

23-3-1 **(2010)** 以下哪种水泥不得用于浇筑大体积混凝土？
A 矿渣硅酸盐水泥　　　　　　B 粉煤灰硅酸盐水泥
C 硅酸盐水泥　　　　　　　　D 火山灰质硅酸盐水泥
提示：浇筑大体积混凝土要求作用水泥的水化热小。硅酸盐水泥水化热大。
答案：C

23-3-2 **(2010)** 水泥贮存时应防止受潮使水泥性能下降，国家规定在正常贮存条件下从出厂日起普通水泥的存放期不得超过（　　）。
A 2个月　　　B 3个月　　　C 4个月　　　D 5个月
提示：规定普通水泥的存放期不得超过3个月。
答案：B

23-3-3 **(2009)** 用比表面积法可以检验水泥的哪项指标？
A 体积安定性　　B 水化热　　C 凝结时间　　D 细度
提示：用比表面积法可以检验水泥的细度。
答案：D

23-3-4 **(2009)** 以下哪种物质是烧制白色水泥的原料？
A 铝矾土　　　　　　　　　　B 火山灰
C 高炉矿渣　　　　　　　　　D 纯净的高岭土
提示：纯净的高岭土是烧制白色水泥的原料之一。
答案：D

23-3-5 **(2009)** 水泥储存期不宜过长以免受潮变质或降低标号，快硬水泥储存期从出厂日期起算是多少时间？
A 三个月　　　B 二个月　　　C 一个半月　　　D 一个月
提示：水泥储存期不宜过长以免受潮变质或降低强度等级，快硬水泥储存期从出厂日期起算是一个月。
答案：D

23-3-6 **(2008)** 提高硅酸盐水泥中哪种熟料的比例，可制得高强度水泥？
A 硅酸三钙　　　B 硅酸二钙　　　C 铝酸三钙　　　D 铁铝酸四钙

提示：提高硅酸盐水泥中硅酸三钙的比例，可制得高强度水泥。
答案：A

23-3-7 (2008) 以下哪种因素会使水泥凝结速度减缓？
A 石膏掺量不足　　　　　　　B 水泥的细度愈细
C 水灰比愈小　　　　　　　　D 水泥的颗粒过粗
提示：水泥的颗粒过粗，会使水泥水化反应速度减缓，从而凝结速度减缓。
答案：D

23-3-8 (2008) 在－1℃的温度下，水泥的水化反应呈现以下哪种变化？
A 变快　　　B 不变　　　C 变慢　　　D 基本停止
提示：在－1℃的温度下，水泥的水化反应基本停止。
答案：D

23-3-9 (2007) 以下哪种材料是水硬性胶凝材料？
A 水玻璃　　　B 水泥　　　C 石膏　　　D 菱苦土
提示：水硬性胶凝材料不仅能在空气中硬化，而且能更好地在水中硬化，保持并发展其强度，水泥为水硬性胶凝材料。
答案：B

23-3-10 (2007) 耐酸混凝土的胶凝材料是？
A 硅酸盐水泥　B 铝酸盐水泥　　C 水玻璃　　　D 聚合物乳液
提示：水玻璃硬化后具有良好的耐酸性能（氢氟酸除外），可以用于配制耐酸混凝土。
答案：C

23-3-11 (2007) 以下哪种材料不是生产硅酸盐水泥的原料？
A 石灰石　　　B 菱镁矿　　　C 黏土　　　D 铁矿石
提示：生产硅酸盐水泥的原料包括石灰石、黏土和铁矿石。
答案：B

23-3-12 (2006) 当水泥的颗粒越细时，对其影响的描述中，以下哪项不正确？
A 水泥早期强度越高　　　　　B 水泥越不易受潮
C 水泥凝结硬化的速度越快　　D 水泥的成本越高
提示：水泥颗粒越细，水化速度快，早期强度高，但硬化收缩较大，成本较高。
答案：B

23-3-13 (2006) 在建筑工程施工中，要求水泥的凝结时间既不能过早，也不能太迟，普通水泥的初凝和终凝时间宜控制在多长时间？
A 初凝不早于45min，终凝不迟于8h
B 初凝不早于60min，终凝不迟于10h
C 初凝不早于45min，终凝不迟于10h
D 初凝不早于60min，终凝不迟于8h
提示：标准规定普通水泥初凝时间不早于45min，终凝时间不迟于10h。
答案：C

23-3-14 （2006）硅酸盐水泥与普通水泥都是常用水泥，在硅酸盐水泥中不含以下哪种成分？
A 硅酸盐水泥熟料
B 6%~10%混合材料
C 0~5%石灰石或粒化高炉矿渣
D 适量石膏磨细制成的水硬性胶凝材料
提示：硅酸盐水泥的成分是硅酸钙水泥熟料、0~5%石灰石或粒化高炉矿渣和适量石膏磨细制成的水硬性胶凝材料。
答案：B

23-3-15 （2005）在严寒地区处于水位升降范围内的混凝土应优先选以下哪种水泥？
A 矿渣水泥　　B 火山灰水泥　　C 硅酸盐水泥　　D 粉煤灰水泥
提示：在严寒地区处于水位升降范围内的混凝土应该选择抗冻性良好的水泥。硅酸盐水泥具有良好的抗冻性。
答案：C

23-3-16 （2005）在生产硅酸盐水泥时，需掺入混合材料，以下哪种混合材料不是活性混合材料？
A 粒化高炉矿渣　　　　　　　B 火山灰质混合材料
C 粉煤灰　　　　　　　　　　D 石灰石
提示：硅酸盐水泥中的混合材料按其性能分为活性混合材料和非活性混合材料，常用的活性混合材料有粒化高炉矿渣、火山灰质混合材料和粉煤灰。
答案：D

23-3-17 （2005）在一般气候环境下的混凝土，应优先选用以下哪种水泥？
A 矿渣水泥　　B 火山灰水泥　　C 粉煤灰水泥　　D 普通水泥
提示：在一般气候环境下，应优先选用普通水泥。
答案：D

23-3-18 （2005）水泥凝结时间的影响因素很多，以下哪种说法不对？
A 熟料中铝酸三钙含量高，石膏掺量不足使水泥快凝
B 水泥的细度越细，水化作用越快，凝结越快
C 水灰比越小，凝结时温度越高，凝结越慢
D 混合材料掺量大，水泥过粗等都使水泥凝结缓慢
提示：影响水泥凝结时间的因素有水泥熟料矿物组成、细度、拌合水量、养护温湿度、养护时间及石膏掺量。当熟料中铝酸三钙含量高、石膏掺量不足、细度越细、水化温度越高以及拌合水量越少时，水泥凝结越快。当水泥颗粒越粗、混合材料掺量大时水泥凝结缓慢。所以当水灰比越小，凝结时温度越高时凝结越快。
答案：C

23-3-19 （2005）硅酸盐水泥熟料矿物组成中，以下哪种熟料矿物不是主要成分？
A 硅酸二钙　　　　　　　　　B 硅酸三钙
C 铁铝酸四钙和铝酸三钙　　　D 游离氧化钙

提示：硅酸盐水泥熟料主要有四种熟料矿物，即硅酸二钙、硅酸三钙、铝酸三钙和铁铝酸四钙。

答案：D

23-3-20 (2005) 配制抗X、γ辐射的普通混凝土，需选用以下哪种水泥？
A 石膏矿渣水泥　　　　　　　　B 高铝水泥
C 硅酸盐水泥　　　　　　　　　D 硫铝酸盐水泥

提示：配制抗X、γ辐射的普通混凝土时应该选择具有较高耐热性的水泥。以上四种水泥中高铝水泥的耐热性最高。

答案：B

23-3-21 (2004) 白水泥是由白色硅酸盐水泥熟料加入适量下列何种材料磨细制成的？
A 生石灰　　　B 石粉　　　C 熟石灰　　　D 石膏

提示：白色硅酸盐水泥是由白色硅酸盐水泥熟料和适量石膏磨细制成的水硬性胶凝材料。

答案：D

23-3-22 (2004) 水泥贮存时应防止受潮使水泥性能下降，国家规定在正常贮存条件下从出厂日起普通水泥的存放期不得超过（　　）。
A 2个月　　　B 3个月　　　C 4个月　　　D 5个月

提示：水泥贮存时应防止受潮使水泥性能下降，国家规定在正常贮存条件下从出厂日起普通水泥的存放期不得超过3个月。

答案：B

23-3-23 (2004) 有抗渗要求的混凝土中，优先选用何种水泥？
A 矿渣水泥　　B 火山灰水泥　　C 粉煤灰水泥　　D 硅酸盐水泥

提示：火山灰水泥保水性好，抗渗性好，但是硬化后干缩显著。所以有抗渗要求的混凝土应选用火山灰水泥。

答案：B

23-3-24 (2004) 为了提高混凝土的抗碳化性能，应该优先选用下列何种水泥？
A 粉煤灰水泥　　B 火山灰水泥　　C 矿渣水泥　　D 硅酸盐水泥

提示：由于水泥中熟料含量较少，且二次水化过程中还要消耗氢氧化钙，所以掺混合材料的硅酸盐水泥水化后氢氧化钙含量很低，配制混凝土的抗碳化性能差，所以为了提高混凝土的抗碳化性能，应优先选用硅酸盐水泥。

答案：D

23-3-25 下列各项中，哪项不是影响硅酸盐水泥凝结硬化的因素？
A 熟料矿物成分含量、水泥细度、用水量　　B 环境温湿度、硬化时间
C 水泥的用量与体积　　　　　　　　　　　D 石膏掺量

提示：水泥的凝结硬化过程，也就是水泥强度发展的过程，即水化产物不断增多的过程。例如熟料中如果C_3A、C_3S含量多，则水泥的凝结快、早期强度高；水泥中掺入适量石膏，目的是延缓水泥凝结，以免影响施工。但石膏掺量过多，会在后期引起水泥石的膨胀而开裂破坏。水化程度随龄期增长而提高，受环境温、湿度的影响。

答案：C

23-3-26 在下列四种水泥中，何种水泥不宜用于大体积混凝土工程？
A 硅酸盐水泥（P·Ⅰ，P·Ⅱ）　　　B 火山灰水泥（P·P）
C 粉煤灰水泥（P·F）　　　　　　D 矿渣水泥（P·S）
提示：大体积混凝土构筑物，因水化热积聚在内部，从而使内外温差产生较大应力，易于导致混凝土产生裂缝，因此水化热对大体积混凝土是有害因素。在大体积混凝土工程中，不宜采用硅酸盐水泥。掺混合材水泥的水化热较低。
答案：A

23-3-27 高层建筑基础工程的混凝土宜优先选用下列哪一种水泥？
A 硅酸盐水泥　　　　　　　　　B 普通硅酸盐水泥
C 矿渣硅酸盐水泥　　　　　　　D 火山灰质硅酸盐水泥
提示：前两种水泥的水化热大，且抵抗地下水侵蚀的能力也较差，因此不宜使用。矿渣水泥和火山灰水泥的水化热较小，适用于大体积混凝土工程；而且都具有良好的耐水性与耐侵蚀性，适于地下工程。但矿渣水泥泌水性大，抗渗性较差，而火山灰水泥有良好的抗渗性，更加适宜用于地下工程。
答案：D

23-3-28 有耐热要求的大体积混凝土工程，应选用下列哪种水泥？
A P·Ⅰ、P·Ⅱ或P·O　　　　　　B P·P
C P·S　　　　　　　　　　　　　D P·F
提示：宜用于大体积混凝土工程的水泥有P·P、P·S与P·F。其中，应选P·S（矿渣水泥），这种水泥水化热低，且具有一定的耐热性。
答案：C

23-3-29 蒸汽养护的混凝土构件，不宜选用下列哪一种水泥？
A 普通水泥　　B 火山灰水泥　　C 矿渣水泥　　D 粉煤灰水泥
提示：蒸汽养护是将混凝土放在温度低于100℃的常压蒸汽中养护。在高温下，可加快普通水泥的水化，但在水泥颗粒的外表过早形成水化产物凝胶体膜层，阻碍水分深入内部，因此经一定时间后，强度增长速度反而下降。所以用普通水泥时，最适宜的蒸汽养护温度为80℃左右。而掺加混合材料多的其他三种水泥，蒸汽养护会加速水泥中的活性混合材料（如活性SiO_2等）与水泥熟料水化析出的氢氧化钙的化学反应，而氢氧化钙的减少，又促使水泥颗粒进一步水化，故强度（特别是早期强度）增长较快。这三种水泥蒸汽养护的温度可在90℃左右，即蒸汽养护适应性更好。
答案：A

23-3-30 与硅酸盐水泥相比较，铝酸盐水泥（CA）的下列性质中哪一项不正确？
A 水化热大，且放热速度特别快，初期强度增长快，长期强度有降低的趋势
B 最适宜的硬化温度为30℃以上
C 抗硫酸盐侵蚀性强
D 硬化后有较高的耐热性

提示：铝酸盐水泥的主要矿物成分为铝酸一钙（CaO·Al$_2$O$_3$），是一种快硬、高强、耐腐蚀（但抗碱性极差）、耐热的水泥。铝酸盐水泥最适宜的硬化温度为15℃左右，一般不超过25℃。否则会使强度降低，在湿热条件下尤甚。因此铝酸盐水泥不能进行蒸汽养护，且不宜在高温季节施工。铝酸盐水泥不能与硅酸盐水泥或石灰相混使用，否则会产生闪凝和使混凝土开裂，甚至破坏。施工时也不得与尚未硬化的硅酸盐水泥接触使用。

答案：B

23-3-31 配制具有良好密实性和抗渗性能的混凝土，不应选用下列哪种水泥？
A 硅酸盐膨胀水泥或硅酸盐自应力水泥　　B 明矾石膨胀水泥
C 铝酸盐自应力水泥　　　　　　　　　　D 矿渣水泥

提示：膨胀水泥与自应力水泥不同于矿渣水泥等一般常用水泥，前者在硬化过程中不但不收缩，而且还有不同程度的膨胀（自应力值大于2MPa的称为自应力水泥），因此可用来配制防水砂浆、防水混凝土或用于制造自应力钢筋（钢丝网）混凝土压力管等。膨胀水泥及自应力水泥有硅酸盐型（以硅酸盐水泥为主配制的）与铝酸盐型（以铝酸盐水泥为主配制的）两种。

答案：D

23-3-32 水泥的初凝时间不宜过早是为了（　　）。
A 保证水泥施工时有足够的施工时间　　B 不致拖延施工工期
C 降低水泥水化放热速度　　　　　　　D 防止水泥厂制品开裂

提示：水泥的初凝时间是指从水泥加水到开始失去可塑性的时间，也是施工可以进行的时间，所以规定初凝时间不宜过早。

答案：A

23-3-33 水泥的生产过程中，纯熟料磨细时掺适量石膏，是为了调节水泥的什么性质？
A 延缓水泥的凝结时间　　　　B 加快水泥的凝结速度
C 增加水泥的强度　　　　　　D 调节水泥的微膨胀

提示：水泥熟料磨细时掺加石膏，是为了缓凝，即延缓水泥凝结时间。

答案：A

23-3-34 以下四种水泥与普通硅酸盐水泥相比，其特性何者是不正确的？
A 火山灰质硅酸盐水泥耐热性较好
B 粉煤灰硅酸盐水泥干缩性较小
C 铝酸盐水泥快硬性较好
D 矿渣硅酸盐水泥耐硫酸盐侵蚀性较好

提示：矿渣硅酸盐水泥的耐热性较好，火山灰质硅酸盐水泥的耐热性属一般。

答案：A

（四）混　凝　土

23-4-1 **(2010)** 混凝土抗压强度是以哪个尺寸（mm）的立方体试件的抗压强度值

为标准的？
A 100×100×100　　　　　　　B 150×150×150
C 200×200×200　　　　　　　D 250×250×250
提示：标准规定混凝土立方体抗压强度试件标准尺寸为 150mm×150mm×150mm。
答案：B

23-4-2 (2010) 以下哪种材料常用于配制抗辐射混凝土和制造锌钡白？
A 石英石　　　B 白云石　　　C 重晶石　　　D 方解石
提示：抗辐射混凝土为重混凝土，所用骨料为重质骨料。重晶石表观密度大于其他三种普通石材，且可以用来制造锌钡白。
答案：C

23-4-3 (2010) 配制高强、超高强混凝土，需采用以下哪种混凝土掺合料？
A 粉煤灰　　　B 硅灰　　　C 煤矸石　　　D 火山渣
提示：硅灰的活性很大，配制高强、超高强混凝土需高活性掺合料。
答案：B

23-4-4 (2010) 通常用维勃稠度仪测试以下哪种混凝土拌合物？
A 液态的　　　B 流动性的　　　C 低流动性的　　　D 干硬性的
提示：维勃稠度仪测试坍落度小于 10mm 的干硬性混凝土拌合物。
答案：D

23-4-5 (2010) 以下哪种混凝土特别适用于铺设无缝地面和修补机场跑道面层？
A 纤维混凝土　　　　　　　B 特细混凝土
C 聚合物水泥混凝土　　　　D 高强混凝土
提示：聚合物水泥混凝土抗渗性好，耐磨性好，抗冲击性好。可用于铺设无缝地面和修补机场跑道面层。
答案：C

23-4-6 (2009) 普通混凝土的表观密度是多少？
A 大于 2600kg/m³　　　　　B 1950～2500kg/m³
C 800～1900kg/m³　　　　　D 300～790kg/m³
提示：《普通混凝土配合比设计规程》JGJ 55—2011 定义普通混凝土的表观密度是 2000～2800kg/m³。
答案：B

23-4-7 (2009) 配制高强、超高强混凝土，需采用以下哪种混凝土掺合料？
A 粉煤灰　　　B 硅灰　　　C 煤矸石　　　D 火山渣
提示：硅灰活性很高，配制高强、超高强混凝土需采用硅灰。
答案：B

23-4-8 (2009) 无损检验中的回弹法可以检验混凝土的哪种性质？
A 和易性　　　B 流动性　　　C 保水性　　　D 强度
提示：无损检验中的回弹法可以检验混凝土的强度。
答案：D

23-4-9 **(2009)** 以下哪种掺合料能降低混凝土的水化热，是大体积混凝土的主要掺合料？

A 粉煤灰　　　B 硅灰　　　C 火山灰　　　D 沸石粉

提示：粉煤灰能降低混凝土的水化热，是大体积混凝土的主要掺合料。

答案：A

23-4-10 **(2009)** 根据经验，配制混凝土时水泥标号（以 MPa 为单位）一般是混凝土强度等级的多少倍为宜？

A 0.5～1.0 倍　　　　　　B 1.5～2.0 倍
C 2.5～3.0 倍　　　　　　D 3.5～4.0 倍

提示：根据经验，配制混凝土时水泥强度等级（以 MPa 为单位）一般是混凝土强度等级的 1.5～2.0 倍为宜。

答案：B

23-4-11 **(2009)** 抗辐射的重混凝土（骨料含铁矿石等）其表观密度一般为：

A ＞2.5t/m³　　B ≈2.3t/m³　　C ≈2.1t/m³　　D ＜1.9t/m³

提示：此题为 2009 年试题，仍按旧规范作答，请读者注意。抗辐射的重混凝土（骨料含铁矿石等）其表观密度一般＞2.5t/m³。新的规范《预拌混凝土》GB/T 14902—2012 定义重混凝土的表观密度大于 2800kg/m³。

答案：A

23-4-12 **(2008)** 在混凝土中掺入优质粉煤灰，可提高混凝土的什么性能？

A 抗冻性　　　B 抗渗性　　　C 抗侵蚀性　　　D 抗碳化性

提示：在混凝土中掺入优质粉煤灰，可以显著提高混凝土的抗侵蚀性。

答案：C

23-4-13 **(2008)** 配制混凝土的细骨料一般采用天然砂，以下哪种砂与水泥粘结较好，用它拌制的混凝土强度较高？

A 河砂　　　B 海砂　　　C 湖砂　　　D 山砂

提示：山砂表面粗糙，与水泥粘结较好，用它拌制的混凝土强度较高。

答案：D

23-4-14 **(2008)** 以下哪种混凝土是以粗集料、水泥和水配制而成的？

A 多孔混凝土　　B 加气混凝土　　C 泡沫混凝土　　D 无砂混凝土

提示：无砂混凝土是以粗骨料、水泥和水配制而成的，又称大孔混凝土。

答案：D

23-4-15 **(2007)** 以下哪种方法会降低混凝土的抗渗性？

A 加大水灰比　　　　　　B 提高水泥的细度
C 掺入减水剂　　　　　　D 掺入优质的粉煤灰

提示：提高混凝土抗渗性的主要措施是提高混凝土密实度或改善混凝土的孔隙结构。掺入减水剂降低水灰比，掺入优质粉煤灰等均可以提高混凝土密实度；提高水泥细度可以加速水化也可以提高混凝土密实度。所以加大水灰比会降低混凝土的抗渗性。

答案：A

23-4-16 **(2007)** 泡沫混凝土的泡沫剂是以下哪种物质？
A 铝粉　　　　B 松香胶　　　　C 双氧水　　　　D 漂白粉
提示：泡沫混凝土是由水泥浆与泡沫剂拌合硬化而成的，泡沫剂常用松香类泡沫剂等。
答案：B

23-4-17 **(2006)** 在混凝土中合理使用外加剂具有良好的技术经济效果，在冬季施工或抢修工程中常用下列哪种外加剂？
A 减水剂　　　B 早强剂　　　C 速凝剂　　　D 防水剂
提示：在冬季施工或抢修工程施工时要求混凝土具有较高的早期强度，早强剂是指能提高混凝土早期强度的外加剂。
答案：B

23-4-18 **(2006)** 在普通混凝土中，水泥用量约占混凝土总重的多少？
A 5%～10%　　B 10%～15%　　C 20%～25%　　D 30%～35%
提示：在普通混凝土中水泥用量约占混凝土总重的10%～15%，砂石约占80%。
答案：B

23-4-19 **(2006)** 常用坍落度作为混凝土拌合物稠度指标，下列几种结构种类哪种需要混凝土的坍落度数值最大？
A 基础　　　　B 梁板　　　　C 筒仓　　　　D 挡土墙
提示：施工中选择混凝土拌合物的坍落度，一般依据构件截面的大小，钢筋疏密和捣实方法。当构件截面尺寸较小或钢筋较密或人工捣实时，坍落度可选择大些。基础或地面等的垫层、无配筋的大体积结构（如挡土墙、基础等）或配筋稀疏的结构坍落度可选10～30mm，板、梁或大型及中型截面的柱子等可选30～50mm，配筋特密的结构（如薄壁、斗仓、筒仓、细柱等）坍落度选50～70mm。
答案：C

23-4-20 **(2006)** 以轻骨料作为粗骨料，表观密度不大于1950kg/m³的混凝土，称为轻骨料混凝土。与普通混凝土相比，下列哪条不是轻骨料混凝土的特点？
A 弹性模量大　　　　　　　　B 构件刚度较差
C 变形性大　　　　　　　　　D 对建筑物的抗震有利
提示：与普通混凝土相比，轻骨料混凝土的变形大，弹性模量较小，制成构件的刚度较差，但因为极限应变大，有利于改善建筑物的抗震性能。
答案：A

23-4-21 **(2006)** 商品混凝土的放射性指标——外照射指数的限量应符合以下哪一种？
A ≤0.2　　　B ≤1.0　　　C ≤2.0　　　D ≤3.0
提示：《民用建筑工程室内环境污染控制规范》GB 50325—2010规定，民用建筑工程所使用的无机非金属材料，包括砂、石、砖、水泥、商品混凝土、预制构件和新型墙体材料，其放射性指标限量规定为：内照射指数限量≤1.0，外照射指数的限量≤1.0。

答案：B

23-4-22 **(2005)** 在测量卵石的密度时，以排液置换法测量其体积，这时所求得的密度是以下哪种密度？

A 精确密度　　　B 近似密度　　　C 表观密度　　　D 堆积密度

提示：采用排液置换法测量体积得到的密度为卵石的表观密度。

答案：C

23-4-23 **(2005)** 混凝土在搅拌过程中加入松香皂（引气剂），对混凝土的性能影响很大，以下哪种影响是不存在的？

A 改善混凝土拌合物的和易性　　　B 降低混凝土的强度

C 提高混凝土的抗冻性　　　　　　D 降低混凝土的抗渗性

提示：引气剂可改善混凝土拌合物的和易性，提高混凝土的抗渗性、抗冻性，但是引气剂使混凝土含气量增大，故使混凝土的强度下降。

答案：D

23-4-24 **(2005)** 加气混凝土的气泡是加入以下哪种材料形成的？

A 明矾石　　　B 铝粉　　　C 氯化钠　　　D 硫酸钙

提示：加气混凝土是由钙质材料、硅质材料和发气剂（或加气剂）铝粉制成的。

答案：B

23-4-25 **(2005)** 建筑工程基础埋置深度为15m时，防水混凝土的抗渗等级应是以下哪一级？

A S6　　　B S8　　　C S10　　　D S12

提示：按照防水混凝土设计抗渗等级的规定，当工程埋置深度为10～20m范围时，混凝土的抗渗等级为S8。

答案：B

23-4-26 **(2004)** 碎石的颗粒形状对混凝土的质量影响甚为重要，下列何者的颗粒形状最好？

A 片状　　　B 针状　　　C 小立方体状　　　D 棱锥状

提示：碎石的颗粒形状最好为小立方体状，严格控制针片状等形状的颗粒。

答案：C

23-4-27 **(2004)** 下列提高混凝土密实度和强度的措施中，何者是不正确的？

A 采用高强度等级水泥　　　B 提高水灰比

C 强制搅拌　　　　　　　　D 加压振捣

提示：提高混凝土强度和密实度的措施有：降低混凝土的水灰比，选用高强度水泥，采用高温养护和强力振捣，掺入外加剂等。

答案：B

23-4-28 **(2004)** 混凝土浇筑养护时间，对采用硅酸盐水泥、普通水泥或矿渣水泥拌制的混凝土不得少于几天？

A 5天　　　B 6天　　　C 7天　　　D 8天

提示：混凝土在凝结后，表面加以覆盖和浇水，一般硅酸盐水泥、普通水泥或矿渣水泥拌制的混凝土，需浇水养护至少 7 天。

答案：C

23-4-29 在原材料一定的情况下，影响混凝土抗压强度决定性的因素是（ ）。
  A 水泥强度 B 水泥用量 C 水灰比 D 骨料种类
  提示： 影响混凝土强度的因素有水泥强度、水灰比、养护条件、骨料种类及龄期等，其中水灰比与水泥强度是决定混凝土强度的主要因素。原材料一定，即水泥强度等级及骨料种类、性质已确定，则影响混凝土强度的决定性因素是水灰比。
  答案：C

23-4-30 下列有关外加剂的叙述中，哪一条不正确？
  A 氯盐、三乙醇胺及硫酸钠均属早强剂
  B 采用泵送混凝土施工时，首选的外加剂通常是减水剂
  C 大体积混凝土施工时，常采用缓凝剂
  D 加气混凝土常用木钙作为发气剂（即加气剂）
  提示： 木钙属减水剂，不属发气剂，加气混凝土常用铝粉作为发气剂。也可采用双氧水（过氧化氢）、碳酸钙和漂白粉等作为发气剂。
  答案：D

23-4-31 下列有关几种混凝土的叙述，哪一条不正确？
  A 与普通混凝土相比，钢纤维混凝土一般可提高抗拉强度 2 倍左右，抗弯强度可提高 1.5～2.5 倍，韧性可提高 100 倍以上。目前已逐渐应用在飞机跑道、断面较薄的轻型结构及压力管道等处
  B 聚合物浸渍混凝土具有高强度（抗压强度可达 200MPa 以上）、高耐久性的特点
  C 喷射混凝土以采用矿渣水泥为宜
  D 同耐火砖相比，耐火混凝土具有工艺简单、使用方便、成本低廉等优点，且具有可塑性与整体性，其使用寿命与耐火砖相近或较长
  提示： 喷射混凝土以采用普通水泥为宜，矿渣水泥等凝结慢、早期强度低的水泥不宜使用。
  答案：C

23-4-32 海水不得用于拌制钢筋混凝土和预应力混凝土，主要是因为海水中含有大量盐，（ ）。
  A 会使混凝土腐蚀 B 会促使钢筋被腐蚀
  C 会导致水泥混凝土凝结缓慢 D 会导致水泥快速凝结
  提示： 海水中含有的大量盐，用其拌制混凝土，其中氯离子会促使钢筋锈蚀。
  答案：B

23-4-33 混凝土的耐久性不包括（ ）。
  A 抗冻性 B 抗渗性 C 抗碳化性 D 抗老化性
  提示： 混凝土的耐久性包括抗渗性、抗冻性、抗侵蚀性、抗碳化性、碱骨料反应等。
  答案：D

23-4-34　影响混凝土强度的因素除水泥品种与强度、骨料质量、施工方法、养护龄期条件外，还有一个因素是下列哪一个？
A　和易性　　　B　水灰比　　　C　含气量　　　D　外加剂
提示：和易性、水灰比、含气量与外加剂均能影响混凝土的强度，但其中影响最大、最直接的是水灰比。
答案：B

23-4-35　在关于混凝土的叙述中，下列哪一条是错误的？
A　气温越高，硬化速度越快　　　B　抗剪强度比抗压强度小
C　与钢筋的膨胀系数大致相同　　D　水灰比越大，强度越大
提示：混凝土强度随水灰比增大而降低，呈曲线关系。
答案：D

23-4-36　钢纤维混凝土能有效改善混凝土脆性性质，主要适用于下列哪一种工程？
A　防射线工程　　　　　　　　B　石油化工工程
C　飞机跑道、高速公路　　　　D　特殊承重结构工程
提示：钢纤维混凝土能有效改善混凝土脆性，能提高混凝土的抗拉强度与抗弯强度。通常飞机跑道、高速公路路面材料的抗拉强度与抗弯强度应较高。
答案：C

23-4-37　钢筋混凝土构件的混凝土，为提高其早期强度，有时掺入外加早强剂，但下列四个选项中（　　）不能作早强剂。
A　氯化钠　　　B　硫酸钠　　　C　三乙醇胺　　　D　复合早强剂
提示：钢筋混凝土构件中要掺用早强剂等外加剂，很重要的一点是此时外加剂不能含氯离子，因为氯离子易引起钢筋锈蚀与混凝土的开裂破坏。
答案：A

23-4-38　陶粒是一种人造轻骨料，根据材料的不同，有不同类型，以下哪种陶粒不存在？
A　粉煤灰陶粒　　　　　　　B　膨胀珍珠岩陶粒
C　页岩陶粒　　　　　　　　D　黏土陶粒
提示：陶粒作为人造轻骨料，具有表面密实、内部多孔的结构特征，可由粉煤灰、黏土或页岩等烧制而成。但膨胀珍珠岩则不然，它在高温下膨胀而得的颗粒内外均为多孔，无密实表面。
答案：B

23-4-39　三乙醇胺是混凝土的外加剂，它是属于以下何种性能的外加剂？
A　加气剂　　　B　防水剂　　　C　速凝剂　　　D　早强剂
提示：三乙醇胺通常用作一种早强剂。
答案：D

23-4-40　加气混凝土常用（　　）作为发气剂。
A　镁粉　　　B　锌粉　　　C　铝粉　　　D　铅粉
提示：加气混凝土是以铝粉作为发气剂的。
答案：C

23-4-41 水泥砂浆和混凝土在常温下尚耐以下腐蚀介质中的哪一种?
A 硫酸　　　　B 磷酸　　　　C 盐酸　　　　D 醋酸
提示：一般酸能引起水泥砂浆或混凝土的腐蚀，但少数种类的酸如草酸、鞣酸、酒石酸、氢氟酸与磷酸能与 Ca(OH)$_2$ 反应，生成不溶且无膨胀的钙盐，对砂浆与混凝土没有腐蚀作用。
答案：B

23-4-42 影响混凝土强度的因素，以下哪个不正确?
A 水泥强度和水灰比　　　　　B 骨料的粒径
C 养护温度与湿度　　　　　　D 混凝土的龄期
提示：显著影响混凝土强度的因素包括水泥强度和水灰比、养护温度与湿度和龄期，骨料粒径对混凝土强度无显著影响。
答案：B

（五）建 筑 砂 浆

23-5-1 (2009) 普通室内抹面砂浆工程中，建筑物砖墙的底层抹灰多用以下哪种砂浆?
A 混合砂浆　　　　　　　　　B 纯石灰砂浆
C 高标号水泥砂浆　　　　　　D 纸筋石灰灰浆
提示：普通室内抹面砂浆工程中，建筑物砖墙的底层抹灰多用纯石灰砂浆。
答案：B

23-5-2 (2009) 在抹面砂浆中，用水玻璃与氟硅酸钠拌制成的砂浆是什么砂浆?
A 防射线砂浆　　　　　　　　B 防水砂浆
C 耐酸砂浆　　　　　　　　　D 自流平砂浆
提示：在抹面砂浆中，用水玻璃与氟硅酸钠拌制成的砂浆是耐酸砂浆。
答案：C

23-5-3 (2008) 在砂浆中加入石灰膏可改善砂浆的以下哪种性质?
A 保水性　　　B 流动性　　　C 粘结性　　　D 和易性
提示：在砂浆中加入石灰膏可改善砂浆的保水性。
答案：A

23-5-4 (2007) 分层度测定仪用于测定砂浆的什么性质?
A 流动性　　　B 保水性　　　C 砂浆强度　　D 砂浆粘结力
提示：砂浆的保水性是指砂浆不离析泌水的性质，用分层度表示。可掺石灰膏、粉煤灰、塑化剂、微沫剂等改善。
答案：B

23-5-5 (2007) 聚合物水泥类防水砂浆用于以下哪个部位是不正确的?
A 厕浴间　　　B 外墙面　　　C 屋面　　　　D 地下室
提示：聚合物水泥类防水砂浆不能用于厕浴间。
答案：A

23-5-6 **(2007)** 一般抹灰工程中基层为石灰砂浆，其面层不得采用以下哪种灰浆？
A 麻刀石灰　　B 纸筋灰　　C 石膏灰　　D 水泥砂浆
提示：面层抹灰砂浆强度应该与基层抹灰砂浆的强度接近，所以一般抹灰工程中基层为石灰砂浆时，面层不得采用水泥砂浆。
答案：D

23-5-7 **(2005)** 在实验室测定砂浆的沉入量，其沉入量是表示砂浆的什么性质？
A 保水性　　B 流动性　　C 粘结性　　D 变形
提示：砂浆的流动性，又称稠度，指砂浆在自重或外力作用下流动的性能，指标为沉入量。
答案：B

23-5-8 **(2005)** 用于砖砌体的砂浆，采用以下哪种规格的砂为宜？
A 粗砂　　B 中砂　　C 细砂　　D 特细砂
提示：用于砖砌体的砂浆，采用中砂为宜。
答案：B

23-5-9 **(2004)** 在影响抹灰层与基体粘结牢固的因素中，下列何者叙述不正确？
A 抹灰前基体表面浇水，影响砂浆粘结力
B 基体表面光滑，抹灰前未作毛化处理
C 砂浆质量不好，使用不当
D 一次抹灰过厚，干缩率较大
提示：砂浆的抗压强度越高，则其与基体的粘结力越强。此外，砂浆的粘结力与基层表面状态、清洁程度、润湿状况及养护条件有关，抹灰前基体表面浇水润湿、基体表面毛化粗糙、基体表面干净都可以提高粘结力。
答案：A

23-5-10 抹面砂浆通常分两层或三层进行施工，各层抹灰要求不同，所以每层所选用的砂浆也不一样。以下哪一种选用不当？
A 用于砖墙底层抹灰，多用石灰砂浆
B 用于混凝土墙底层抹灰，多用混合砂浆
C 用于面层抹灰，多用纸筋灰灰浆
D 用于易碰撞或潮湿的地方，应采用混合砂浆
提示：用于易碰撞或潮湿的地方，选用砂浆的依据是较高强度与良好的耐水性，混合砂浆的使用效果不如水泥砂浆。
答案：D

23-5-11 斩假石又称剁斧石，属于下列哪种材料？
A 混凝土　　B 抹面砂浆　　C 装饰砂浆　　D 合成石材
提示：斩假石或剁斧石属于装饰砂浆。
答案：C

23-5-12 耐酸沥青砂浆使用的砂是（　　）砂。
A 石英岩　　B 石灰岩　　C 白云岩　　D 石棉岩
提示：石英岩的主要成分为 SiO_2，故石英岩有较好的耐酸能力。

答案：A

23-5-13 水泥色浆的主要胶结料是（　　）。
　　　A 普通硅酸盐水泥　　　　　B 聚醋酸乙烯
　　　C 石灰胶料　　　　　　　　D 108胶
　　　提示：水泥色浆的主要胶结料是普通硅酸盐水泥。
　　　答案：A

23-5-14 抹灰采用的砂浆品种各不相同，在板条或金属网顶棚抹灰中，应选用（　　）砂浆。
　　　A 水泥　　　　　　　　　　B 水泥混合
　　　C 麻刀灰（纸筋灰）石灰　　D 防水水泥
　　　提示：板条墙及顶棚的底层多用麻刀灰石灰砂浆。
　　　答案：C

23-5-15 石灰砂浆适于砌筑下列哪种工程或部位？
　　　A 片石基础、地下管沟　　　B 砖石砌体的仓库
　　　C 砖砌水塔或烟囱　　　　　D 普通平房
　　　提示：石灰砂浆耐水性差，故不能用于常接触水或潮湿部位，如基础、水塔或烟囱。另外由于其强度低，不宜用于重要工程或建筑，如仓库。
　　　答案：D

（六）墙体材料与屋面材料

23-6-1 **(2010)** 多层建筑地下室与地上层共用楼梯间时，首层楼梯间内应选用下列何种墙体隔断？
　　　A 100mm厚加气混凝土砌块
　　　B 100mm厚陶粒混凝土空心砌块
　　　C 12mm+75mm+12mm厚耐火纸面石膏板
　　　D 100mm厚GRC板
　　　提示：多层建筑地下室与地上层共用楼梯间时，首层楼梯间内应选用耐火极限不低于2.00h的墙体隔断。100mm厚加气混凝土砌块墙的耐火极限为6.00h。
　　　答案：A

23-6-2 **(2010)** A5.0用来表示蒸压加气混凝土的（　　）。
　　　A 体积密度级别　B 保温级别　　C 隔声级别　　D 强度级别
　　　提示：蒸压加气混凝土按抗压强度分为A1.0、A2.0、A2.5、A3.5、A5.0、A7.0、A10七个强度等级，按表观密度分为03、04、05、06、07、08六个级别。
　　　答案：D

23-6-3 **(2009)** 蒸压加气混凝土砌块不得用于建筑物的哪个部位？
　　　A 屋面保温　　　B 基础　　　　C 框架填充外墙　D 内隔墙

提示：蒸压加气混凝土砌块不得用于建筑物的基础部位。
答案：B

23-6-4 **(2009)** 以下哪种砖是经蒸压养护而制成的？
A 黏土砖　　B 页岩砖　　C 煤矸石砖　　D 灰砂砖
提示：灰砂砖是经蒸压养护而制成的。
答案：D

23-6-5 **(2008)** 古建筑上琉璃瓦中的筒瓦，它的"样"共有多少种？
A 12　　B 8　　C 6　　D 4
提示：琉璃瓦的"样"可分为二样、三样、四样、五样、六样、七样、八样、九样，共计8种。一般常用的3种是五样、六样、七样。
答案：B

23-6-6 **(2008)** 下列哪种砌块在生产过程中不需要蒸汽养护？
A 加气混凝土砌块　　　　　B 石膏砌块
C 粉煤灰小型空心砌块　　　D 普通混凝土空心砌块
提示：由于石膏在常温下凝结硬化很快，所以石膏砌块在生产过程中不需要蒸汽养护。
答案：B

23-6-7 **(2008)** 人民防空地下室的掩蔽室与简易洗消间的密闭隔墙应采用以下哪种墙体？
A 180mm厚整体现浇钢筋混凝土墙
B 210mm厚整体现浇钢筋混凝土墙
C 360mm厚黏土砖墙
D 240mm厚灰砂砖墙
提示：根据《人民防空地下室设计规范》GB 50038—2005 第 3.2.13 条规定，在染毒区和清洁区之间应设置整体浇筑的钢筋混凝土密闭隔墙，厚度不应小于200mm，所以人民防空地下室的掩蔽室与简易洗消间的密闭隔墙应采用210mm厚整体现浇钢筋混凝土墙。
答案：B

23-6-8 **(2008)** 在生产制作过程中，以下哪种砖需要直接耗煤？
A 粉煤灰砖　　B 煤渣砖　　C 灰砂砖　　D 煤矸石砖
提示：在生产制作过程中，煤矸石砖需要直接耗煤。
答案：D

23-6-9 **(2007)** 在我国古建筑形式上，"样"是类型名称，共有"二样"到"九样"八种，"样"是以下哪种瓦的型号？
A 布瓦　　B 小青瓦　　C 琉璃瓦　　D 黏土瓦
提示：根据"清式营造则例"，我国古建筑形式上，"样"是琉璃瓦的型号。
答案：C

23-6-10 **(2007)** 以下哪种砖是经过焙烧制成的？
A 煤渣砖　　B 实心灰砂砖　　C 碳化灰砂砖　　D 耐火砖

提示：耐火砖是砖坯在高温下烧结而成的。

答案：D

23-6-11 **(2007)** 以下哪种砖是经坯料制备压制成型，蒸汽养护而成？

A 页岩砖　　　B 粉煤灰砖　　　C 煤矸石砖　　　D 陶土砖

提示：粉煤灰砖是经蒸汽养护而成。页岩砖、煤矸石砖和陶土砖通过焙烧制成的。

答案：B

23-6-12 **(2007)** 小青瓦是用以下哪种材料制坯窑烧而成？

A 陶土　　　B 水泥　　　C 黏土　　　D 菱苦土

提示：小青瓦是以黏土制坯焙烧而成。

答案：C

23-6-13 **(2007)** 安装在多孔砖砌体上的外门窗，严禁使用以下哪种固定方式？

A 预埋木砖　　　B 预埋铁件　　　C 射钉固定　　　D 预埋混凝土块

提示：安装在多孔砖砌体上的外门窗严禁使用射钉方式固定。

答案：C

23-6-14 **(2006)** 普通混凝土小型空心砌块中主砌块的基本规格是下列哪组数值？

A 390×190×190（mm）　　　B 390×240×190（mm）

C 190×190×190（mm）　　　D 190×240×190（mm）

提示：普通混凝土小型空心砌块主规格尺寸为390×190×190（mm）。

答案：A

23-6-15 **(2006)** 《烧结普通砖》GB/T 5101—2003 将砖分为若干等级，当建筑物外墙面为清水墙时，下列哪种等级可作为清水墙的选用标准？

A 优等品　　　　　　　　　B 一等品

C 强度等级 MU7.5　　　　　D 合格品

提示：根据《烧结普通砖》GB/T 5101—2003规定，抗风化性能合格的砖，根据尺寸偏差、外观质量、泛霜及石灰爆裂分为优等品、一等品和合格品三个产品等级。优等品可用于清水墙和装饰墙建筑，一等品和合格品可用于混水建筑。

答案：A

23-6-16 **(2006)** 烧结多孔砖的强度等级主要依据其抗压强度平均值判定，强度等级为 MU15 的多孔砖，其抗压强度平均值为下列何值？

A $15t/m^2$　　　B $15kg/cm^2$　　　C $15kN/cm^2$　　　D $15MN/m^2$

提示：强度等级为 MU15 的多孔砖，其抗压强度平均值为 15MPa，15MPa＝$15N/mm^2$＝$15MN/m^2$。

答案：D

23-6-17 **(2006)** 加气混凝土砌块长度规格为 600mm，常用的高度规格尺寸有三种，下列哪种不是其常用高度尺寸？

A 200mm　　　B 250mm　　　C 300mm　　　D 400mm

提示：加气混凝土砌块长度规格为 600mm，常用的高度规格尺寸有 200mm、250mm 和 300mm 三种。

答案：D

23-6-18 **(2005)** 建筑琉璃制品主要是以下列哪种原料制成？
A 黏土　　　　B 优质瓷土　　　C 高岭土　　　D 难熔黏土
提示：建筑琉璃制品主要用难熔黏土为原料制成的。
答案：D

23-6-19 下列有关瓦的叙述，哪一项不正确？
A 每15张标准黏土平瓦可铺 $1m^2$ 屋面
B 琉璃瓦常用三样、四样、五样3种型号
C 小青瓦又名土瓦和合瓦，习惯以每块重量作为规格和品质的标准
D 我国古建筑中，琉璃瓦屋面的各种琉璃瓦件尺寸以清营造尺为单位，1清营造尺等于32cm
提示：根据《清式营造则例》规定，琉璃瓦的"样"共分二样、三样、四样、五样、六样、七样、八样、九样8种，最常用者为五样、六样、七样3种型号。
答案：B

23-6-20 烧结普通砖的致命缺点是（　　）。
A 隔声、绝热差　　　　　B 烧制耗能大，取土占农田
C 自重大，强度低　　　　D 砌筑不够快
提示：烧结普通砖的主要缺点是能耗高与对环境有不利影响，即烧砖生产能耗大，取土侵占耕地且易导致荒漠化。
答案：B

23-6-21 蒸压加气混凝土砌块，在下列范围中，何者可以采用？
A 在地震设防烈度8度及以上地区
B 在建筑物基础及地下建筑物中
C 经常处于室内相对湿度80%以上的建筑物
D 表面温度高于80℃的建筑物
提示：加气混凝土砌块作为轻质材料，在结构抗震中使用效果良好。一般不得用于建筑物基础和高湿、浸水或有化学侵蚀的环境中，也不能用于表面温度高于80℃的建筑部位。
答案：A

23-6-22 烧结普通砖的表观密度是（　　）kg/m^3。
A 1400　　　B 1600　　　C 1900　　　D 2100
提示：烧结普通砖的表观密度（容重）为 $1600\sim1800kg/m^3$。
答案：B

（七）建筑钢材

23-7-1 **(2010)** 低合金高强度结构钢是在碳素钢的基础上加入一定量的合金成分而成，其中合金成分占总量的最大百分比值为（　　）。

A 1%　　　　B 5%　　　　C 10%　　　　D 15%

提示：合金钢根据合金元素含量分为低合金钢（合金元素含量小于5%）、中合金钢(5%～10%)和高合金钢（大于10%）。

答案：B

23-7-2 **(2010)** 以下哪种试验能揭示钢材内部是否存在组织不均匀、内应力和夹杂物等缺陷？

A 拉力试验　　B 冲击试验　　C 疲劳试验　　D 冷弯试验

提示：冷弯指钢材在常温下承受弯曲变形的能力，它表征了在恶劣条件下钢材的塑性，可以揭示钢材内部是否存在组织不均匀、内应力和夹杂物等缺陷。

答案：D

23-7-3 **(2010)** 延伸率表示钢材的以下哪种性能？

A 弹性极限　　B 屈服极限　　C 塑性　　D 疲劳强度

提示：延伸率表示钢材的塑性变形能力。

答案：C

23-7-4 **(2010)** 镇静钢、半镇静钢是按照以下哪种方式分类的？

A 表观　　B 用途　　C 品质　　D 冶炼时脱氧程度

提示：按照冶炼时的脱氧程度将钢材分为沸腾钢、镇静钢、半镇静钢。

答案：D

23-7-5 **(2010)** 根据国家标准，建筑常用薄钢板的厚度最大值为（　　）。

A 2.5mm　　B 3.0mm　　C 4.0mm　　D 5.0mm

提示：建筑常用薄钢板厚度的最大值为4.0mm。

答案：C

23-7-6 **(2010)** 在一定范围内施加以下哪种化学成分能提高钢的耐磨性和耐蚀性？

A 磷　　B 氮　　C 硫　　D 锰

提示：磷可提高钢材的耐磨性和耐蚀性。

答案：A

23-7-7 **(2009)** 石材幕墙的石板与幕墙龙骨系统连接的钢卡固件，应采用以下哪种材料？

A 热轧钢　　B 碳素结构钢　　C 不锈钢　　D 冷轧钢

提示：石材幕墙的石板与幕墙龙骨系统连接的钢卡固件，考虑防锈的要求应该采用不锈钢。

答案：C

23-7-8 **(2009)** 在钢的成分中，以下哪种元素能提高钢的韧性？

A 磷　　B 钛　　C 氧　　D 氮

提示：在钢的成分中，钛作为合金元素能提高钢的韧性。

答案：B

23-7-9 **(2009)** 建筑钢材 Q235 级钢筋的设计受拉强度值 2100kg/mm² 是根据以下哪种强度确定的？

A 弹性极限强度 B 屈服强度
C 抗拉强度 D 破坏强度

提示：建筑钢材 Q235 级钢筋的设计受拉强度值 2100kg/mm² 是根据屈服强度确定的。

答案：B

23-7-10 (2009) 钢材经冷加工后，以下哪一种性能不会改变？
A 屈服极限　　B 强度极限　　C 疲劳强度　　D 延伸率

提示：钢材经过冷加工，强度极限不会改变。

答案：B

23-7-11 (2008) 建筑钢材中含有以下哪种成分是有害无利的？
A 碳　　　　B 锰　　　　C 硫　　　　D 磷

提示：建筑钢材中硫是有害无利的。

答案：C

23-7-12 (2008) 常用建筑不锈钢板中，以下哪种合金成分含量最高？
A 锌　　　　B 镍　　　　C 铬　　　　D 锡

提示：常用建筑不锈钢板中的合金成分，以铬的含量为最高。

答案：C

23-7-13 (2008) 彩色钢板岩棉夹芯板的燃烧性能属下列何者？
A 不燃烧体　　B 难燃烧体　　C 可燃烧体　　D 易燃烧体

提示：彩色钢板岩棉夹芯板的燃烧性能属不燃烧体。

答案：A

23-7-14 (2007) 在常温下将钢材进行冷拉，钢材的哪种性质得到提高？
A 屈服点　　B 塑性　　C 韧性　　D 弹性模量

提示：将钢材于常温下进行冷拉、冷轧或冷拔，使其产生塑性变形，从而提高屈服点。冷加工可提高钢材的屈服点，抗拉强度不变，塑性、韧性和弹性模量降低。

答案：A

23-7-15 (2007) 在碳素钢中，以下哪种物质为有害物质？
A 铁　　　　B 硅　　　　C 锰　　　　D 氧

提示：钢材中的有害物质包括硫、磷、氧。

答案：D

23-7-16 (2006) 建筑钢材表面锈蚀的主要原因是由于电解质作用引起的，下列钢筋混凝土中钢筋不易生锈的原因何者不正确？
A 处于水泥的碱性介质中 B 混凝土一定的密实度
C 混凝土一定厚度的保护层 D 混凝土施工中掺加的氯盐

提示：钢筋混凝土中钢筋不易生锈是因为钢筋处于水泥的碱性介质中，另外混凝土具有一定厚度的保护层或一定的密实度，还有限制氯盐外加剂的掺加。

答案：D

23-7-17 (2006) 对于承受交变荷载的结构（如工业厂房的吊车梁），在选择钢材时，必须考虑钢材的哪一种力学性能？

A 屈服极限　　B 强度极限　　C 冲击韧性　　D 疲劳极限

提示：钢材在交变应力作用下，在远低于抗拉强度时突然发生断裂的现象称为疲劳破坏。在规定的周期基数内不发生脆断所承受的最大应力值为疲劳极限。所以对于承受交变荷载的结构（如工业厂房的吊车梁），在选择钢材时，必须考虑钢材的疲劳极限。

答案：D

23-7-18 **(2006)** 钢是含碳量小于2%的铁碳合金，其中碳元素对钢的性能起主要作用，提高钢的含碳量会对下列哪种性能有提高？

A 屈服强度　　B 冲击韧性　　C 耐腐蚀性　　D 焊接性能

提示：随着含碳量的增加，钢材的强度和硬度提高，塑性和韧性降低。当含碳量大于0.3%时，钢材的可焊性显著降低；当含碳量大于1%时，脆性增大，硬度增加，强度下降。此外，含碳量增加，钢的冷脆性和时效敏感性增大，耐锈蚀性降低。

答案：A

23-7-19 **(2006)** 彩板门窗是钢门窗的一种材料，适用于各种住宅、工业及公共建筑，下列哪条不是彩板门窗的基本特点？

A 强度高　　B 型材断面小　　C 焊接性能好　　D 防腐性能好

提示：彩色钢板是在薄钢板表面敷以有机涂层而成。当涂层脱落后，内部的钢材容易生锈，所以防腐性能较差。

答案：D

23-7-20 **(2005)** 无保护层的钢屋架，其耐火极限是多少？

A 0.25h　　B 0.5h　　C 1.0h　　D 1.25h

提示：在高温下，钢材机械性能下降。裸露的未作处理的钢屋架，其耐火极限为15min左右。

答案：A

23-7-21 **(2005)** 钢材的含锰量对钢材性质的影响，以下哪条是不正确的？

A 提高热轧钢的屈服极限　　B 提高热轧钢的强度极限
C 降低冷脆性　　D 焊接性能变好

提示：锰可以提高钢材的强度、耐腐蚀和耐磨性，消除热脆性。

答案：C

23-7-22 **(2004)** 在下列四种钢材的热处理方法中，何者可以将钢材的硬度大大提高？

A 淬火　　B 回火　　C 退火　　D 正火

提示：淬火可提高钢材的硬度。

答案：A

23-7-23 **(2004)** 在建筑工程中大量应用的建筑钢材，其力学性能主要取决于何种化学成分的含量？

A 锰　　B 磷　　C 硫　　D 碳

提示：含碳量小于2%的铁碳合金为钢材，所以建筑钢材的力学性能主要取决于碳含量。

答案： D

23-7-24 **(2004)** 钢铁表面造成锈蚀的下列诸多因素中，何者是主要的？
A 杂质存在　　　　　　　　B 电化学作用
C 外部介质作用　　　　　　D 经冷加工存在内应力

提示： 当钢铁表面与环境介质发生各种形式的化学作用时，就有可能遭到腐蚀，当环境潮湿或与含有电解质的溶液接触时，也可能因形成微电池效应而遭到电化学腐蚀。所以钢铁的锈蚀分为化学锈蚀和电化学锈蚀。

答案： B

23-7-25 下列关于钢材性质的叙述，哪一项不正确？
A 使钢材产生热脆性的有害元素是硫；使钢材产生冷脆性的有害元素是磷
B 钢结构设计时，碳素结构钢以屈服强度作为设计计算的依据
C 碳素结构钢分为四个牌号：Q195、Q215、Q235、Q275，牌号越大，含碳量越多，钢的强度与硬度越高，但塑性和韧性越低
D 检测碳素结构钢时，必须作拉伸、冲击、冷弯及硬度试验

提示： 检测碳素结构钢，不必作硬度试验。

答案： D

23-7-26 下列关于冷加工与热处理的叙述，哪一条是错误的？
A 钢材经冷拉、冷拔、冷轧等冷加工后，屈服强度提高、塑性增大，钢材变硬、变脆
B 钢筋经冷拉后，再放置一段时间（"自然时效"处理），钢筋的屈服点明显提高，抗拉强度也有提高，塑性和韧性降低较大，弹性模量基本不变
C 在正火、淬火、回火、退火四种热处理方法中，淬火可使钢材表面硬度大大提高
D 冷拔低碳钢丝是用碳素结构钢热轧盘条经冷拔工艺拔制成的，强度较高，可自行加工成材，成本较低，适宜用于中小型预应力构件

提示： 钢材经冷加工（常温下）后，屈服点提高，塑性和韧性降低，弹性模量降低。

答案： A

23-7-27 有关低合金结构钢及合金元素的内容，下列哪一项是错误的？
A 锰是我国低合金结构钢的主加合金元素，可提高钢的强度并消除脆性
B 低合金高强度结构钢中加入的合金元素总量小于15%
C 低合金高强度结构钢具有较高的强度，较好的塑性、韧性和可焊性，在大跨度、承受动荷载和冲击荷载的结构物中更为适用
D 硅是我国钢筋钢的主加合金元素

提示： 低合金结构钢中合金元素总量应小于5%。

答案： B

23-7-28 钢结构防止锈蚀的方法通常是表面刷漆。请在下列常用油漆涂料中选择一种

正确的做法。
A 刷调合漆 B 刷沥青漆
C 用红丹作底漆，灰铅油作面漆 D 用沥青漆打底，机油抹面
提示：常用底漆有红丹、环氧富锌漆、铁红环氧底漆等；面漆有灰铅油、醇酸磁漆、酚醛磁漆等。薄壁钢材可采用热浸镀锌或镀锌后加涂塑料涂层。
答案：C

23-7-29 建筑钢材是在严格的技术控制下生产的材料。下面哪一条不属于它的优点？
A 品质均匀，强度高
B 防火性能好
C 有一定的塑性和韧性，具有承受冲击和振动荷载的能力
D 可以焊接或铆接，便于装配
提示：建筑钢材在火灾高温下易变形，导致结构失效，故防火性差。
答案：B

23-7-30 以下四种热轧钢筋，何者断面为光面圆形？
A Ⅰ级 B Ⅱ级 C Ⅲ级 D Ⅳ级
提示：四种热轧钢筋中，Ⅰ级为光圆表面，Ⅱ、Ⅲ、Ⅳ级均为带肋表面。
答案：A

23-7-31 下列四种钢筋哪一种的强度较高，可自行加工成材，成本较低，发展较快，适宜用于生产中、小型预应力构件？
A 热轧钢筋 B 冷拔低碳钢丝 C 碳素钢丝 D 钢绞线
提示：冷拔低碳钢丝可在工地自行加工成材，成本较低。可分为甲级与乙级，甲级为预应力钢丝，乙级为非预应力钢丝。
答案：B

23-7-32 钢材经冷拉、冷拔、冷轧等冷加工后，性能会发生显著改变。以下表现何者不正确？
A 强度提高 B 塑性增大 C 变硬 D 变脆
提示：钢材冷加工可提高强度，但使塑性降低。
答案：B

23-7-33 钢与生铁的区别在于钢是含碳量小于下列何者数值的铁碳合金？
A 4.0% B 3.5% C 2.5% D 2.0%
提示：钢与生铁的区别在于钢的含碳量在2%以下。
答案：D

23-7-34 要提高建筑钢材的强度并消除脆性，改善其性能，一般应适量加入哪一种化学元素成分？
A 碳 B 钠 C 锰 D 钾
提示：通常合金元素可改善钢材性能，提高强度，消除脆性。锰属合金元素。
答案：C

(八) 木 材

23-8-1 (2010) 木材的持久强度小于其极限强度，一般为极限强度的( )。
A 10%～20%　　B 30%～40%　　C 50%～60%　　D 70%～80%
提示：木材的持久强度一般为极限强度的 50%～60%。
答案：C

23-8-2 (2010) 以下常用木材中抗弯强度值最小的是( )。
A 杉木　　　　B 洋槐　　　　C 落叶松　　　D 水曲柳
提示：杉木的抗弯强度最小。
答案：A

23-8-3 (2009) 建筑工程上，以下哪种树种的木材抗弯强度最高？
A 杉木　　　　B 红松　　　　C 马尾松　　　D 水曲柳
提示：水曲柳的抗弯强度最高。
答案：D

23-8-4 (2009) 硫酸铵和磷酸铵的混合物用于木材的( )。
A 防腐处理　　B 防虫处理　　C 防火处理　　D 防水处理
提示：进行防火处理可以提高木材的耐火性，浸渍法可采用磷—氮系列及硼化物系列防火剂及硫酸铵和磷酸铵的混合物。
答案：C

23-8-5 (2009) 环境温度可能长期超过 50℃时，房屋建筑不应该采用( )。
A 石结构　　　B 砖结构　　　C 混凝土结构　D 木结构
提示：木结构不宜用于温度长期超过 50℃的环境中。
答案：D

23-8-6 (2008) 土建工程中的架空木地板，主要是利用木材的哪种力学性质？
A 抗压强度　　B 抗弯强度　　C 抗剪强度　　D 抗拉强度
提示：土建工程中的架空木地板，主要是利用木材的抗弯强度。
答案：B

23-8-7 (2008) 椴木具有易干燥、不变形、质轻、木纹细腻的特点，白椴的主要产地是以下哪个地方？
A 陕西　　　　B 湖北　　　　C 福建　　　　D 西藏
提示：白椴的主要产地是湖北。
答案：B

23-8-8 (2008) 根据防火要求，木结构建筑物不应超过多少层？
A 2　　　　　B 3　　　　　C 4　　　　　D 5
提示：根据《木结构设计规范》规定，木结构建筑物不应超过3层。
答案：B

23-8-9 (2008) 进行防火处理可以提高木材的耐火性，以下哪种材料是木材的防火浸渍涂料？

A 氟化钠 B 硼铬合剂
C 沥青浆膏 D 硫酸铵和磷酸铵的混合物

提示：进行防火处理可以提高木材的耐火性，浸渍法可采用磷—氮系列及硼化物系列防火剂及硫酸铵和磷酸铵的混合物。

答案：D

23-8-10 **(2008)** 地上汽车库存车数量为多少时，其屋顶承重构件可采用木材？

A 310 辆 B 225 辆 C 100 辆 D 48 辆

提示：根据《汽车库、修车库、停车场设计防火规范》（GB 50067—2014）规定，存在数量小于 50 辆的汽车库防火分类为 4 类，4 类汽车库的防火等级不应低于 3 级，而耐火等级为 3 级的屋面承重构件可以选用燃烧体（0.5h），所以地上汽车库存车数量为 48 辆时，其屋顶承重构件可采用木材。

答案：D

23-8-11 **(2007)** 楠木树的主要产地是以下哪个省区？

A 黑龙江 B 四川 C 新疆 D 河北

提示：楠木树的分布区位于亚热带常绿阔叶林区西部，这里气候温暖潮湿。我国主要分布在四川、贵州、湖南等地区。

答案：B

23-8-12 **(2007)** 在木材的力学性质中，以下哪种强度最高？

A 顺纹抗压强度 B 顺纹抗拉强度
C 顺纹抗弯强度 D 顺纹剪切强度

提示：木材的强度有顺纹强度和横纹强度之分。木材的顺纹强度比其横纹强度要大得多，在工程上均充分利用木材的顺纹强度。理论上，木材强度以顺纹抗拉强度为最大，其次是抗弯强度和顺纹抗压强度。

答案：B

23-8-13 **(2007)** 建筑木材按树种分类，下列何种不属于阔叶树，而属于针叶树？

A 樟木 B 榉木 C 柚木 D 柏木

提示：针叶树又称软木树，有松、杉、柏等。

答案：D

23-8-14 **(2007)** 我国古建筑中使用的木材，根据使用部位不同可分为几大类，斗栱部位属于下列哪一类？

A 构架用材 B 屋顶用材 C 天花用材 D 装饰用材

提示：斗栱属于古建筑构架部分，所以属于构架用材。

答案：A

23-8-15 **(2006)** 木材的种类很多，按树种分为针叶树和阔叶树两大类，针叶树树干通直高大，与阔叶树相比，下列哪点不是针叶树的特点？

A 表观密度小 B 纹理直
C 易加工 D 木材膨胀变形较大

提示：针叶树树干通直高大，纹理平顺，材质均匀，表观密度和胀缩变形小，耐腐蚀性较强，易加工，质地较软。

答案：D

23-8-16 **(2006)** 下列普通材质、规格的各类地板，哪个成本最高？
A 实木地板   B 实木复合地板   C 强化木地板   D 竹地板
提示：比较四种地板，其中实木地板的成本最高。
答案：A

23-8-17 **(2005)** 北京的古建筑中，以下哪座大殿内的木结构构件，如柱、梁、檩、椽和檐头全部用楠木制成的？
A 故宫的太和殿   B 长陵的祾恩殿
C 劳动人民文化宫内的太庙   D 天坛的祈年殿
提示：北京的古建筑中，长陵的祾恩殿内的木结构构件，如柱、梁、檩、椽和檐头全部用楠木制成的。
答案：B

23-8-18 **(2005)** 民用建筑工程室内预埋木砖，严禁采用以下哪种防腐处理剂？
A 氟化钠   B 硼铬合剂   C 铜铬合剂   D 沥青浆膏
提示：因为沥青浆膏有恶臭味，所以民用建筑工程室内预埋木砖，严禁采用沥青浆膏防腐处理剂。
答案：D

23-8-19 **(2004)** 我国古代建筑各种木构件的用料尺寸，均用"斗口"及下列何种"直径模数"计算？
A 金柱直径   B 中柱直径   C 童柱直径   D 檐柱直径
提示：我国古代建筑各种木构件的用料尺寸，均用"斗口"及"檐柱直径"计算。
答案：D

23-8-20 **(2004)** 含水率对木材的强度影响，下列何者最小？
A 弯曲   B 顺纹受压   C 顺纹受拉   D 顺纹受剪
提示：木材随吸附水增大，强度下降，且对顺纹抗压及抗弯影响大，对顺纹抗拉无影响。
答案：C

23-8-21 **(2004)** 民用建筑工程室内装修中所使用的木地板及其他木质材料，严禁使用下列何种防腐、防潮处理剂？
A 沥青类   B 环氧树脂类
C 聚氨酯类   D 氯磺化聚乙烯类
提示：沥青类防腐、防潮材料中常含有酚类等物质，会对室内环境造成污染。
答案：A

23-8-22 **(2004)** 在木材防白蚁的水溶性制剂中，下列何者防白蚁效果最好？
A 铜铬合剂   B 硼铬合剂   C 硼酚合剂   D 氟化钠
提示：在木材防白蚁的水溶性制剂中，氟化钠的防白蚁效果最好。
答案：D

23-8-23 **(2004)** 软木制品是一种优良的保温、隔热、吸声材料，它是由下列何种树的外皮加工成的?

A 楸树　　　　B 栓树　　　　C 梓树　　　　D 栲树

提示：栓树树皮细胞结构呈蜂窝状，每立方厘米有4000万细胞，类似于一个个紧密排列的密闭小气囊。由于它的特殊结构使它具有柔韧性好、保温、隔热、吸声等独特功能。

答案：B

23-8-24　下列四种树中，哪一种属于阔叶树?

A 松树　　　　B 杉树　　　　C 柏树　　　　D 水曲柳树

提示：按树叶外观形状木材可分为针叶树木和阔叶树木两大类。针叶树树干通直高大，易得大材，纹理平顺，材质均匀，木材较软，易于加工（故又称软木材），表观密度和胀缩变形小，耐腐性较强（也有例外，如马尾松干燥时有翘裂倾向，不耐腐，易受白蚁侵害）。多用作承重构件。阔叶树材又称硬木材，难加工，干湿胀缩较大，不宜作承重构件，但有的具有美丽的纹理，适于做内部装修、家具及胶合板等。

答案：D

23-8-25　木材的各种强度中，哪种强度值最大?

A 顺纹抗拉　　B 顺纹抗压　　C 抗弯　　　D 顺纹抗剪切

提示：木材在构造上有明显的方向性，因此强度都有顺纹和横纹的区别，见题23-8-25表。

题23-8-25表

抗 压		抗 拉		抗弯	抗 剪	
顺纹	横纹	顺纹	横纹		顺纹	横纹
1	$\frac{1}{10} \sim \frac{1}{3}$	2～3	$\frac{1}{20} \sim \frac{1}{3}$	$1\frac{1}{2} \sim 2$	$\frac{1}{7} \sim \frac{1}{3}$	$\frac{1}{2} \sim 1$

答案：A

23-8-26　木材长期受热会引起缓慢炭化、色变暗褐、强度渐低，所以在温度长期超过（　　）℃时，不应采用木结构。

A 30　　　　B 40　　　　C 50　　　　D 60

提示：木材的长期使用温度不宜超过50℃。

答案：C

23-8-27　接触砖石、混凝土的木格栅和预埋木砖，应该经过必要的处理，下列哪项处理是最重要的?

A 平整　　　　B 去污　　　　C 干燥　　　　D 防腐

提示：木材腐朽是由腐朽菌在一定的水分、空气与温度条件下引起的。接触砖石、混凝土的木材，是有可能遭受这三种条件并引发腐朽的。

答案：D

23-8-28　就建筑工程所用木材而言，对木材物理力学性能影响最大的因素是下列中的哪一个?

A 重量　　　　B 变形　　　　C 含水率　　　D 可燃性

提示：在使用过程中，最显著影响木材物理力学性能的因素是含水率。
答案：C

23-8-29 由于木材纤维状结构及年轮的影响，木材的力学强度与木材纹理方向有很大关系。以下四种情况中，哪种受力是最不利的？
A 顺纹抗拉　　　B 顺纹抗压　　　C 横纹抗拉　　　D 横纹抗压
提示：木材的横纹抗拉强度最低。
答案：C

23-8-30 由于木材构造的不均匀性，不同方向的干缩值不同。在以下几个方向中，哪个方向的干缩最小？
A 顺纹方向　　　B 径向　　　　　C 弦向　　　　　D 斜向
提示：木材干缩最大的方向是弦向，顺纹方向干缩最小。
答案：A

（九）建 筑 塑 料

23-9-1 **(2010)** 以下哪组字母代表聚苯乙烯？
A PS　　　　　B PE　　　　　C PVC　　　　　D PF
提示：PS 表示聚苯乙烯，PE 表示聚乙烯，PVC 表示聚氯乙烯，PF 表示酚醛树脂。
答案：A

23-9-2 **(2009)** 塑料燃烧是一种简易有效的鉴别法，离火后即灭的是以下哪种塑料？
A 聚氯乙烯　　　B 聚苯乙烯　　　C 聚乙烯　　　　D 聚丙烯
提示：因聚氯乙烯具有难燃性与自熄性，故该塑料点燃后离开火源即灭。
答案：A

23-9-3 **(2009)** 玻璃幕墙的耐候密封应采用以下哪种胶？
A 脲醛树脂胶　　　　　　　　B 硅酮建筑密封胶
C 聚硫粘结密封胶　　　　　　D 醋酸乙烯乳化型胶
提示：玻璃幕墙的耐候密封应采用硅酮建筑密封胶。
答案：B

23-9-4 **(2009)** 北京奥运比赛场馆中，以下哪个场馆的外围护结构采用了乙烯—四氟乙烯共聚物材料？
A 国家体育馆　　　　　　　　B 国家游泳中心
C 国家网球中心　　　　　　　D 国家曲棍球场
提示：北京奥运比赛场馆中，国家游泳中心（又称"水立方"）的外围护结构采用了乙烯—四氟乙烯共聚物材料。
答案：B

23-9-5 **(2009)** 以聚氯乙烯塑料为主要原料，可制作（　　）。
A 有机玻璃　　　B 塑钢门窗　　　C 冷却塔　　　　D 塑料灯光格片
提示：以聚氯乙烯塑料为主要原料，可制作塑钢门窗、塑料地板、管材等。

答案：B

23-9-6 **(2009)** 硬聚氯乙烯塑料来源丰富，以下哪种物质不是硬聚氯乙烯的原料？
A 石灰石　　　B 焦炭　　　C 食盐　　　D 石英砂
提示：硬聚氯乙烯塑料来源丰富，石英砂不是硬聚氯乙烯塑料的原料。
答案：D

23-9-7 **(2008)** 塑料受热后软化或熔融成型，不再受热软化，称热固性塑料。以下哪种塑料属于热固性塑料？
A 酚醛塑料　　B 聚苯乙烯塑料　　C 聚氯乙烯塑料　D 聚乙烯塑料
提示：酚醛塑料属于热固性塑料，其他三种都属于热塑性塑料。
答案：A

23-9-8 **(2008)** 用直接燃烧方法鉴别塑料品种时，点燃该塑料后离开火源即灭的是以下哪种塑料？
A 聚氯乙烯　　B 聚苯乙烯　　C 聚丙烯　　D 聚乙烯
提示：因聚氯乙烯具有难燃性与自熄性，故该塑料点燃后离开火源即灭。
答案：A

23-9-9 **(2008)** 塑料燃烧后散发有刺激性酸味的是以下哪种塑料？
A 聚氯乙烯　　B 聚苯乙烯　　C 聚丙烯　　D 聚乙烯
提示：塑料燃烧后散发有刺激性酸味的是聚氯乙烯。
答案：A

23-9-10 **(2007)** 利用塑料的燃烧性质来鉴别塑料品种，以下哪种为难燃塑料？
A 聚苯乙烯（PS）　　　　　　B 聚乙烯（PE）
C 聚氯乙烯（PVC）　　　　　D 聚丙烯（PP）
提示：判断塑料的燃烧性质可以用直接燃烧法：如果塑料遇火燃烧，离火后继续燃烧为易燃，如 PS、PE、PP、PMMA 等；如果遇火燃烧，但离火即灭为难燃材料，如 PVC。
答案：C

23-9-11 **(2007)** 以下哪种塑料为热塑性塑料？
A 酚醛塑料　　　　　　　　B 硅有机塑料
C 聚苯乙烯塑料　　　　　　D 脲醛塑料
提示：热塑性塑料受热时软化，冷却时凝固成型，不起化学反应，再次受热还会软化，常用热塑性塑料有聚乙烯、聚苯乙烯、聚丙烯、聚氯乙烯等。热固性塑料在加工过程中的前阶段受热可以软化，但后阶段则发生固化反应成型，固化后再加热也不能使其软化，常用热固性塑料有脲醛塑料、酚醛塑料、硅有机塑料、聚酯、不饱和聚酯、聚氨酯、环氧树脂等。
答案：C

23-9-12 **(2007)** 北京2008年奥运会国家游泳中心"水立方"的外表是以下哪种材料？
A 聚苯乙烯　　B 聚氯乙烯　　C 聚四氟乙烯　　D 聚丙烯
提示：北京2008年奥运会国家游泳中心"水立方"的外表是聚四氟乙烯。

答案：C

23-9-13 **(2007)** 生产有机玻璃的主要原料是以下哪种材料？
A 甲基丙烯酸甲酯　　　　　　B 聚丙烯树脂
C 聚氯乙烯树脂　　　　　　　D 高压聚乙烯
提示：有机玻璃是甲基丙烯酸甲酯的俗称，是透光率最高的一种塑料，可达92%，透光范围大，紫外线透过率约73%。同时，它还具有价格低、质量轻、易于机械加工等优点，是经常使用的玻璃替代材料。
答案：A

23-9-14 **(2007)** 建筑内装修时，聚氯乙烯塑料的燃烧性能属于哪个级别？
A A（不燃）　B B1（难燃）　C B2（可燃）　D B3（易燃）
提示：聚氯乙烯塑料遇火燃烧，但离火即灭，所以为难燃材料。
答案：B

23-9-15 **(2006)** 塑料按照树脂物质化学性质不同分为热塑性塑料和热固性塑料，以下哪项是热固性塑料？
A 环氧树脂塑料　　　　　　　B 聚苯乙烯塑料
C 聚乙烯塑料　　　　　　　　D 聚甲基丙烯酸甲酯（有机玻璃）
提示：热塑性塑料受热时软化，冷却时凝固成型，不起化学反应，再次受热还会软化，常用热塑性塑料有聚乙烯、聚苯乙烯、聚丙烯、聚氯乙烯、聚甲基丙烯酸甲酯等。热固性塑料在加工过程中的前阶段受热可以软化，但后阶段则发生固化反应成型，固化后再加热也不能使其软化，常用热固性塑料有脲醛塑料、酚醛塑料、硅有机塑料、聚酯、不饱和聚酯、聚氨酯、环氧树脂等。
答案：A

23-9-16 **(2006)** 环氧玻璃钢是一种使用广泛的玻璃钢。它不具有下列哪种特点？
A 耐腐蚀性好　B 耐温性较好　C 机械强度高　D 粘结力强
提示：玻璃钢，一般学名叫"玻璃纤维增强塑料"。环氧树脂玻璃钢具有耐腐性好，机械强度高和耐温性较好等特点，但是其成本较高，没有粘结力。
答案：D

23-9-17 **(2006)** 环氧树脂耐磨地面是建筑工程中常用的地面耐磨涂料，下列哪一条不是环氧树脂耐磨地面的特性？
A 耐酸碱腐蚀　B 防产生静电　C 耐汽油侵蚀　D 地面易清洁
提示：环氧树脂耐磨地面的特性有，耐酸碱腐蚀，耐汽油侵蚀，不起尘易清洁，防水防滑，强度高，耐冲击，耐磨，但是易产生静电。
答案：B

23-9-18 **(2006)** 能直接将两种材料牢固粘连在一起的物质统称为胶粘剂，目前在建筑工程中采用的胶粘剂主要为下列哪种？
A 骨胶　　　B 鱼胶　　　C 皮胶　　　D 合成树脂
提示：目前在建筑工程中采用的胶粘剂主要为合成树脂。

答案：D

23-9-19 **(2005)** 主要用于生产玻璃钢的原料是以下哪一种？
A 聚丙烯　　　B 聚氨酯　　　C 环氧树脂　　　D 聚苯乙烯
提示：主要用于生产玻璃钢的原料树脂有：环氧树脂、不饱和聚酯树脂、酚醛树脂等。
答案：C

23-9-20 **(2005)** 制作有机类的人造大理石，其所用的胶粘剂一般为以下哪种树脂？
A 环氧树脂　　　　　　　B 酚醛树脂
C 环氧呋喃树脂　　　　　D 不饱和聚酯树脂
提示：制作有机类的人造大理石，其所用的胶粘剂一般为不饱和聚酯树脂。
答案：D

23-9-21 **(2005)** 以下哪种塑料具有防 X 射线功能？
A 聚苯乙烯塑料　　　　　B 聚丙烯塑料
C 硬聚氯乙烯塑料　　　　D 低压聚乙烯塑料
提示：低压聚乙烯塑料具有防 X 射线功能。
答案：D

23-9-22 **(2005)** 对民用建筑工程室内用聚氨酯胶粘剂，应测定以下哪种有害物的含量？
A 游离甲醛　　　　　　　B 游离甲苯二异氰酸酯
C 总挥发性有机物含量　　D 氨
提示：《民用建筑工程室内环境污染控制规范》规定：聚氨酯胶粘剂应测定游离甲苯二异氰酸酯的含量。
答案：B

23-9-23 **(2004)** 塑料地面的下列特性，何者是不正确的？
A 耐水、耐腐蚀　　　　　B 吸声、有弹性
C 耐热、抗静电　　　　　D 不起尘、易清洗
提示：塑料地面具有以下特点：耐磨性好、耐腐蚀、耐水、耐化学腐蚀性好、有弹性、吸声、不起尘、易清洁，有良好的耐热性，但是易摩擦起静电。
答案：C

23-9-24 **(2004)** 聚丙烯塑料是由丙烯单体聚合而成，下列聚丙烯塑料的特点何者是不正确的？
A 低温脆性不显著，抗大气性好　　B 刚性、延性和抗水性好
C 质轻　　　　　　　　　　　　　D 耐热性较高
提示：聚丙烯塑料是由丙烯单体聚合而成，它的特点是质轻（密度 0.90g/cm³），温脆性大。耐热性好（100～200℃），刚性、延性和抗水性好，耐腐蚀性优良，但是收缩率大，低温脆性大。
答案：A

23-9-25 (2004) 聚氨酯艺术浮雕装饰材料与石膏制品比较的下列优点中，何者不正确？
A 自重轻　　　B 韧性好　　　C 防火好　　　D 不怕水
提示：聚氨酯艺术浮雕装饰材料具有自重轻、不怕水、韧性好、不霉变、安装方便等优点。
答案：C

23-9-26 (2004) 玻璃钢，一般学名叫"玻璃纤维增强塑料"。在玻璃钢的下列性能中何者不正确？
A 耐高温　　　B 耐腐蚀　　　C 不透微波　　　D 电绝缘性好
提示：玻璃钢，一般学名叫"玻璃纤维增强塑料"，具有比强度高、耐腐蚀、耐高温、电绝缘性好、不反射雷达、透微波、加工方便等特点。
答案：C

23-9-27 (2004) 环氧树脂胶粘剂的下列特性，何者不正确？
A 耐热、电绝缘　　　　　　B 耐化学腐蚀
C 能粘结金属和非金属　　　D 能粘结塑料
提示：环氧树脂胶粘剂能粘结混凝土、砖石、玻璃、塑料、木材、橡胶、金属等，耐热、耐水，但能导电。
答案：A

23-9-28 下列有关塑料性质的叙述，哪一项不正确？
A 塑料缺点主要是耐热性差、老化、刚度较差
B 聚氯乙烯塑料、聚乙烯塑料、聚甲基丙烯酸甲酯塑料（即有机玻璃）、聚氨酯塑料、ABS塑料等均属热塑性塑料
C 聚氯乙烯（PVC）塑料是应用最多的一种塑料，具有难燃性（离火自熄），但耐热差，硬质聚氯乙烯塑料使用温度应低于80℃
D 塑料中最主要的组成材料是合成树脂
提示：热塑性树脂具有可反复受热软化（或熔化）和冷却硬化的性质。以这种树脂为基材，添加填充料或助剂所得的塑料称为热塑性塑料。而热固性树脂的熔融过程则是不可逆的。聚酯、聚氨酯、不饱和聚酯、环氧、酚醛等树脂均为热固性树脂。
答案：B

23-9-29 建筑工程用的一种俗称"万能胶"的胶粘剂，能粘结金属、塑料、玻璃、木材等，是用下列哪一类树脂作为基料的？
A 酚醛树脂　　　B 呋喃树脂　　　C 环氧树脂　　　D 甲醇胺
提示：万能胶是环氧树脂胶粘剂的俗称。
答案：C

23-9-30 塑料与传统建筑材料相比，主要优点有密度小、强度高、装饰性好、耐化学腐蚀、抗震、消声、隔热、耐水等，但最主要的缺点是下列所述哪一条？
A 制作复杂、价格较高　　　B 耐老化性差、可燃、刚性小

C 容易玷污、不经久耐用　　　　D 有的塑料有毒性

提示：塑料是有机类建材，在其多条缺点中，最主要的一条是耐老化性差、可燃、刚性小，因为这直接影响塑料使用功能的发挥。

答案：B

23-9-31 在下列四种胶粘剂中，何者不属于结构胶？
A 聚氨酯　　B 酚醛树脂　　C 有机硅　　D 环氧树脂

提示：环氧树脂类、聚氨酯类、有机硅类胶粘剂属于结构胶粘剂，酚醛树脂类胶粘剂属于非结构胶粘剂。

答案：B

23-9-32 关于塑料的特性，以下哪个不正确？
A 密度小，材质轻　　　　　　B 耐热性高，耐火性强
C 耐腐蚀性好　　　　　　　　D 电绝缘性好

提示：塑料不耐高温、不耐火。

答案：B

23-9-33 民用建筑工程室内装修时，不应采用以下哪种胶粘剂？
A 酚醛树脂胶粘剂　　　　　　B 聚酯树脂胶粘剂
C 合成橡胶胶粘剂　　　　　　D 聚乙烯醇缩甲醛胶粘剂

提示：选用民用建筑工程室内装修用胶粘剂时，主要考虑是否有甲醛等有害气体释放。

答案：D

（十）防 水 材 料

23-10-1 (2010) 关于橡胶硫化的目的，以下哪项描述是错误的？
A 提高强度　　B 提高耐火性　　C 提高弹性　　D 增加可塑性

提示：橡胶的硫化能使橡胶分子链起交联反应，使线形分子形成立体网状结构。通过硫化处理后，可以提高橡胶的弹性、强度、可塑性等性能。

答案：B

23-10-2 (2010) 以下哪种合成橡胶密度最小？
A 氯丁橡胶　　B 丁基橡胶　　C 乙丙橡胶　　D 丁腈橡胶

提示：三元乙丙橡胶的密度为 0.86，是目前工业化生产的合成橡胶中最轻的一种。

答案：C

23-10-3 (2010) 乙丙橡胶共聚反应时引入不饱和键以生成三元乙丙橡胶的目的是（　　）。
A 获得结构完全饱和的橡胶　　　B 获得耐油性更好的橡胶
C 获得可塑性更好的橡胶　　　　D 获得易于氧化解聚的橡胶

提示：在乙丙橡胶共聚反应时引入不饱和键以生成结构完全饱和的三元乙丙

橡胶。
答案：A

23-10-4 **(2010)** 以下哪种成分对石油沥青的温度敏感性和黏性有重要影响？
　　A 沥青碳　　　B 沥青质　　　C 油分　　　D 树脂
　　提示：油分影响石油沥青的流动性，树脂对石油沥青的黏性和塑性有影响，影响石油沥青黏性和温度敏感性的是沥青质。
　　答案：B

23-10-5 **(2010)** 多用于道路路面工程的改性沥青是（　　）。
　　A 氯丁橡胶沥青　　　　　　B 丁基橡胶沥青
　　C 聚乙烯树脂沥青　　　　　D 再生橡胶沥青
　　提示：再生橡胶沥青是多用于道路路面工程的改性沥青。
　　答案：D

23-10-6 **(2010)** 以下哪种建筑密封材料不宜用于垂直墙缝？
　　A 丙烯酸密封膏　　　　　　B 聚氨酯密封膏
　　C 亚麻子油油膏　　　　　　D 氯丁橡胶密封膏
　　提示：聚氨酯密封膏不宜用于垂直墙缝。
　　答案：B

23-10-7 **(2009)** 三元乙丙橡胶防水卷材是以下哪类防水卷材？
　　A 橡塑共混类防水卷材　　　B 高聚物改性沥青防水卷材
　　C 合成高分子防水卷材　　　D 树脂类防水卷材
　　提示：三元乙丙橡胶防水卷材是合成高分子防水卷材。
　　答案：C

23-10-8 **(2009)** 沥青"老化"的性能指标，是表示沥青的哪种性能？
　　A 塑性　　　B 稠度　　　C 温度稳定性　　　D 大气稳定性
　　提示：沥青"老化"的性能指标，是表示沥青的大气稳定性。
　　答案：D

23-10-9 **(2009)** 高聚物改性沥青防水卷材以 $10m^2$ 卷材的标称重量（kg）作为卷材的哪种指标？
　　A 柔度　　　B 标号　　　C 耐热度　　　D 不透水性
　　提示：高聚物改性沥青防水卷材以 $10m^2$ 卷材的标称重量（kg）作为卷材的标号。
　　答案：B

23-10-10 **(2009)** 延度用于表示石油沥青的哪项指标？
　　A 大气稳定性　　B 温度敏感性　　C 塑性　　　D 黏度
　　提示：延度用于表示石油沥青的塑性。
　　答案：C

23-10-11 **(2009)** 油毡瓦是以哪种材料为胎基，经浸涂石油沥青后而制成的？
　　A 麻织品　　B 玻璃纤维毡　　C 油纸　　　D 聚乙烯膜
　　提示：油毡瓦是以玻璃纤维毡为胎基，经浸涂石油沥青后而制成的。

答案：B

23-10-12 **(2009)** 以下哪种防水卷材耐热度最高？
A APP 改性沥青防水卷材　　B 沥青玻璃布油毡防水卷材
C 煤沥青油毡防水卷材　　　D SBS 改性沥青防水卷材
提示：APP（无规聚丙烯）防水卷材耐热性好，适用于炎热或紫外线辐射强烈的地区。
答案：A

23-10-13 **(2009)** 高聚物改性沥青防水卷材中，以下哪种胎体拉力最大？
A 聚酯毡胎体　　　　B 玻纤胎体
C 聚乙烯膜胎体　　　D 无纺布复合胎体
提示：高聚物改性沥青防水卷材中，聚酯毡胎体拉力最大。
答案：A

23-10-14 **(2009)** 以下哪项民用建筑工程不应选用沥青类防腐、防潮处理剂对木材进行处理？
A 屋面工程　　　　B 外墙外装修工程
C 室内装修工程　　D 广场工程
提示：室内装修工程不应选用沥青类防腐、防潮处理剂对木材进行处理。
答案：C

23-10-15 **(2008)** 沥青的塑性用以下哪种指标表示？
A 软化点　　B 延伸度　　C 黏滞度　　D 针入度
提示：沥青的塑性用延度表示。
答案：B

23-10-16 **(2008)** 以下哪种防水卷材的耐热度比较高？
A SBS　　　　B APP
C PEE　　　　D 沥青类防水卷材
提示：APP（无规聚丙烯）耐热性好，适用于炎热或紫外线辐射强烈地区。
答案：B

23-10-17 **(2008)** 下列建筑防水材料中，哪种是以胎基（纸）g/m^2 重作为标号的？
A 石油沥青防水卷材　　　B APP 改性沥青防水卷材
C SBS 改性沥青防水卷材　D 合成高分子防水卷材
提示：石油沥青防水卷材是以胎基（纸）g/m^2 重作为标号的。
答案：A

23-10-18 **(2008)** 用于高层建筑的玻璃幕墙密封膏是以下哪种密封材料？
A 聚氯乙烯胶泥　　　　B 塑料油膏
C 桐油沥青防水油膏　　D 高模量硅酮密封膏
提示：用于高层建筑的玻璃幕墙密封膏的是高模量硅酮密封膏。
答案：D

23-10-19 **(2008)** 屋面工程中，以下哪种材料的屋面不适用等级为 I 级的防水屋面？
A 高聚物改性沥青防水涂料　　B 细石混凝土

C 金属板材 D 油毡瓦

提示：屋面工程中，细石混凝土屋面不适用等级为Ⅰ级的防水屋面。

答案：B

23-10-20 (2007) 在施工环境气温为－9℃时的情况下，以下哪种防水材料能够施工？
A 高聚物改性沥青防水卷材 B 合成高分子防水卷材
C 溶剂型高聚物改性沥青防水卷材 D 刚性防水层

提示：合成高分子防水卷材可以在施工环境气温为－9℃时的情况下施工。

答案：B

23-10-21 (2007) 沥青玛琋脂的标号表示其什么性质？
A 柔软度 B 耐热度 C 粘结力 D 塑性

提示：沥青胶（沥青玛琋脂）为沥青与矿质填充料的均匀混合物。填充料可为粉状的，如滑石粉、石灰石粉；也可为纤维状的，如石棉屑、木纤维等。沥青胶的标号主要按耐热度划分。

答案：B

23-10-22 (2007) 聚氯乙烯胶泥防水密封材料是用以下哪种材料为基料配制而成的？
A 乳液树脂 B 合成橡胶 C 煤焦油 D 石油沥青

提示：聚氯乙烯胶泥是以煤焦油和聚氯乙烯树脂粉为基料，配以增塑剂、稳定剂及填充料在140℃下塑化而成的热施工防水材料。

答案：C

23-10-23 (2007) 在做屋面卷材防水保护层时，以下哪种材料的保护层与防水层之间可以不设置隔离层？
A 银粉保护层 B 水泥砂浆保护层
C 细石混凝土保护层 D 彩色水泥砖保护层

提示：隔离层是消除材料之间粘结力、机械咬合力等相互作用的构造层次。块体材料、水泥砂浆或细石混凝土保护层与卷材、涂膜防水层之间，应设置隔离层。

答案：A

23-10-24 (2007) 隐框和半隐框玻璃幕墙，其玻璃与铝型材的粘结必须采用以下哪种胶？
A 硅酮玻璃密封胶 B 硅酮耐候密封胶
C 硅酮玻璃胶 D 中性硅酮结构密封胶

提示：玻璃幕墙的密封材料可采用三元乙丙橡胶、硅橡胶等建筑密封材料和硅酮结构密封胶。

答案：D

23-10-25 (2006) SBS改性沥青防水卷材按物理力学性能分为Ⅰ型和Ⅱ型，按胎基分聚酯毡胎和玻纤毡胎，下列哪类产品性能最优？
A 聚酯毡胎Ⅰ型 B 聚酯毡胎Ⅱ型
C 玻纤毡胎Ⅰ型 D 玻纤毡胎Ⅱ型

提示：根据《弹性体改性沥青防水卷材》GB 18242—2008，聚酯毡胎的拉力和撕裂强度优于玻纤毡胎，Ⅱ型的拉力、撕裂强度和低温柔度优于Ⅰ型。
答案：B

23-10-26 **(2005)** 玻璃幕墙采用中空玻璃应采用双道密封，当幕墙为隐框幕墙时，中空玻璃的密封胶，应采用以下哪种密封胶？
A 酚醛树脂胶　　　　　　　　B 环氧树脂胶
C 结构硅酮密封胶　　　　　　D 聚氨酯胶
提示：玻璃幕墙的密封材料可采用三元乙丙橡胶、硅橡胶等建筑密封材料和硅酮结构密封胶。
答案：C

23-10-27 **(2005)** 制作防水材料的石油沥青，其哪种成分是有害的？
A 油分　　　B 树脂　　　C 地沥青质　　　D 蜡
提示：蜡会降低石油沥青的黏性和塑性，增大温度敏感性，是石油沥青中的有害成分。
答案：D

23-10-28 **(2005)** SBS改性沥青防水卷材，被改性的沥青是以下哪种沥青？
A 煤沥青　　　B 焦油沥青　　　C 石油沥青　　　D 煤焦油
提示：在石油沥青中加入某些矿物填充料、树脂或橡胶等改性材料得到改性石油沥青，进而生产改性石油沥青产品。所以在SBS改性沥青卷材中被改性的沥青为石油沥青。
答案：C

23-10-29 **(2005)** SBS改性沥青防水卷材是按以下哪种条件作为卷材的标号？
A $10m^2$ 卷材的标称重量　　　B 按厚度
C $1m^2$ 重量　　　　　　　　　D 按针入度指标
提示：SBS改性沥青防水卷材用 $10m^2$ 卷材标称质量作为标号。
答案：A

23-10-30 **(2004)** 石油沥青油纸和煤沥青油毡的标号是根据下列何因素制定的？
A 吸水率　　　B 拉力　　　C 柔度　　　D 原纸质量
提示：常用油毡指用低软化点沥青浸渍原纸，然后以高软化点沥青涂盖两面，再涂刷或撒布隔离材料（粉状或片状）而制成的纸胎防水卷材，分为石油沥青油毡与煤沥青油毡两类。油纸和油毡按原纸每平方米质量克数划分标号。
答案：D

23-10-31 **(2004)** 常用于建筑屋面的SBS改性沥青防水卷材的主要特点是？
A 施工方便　　　B 低温柔度　　　C 耐热度　　　D 弹性
提示：SBS改性沥青后，可以改善其低温脆性。所以常用于屋面的SBS改性沥青防水卷材的主要特点是低温柔性好。
答案：B

23-10-32 有关黏稠石油沥青三大指标的内容中，下列哪一项是错误的？
A 石油沥青的黏滞性（黏性）可用针入度（1/10mm）表示，针入度属相

对黏度（即条件黏度），它反映沥青抵抗剪切变形的能力
B 延度（伸长度，cm）表示沥青的塑性
C 软化点（％）表示沥青的温度敏感性
D 软化点高，表示沥青的耐热性好、温度敏感性小（温度稳定性好）
提示：软化点的单位是℃。
答案：C

23-10-33 下列防水材料标号（牌号）的确定，哪一项是错误的？
A 黏稠石油沥青按针入度指标划分牌号，每个牌号还应保证相应的延度和软化点等
B 沥青胶（沥青玛琋脂）的标号主要以耐热度划分，柔韧性、粘结力等也要满足要求
C 沥青油毡的牌号主要以油毡每平方米重量划分
D APP及SBS改性沥青防水卷材以$10m^2$卷材的标称重量（kg）作为卷材的标号
提示：沥青油毡应以原纸$1m^2$的重量克数划分标号。其他指标也应符合要求。
答案：C

23-10-34 冷底子油是有机溶剂与沥青融合制得的沥青防水材料，它能便于与基面牢固结合，但对基面下列哪个要求最确切？
A 平整、光滑　　B 洁净、干燥　　C 坡度合理　　D 去垢除污
提示：冷底子油是做防水层之前的基层处理剂。对于洁净、干燥的基层表面，冷底子油可形成粘结牢固、完整的界面膜层，供继续施工防水层。
答案：B

23-10-35 沥青胶泥（也称沥青玛琋脂）的配合中不包括以下哪种材料？
A 沥青　　B 砂子　　C 石英粉　　D 矿物纤维
提示：沥青胶通常是沥青与填充料如滑石粉、石灰石粉或木纤维的混合物。
答案：B

23-10-36 沥青嵌缝油膏，是以石油沥青为基料，加入改性材料——废聚氯乙烯塑料，试问改变了沥青的哪种性质？
A 防水性　　B 温度稳定性　　C 抗老化性　　D 粘结性
提示：加入橡胶可全面提高沥青的性能，但加入树脂或废聚氯乙烯塑料，则主要改善温度稳定性。
答案：B

23-10-37 沥青是一种有机胶凝材料，它不具有以下哪个性能？
A 粘结性　　B 塑性　　C 憎水性　　D 导电性
提示：目前的有机类建筑材料都不具备导电性。
答案：D

23-10-38 石油沥青在常温条件下不耐下列哪种材料的腐蚀？
A 对于浓度小于50％的硫酸　　B 对于浓度小于10％的硝酸

C 对于浓度小于20%的盐酸　　　　D 对于浓度小于30%的苯

提示：沥青具有较好的抗腐蚀性，能抵抗一般酸、碱、盐类液体或气体的侵蚀。但沥青不耐有机溶剂的作用，沥青的三大成分（油分、树脂和地沥青质）分别能溶于部分种类的有机溶剂中，如油分可溶于苯。

答案：D

23-10-39　聚氨酯涂膜防水涂料，施工时一般为涂布两道，两道涂布的方向是（　　）。
　　A 互相垂直　　B 互相斜交　　C 方向一致　　D 方向相反
提示：两条涂布的方向应互相垂直，增加涂膜的附着力与致密性。
答案：A

23-10-40　适用于地下防水工程，或作为防腐材料的沥青材料是（　　）。
　　A 石油沥青　　　　　　　　　B 煤沥青
　　C 天然沥青　　　　　　　　　D 建筑石油沥青
提示：煤沥青的防腐效果在各种沥青中最为突出。
答案：B

（十一）绝热材料与吸声材料

23-11-1　**(2010)** 对材料导热系数影响最大的因素是（　　）。
　　A 湿度和温度　　　　　　　　B 湿度和表观密度
　　C 表观密度和分子结构　　　　D 温度和热流方向
提示：材料的孔隙大，含空气多，即表观密度小，其导热系数也小；当材料含水或含冰时，其导热系数会急剧增大。
答案：B

23-11-2　**(2010)** 以下哪项不是绝热材料？
　　A 软木　　　B 挤塑聚苯板　　C 泡沫玻璃　　D 高炉炉渣
提示：绝热材料是指导热系数小于0.23W/(m·K)的材料，均为多孔材料、软木、挤塑聚苯板、泡沫玻璃都为绝热材料。
答案：D

23-11-3　**(2010)** 以下哪种材料不宜用作石膏板制品的填料？
　　A 锯末　　　B 陶粒　　　　　C 普通砂　　　D 煤渣
提示：选择石膏板制品的填料时，应选用轻质材料。
答案：C

23-11-4　**(2010)** 膨胀蛭石的最高使用温度是（　　）。
　　A 600～700℃　B 800～900℃　C 1000～1100℃　D 1200～1300℃
提示：膨胀蛭石是天然蛭石在850～1000℃煅烧而成，其最高使用温度为1000～1100℃。
答案：C

23-11-5　**(2010)** 考虑到外墙外保温EPS板薄抹面系统受负压作用较大等因素，规范推荐使用锚栓进行保温板辅助固定，此类建筑的最小高度为（　　）。

A 15m　　　B 16m　　　C 18m　　　D 20m

提示：考虑到外墙外保温 EPS 板薄抹面系统受负压作用较大等因素，规范推荐使用锚栓进行保温板辅助固定，此类建筑的最小高度为 20m。

答案：D

23-11-6 (2010) 从施工方面和综合经济核算方面考虑，保温用 EPS 板厚度一般不宜小于（　）。

A 20mm　　　B 25mm　　　C 30mm　　　D 40mm

提示：从施工方面和综合经济核算方面考虑，保温用 EPS 板厚度不宜小于 40mm。

答案：D

23-11-7 (2010) 在正常使用和正常维护的条件下，外墙外保温工程的使用年限不应少于（　）。

A 10 年　　　B 15 年　　　C 20 年　　　D 25 年

提示：在正常使用和维护的条件下，外墙外保温工程的使用年限不应少于 25 年。

答案：D

23-11-8 (2009) 玻璃棉的燃烧性能是以下哪个等级？

A 不燃　　　B 难燃　　　C 可燃　　　D 易燃

提示：玻璃棉的燃烧性能是难燃。

答案：B

23-11-9 (2009) 耐热度比较高的常用玻璃棉是以下哪种？

A 普通玻璃棉　　　　　　B 普通超细玻璃棉
C 无碱超细玻璃棉　　　　D 高硅氧棉

提示：耐热度比较高的常用玻璃棉是高硅氧棉。

答案：D

23-11-10 (2009) 岩棉是以哪种岩石为主要原料经高温熔融后加工制成的人造无机纤维？

A 石灰岩　　　B 石英石　　　C 玄武岩　　　D 片麻岩

提示：岩棉是以玄武岩为主要原料经高温熔融后加工制成的人造无机纤维。

答案：C

23-11-11 (2009) 在同样厚度的情况下，以下哪种墙体的隔声效果最好？

A 钢筋混凝土墙　　　　　B 加气混凝土墙
C 黏土空心砖墙　　　　　D 陶粒混凝土墙

提示：在同样厚度的情况下，表观密度大的墙体即钢筋混凝土墙的隔声效果好。

答案：A

23-11-12 (2008) 以下哪种不是生产膨胀珍珠岩的原料？

A 砂岩　　　B 珍珠岩　　　C 松脂岩　　　D 黑曜岩

提示：生产膨胀珍珠岩的原料可以是珍珠岩、松脂岩或黑曜岩。
答案：A

23-11-13 **(2008)** 以下哪种产品是以精选的玄武岩为主要原料加工制成的人造无机纤维？
A 石棉　　　　B 岩棉　　　　C 玻璃棉　　　　D 矿渣棉
提示：岩棉是以精选的玄武岩为主要原料加工制成的人造无机纤维。
答案：B

23-11-14 **(2008)** 倒置式屋面的保温层不应采用以下哪种材料？
A 挤塑聚苯板　　　　　　　B 硬泡聚氨酯
C 泡沫玻璃块　　　　　　　D 加气混凝土块
提示：用于倒置式屋面的保温层的保温材料要求吸水性小，所以不应采用加气混凝土块。
答案：D

23-11-15 **(2008)** 室内装修工程中，以下哪种壁纸有吸声的特点？
A 聚氯乙烯壁纸　　　　　　B 织物复合壁纸
C 金属壁纸　　　　　　　　D 复合纸质壁纸
提示：室内装修工程中，织物复合壁纸有吸声的特点。
答案：B

23-11-16 **(2007)** 以下哪种膨胀珍珠岩制品耐高温性最强？
A 水玻璃膨胀珍珠岩制品　　B 磷酸盐膨胀珍珠岩制品
C 沥青膨胀珍珠岩制品　　　D 水泥膨胀珍珠岩制品
提示：水玻璃膨胀珍珠岩制品具有表观密度小（200～300kg/m³），导热系数小，常温导热系数为 0.058～0.065W/(m·K)，以及无毒、无味、不燃烧、抗菌、耐腐蚀等特点。多用于建筑围护结构作为保温隔热及吸声材料。磷酸盐膨胀珍珠岩制品是以膨胀珍珠岩为骨料，以磷酸铝和少量的硫酸铝、纸浆废液作胶结材料，经过配料、搅拌、成型和焙烧而制成的。它具有较高的耐火度、表观密度小（200～500kg/m³）、强度高（0.6～1.0MPa）、绝缘性较好等特点，适用于温度要求较高的保温隔热环境。沥青膨胀珍珠岩制品是由膨胀珍珠岩与热沥青拌和而制成的。它具有质轻（表观密度为 200～450kg/m³），保温隔热，导热系数为 0.07～0.08W/(m·K)，以及吸声、不老化、憎水、耐腐蚀等特性，并可锯切，施工方便，适用于在低温、潮湿的环境中使用，如用于冷库工程、冷冻设备、管道及屋面等处。水泥膨胀珍珠岩制品具有表观密度小（300～400kg/m³），导热系数低，常温导热系数为 0.058～0.087W/(m·K)，承载力高，施工方便，经济耐用等优点。广泛用于较低温度热管道、热设备及其他工业管道和工业建筑的保温隔热材料以及工业与民用建筑围护结构的保温、隔热、吸声材料。
答案：B

23-11-17 **(2006)** 在建筑工程中主要作为保温隔热用的材料统称为绝热材料，其绝热性能用导热系数表示，下列哪类情况会导致材料的导热系数减小？

A 表观密度小的材料，孔隙率增高
B 在孔隙率相同条件下，孔隙尺寸变大
C 孔隙由互相封闭改为连通
D 材料受潮后

提示：影响材料导热系数的因素很多，表观密度小的材料，孔隙率大，导热系数会减小；孔隙率相同时，孔隙尺寸增大，导热系数也增大；连通孔隙比封闭孔隙的导热系数大；材料受潮后，导热系数增大。

答案：A

23-11-18 (2006) 下列哪类绝热材料的导热系数最小？
A 模压聚苯乙烯泡沫塑料　　　　B 挤压聚苯乙烯泡沫塑料
C 硬质聚氨酯泡沫塑料　　　　　D 聚乙烯泡沫塑料

提示：硬质聚氨酯泡沫塑料的导热系数为 0.016W/(m·K)，模压聚苯乙烯泡沫塑料的导热系数为 0.033～0.036W/(m·K)，挤压聚苯乙烯泡沫塑料的导热系数为 0.028W/(m·k)，聚乙烯泡沫塑料导热系数≤0.037W/(m·k)。

答案：C

23-11-19 (2006) 吸声材料在不同频率时其吸声系数不同，下列哪种材料吸收系数不是随频率的提高而增大？
A 矿棉板　　　B 玻璃棉　　　C 泡沫塑料　　　D 穿孔五夹板

提示：疏松多孔吸声材料（如矿棉板、玻璃棉和泡沫塑料）的吸收系数一般从低频到高频逐渐增大，即其吸声系数随频率提高而增大，而穿孔五夹板则对中频的吸声系数最大。

答案：D

23-11-20 (2005) 现浇水泥珍珠岩保温隔热层，其用料体积配合比（水泥：珍珠岩），一般采用以下哪种比值？
A 1：6　　　B 1：8　　　C 1：12　　　D 1：18

提示：水泥膨胀珍珠岩保温层的配合比为 1：12。

答案：C

23-11-21 (2005) 用于倒置式屋面的保温层，采用以下哪种材料？
A 沥青膨胀珍珠岩　　　　　　　B 加气混凝土保温块
C 挤塑聚苯板　　　　　　　　　D 水泥配制蛭石块

提示：倒置式屋面保温层可以选用挤塑保温板、硬泡聚氨酯板、泡沫玻璃保温板等吸水性小的保温材料。

答案：C

23-11-22 (2004) 多孔性吸声材料（加气混凝土、泡沫玻璃等）主要对以下哪项吸声效果最好？
A 高频　　　B 中频　　　C 中低频　　　D 低频

提示：多孔性吸声材料对高频的声音吸收效果最好。

答案：A

23-11-23 **(2004)** 我国生产的下列保温材料中，何者导热系数最小，保温性能最好？
A 聚苯乙烯泡沫塑料　　　　　B 玻璃棉
C 岩棉　　　　　　　　　　　D 矿渣棉

提示：聚苯乙烯泡沫塑料的导热系数≤0.035W/(m·K)，玻璃棉的导热系数>0.035W/(m·K)，矿渣棉和岩棉的导热系数为0.044～0.052W/(m·K)。

答案：A

23-11-24 **(2004)** 膨胀蛭石的下列特性，何者不正确？
A 耐高温　　B 不吸水　　C 不蛀　　D 不腐

提示：膨胀蛭石是由天然蛭石经高温煅烧后体积膨胀20～30倍而成，耐高温，不蛀，不腐，但是吸水性较大。

答案：B

23-11-25 下列有关膨胀珍珠岩（又称珠光砂）的叙述，哪一项不正确？
A 膨胀珍珠岩是由珍珠岩、松脂岩或黑曜岩经破碎，快速通过煅烧带膨胀而成
B 一级珍珠岩矿石烧熔后的膨胀倍数约大于20倍，二级为10～20倍，三级则小于10倍
C 膨胀珍珠岩导热系数约0.047～0.070W/(m·K)，使用温度为—200～200℃。吸湿性小
D 膨胀珍珠岩可作填充材料，也可与水泥、水玻璃、沥青、黏土等制成绝热制品，还可作吸声材料

提示：膨胀珍珠岩使用温度最高可达800℃。

答案：C

23-11-26 下列有关矿物棉（岩棉和矿渣棉）及石棉的叙述，哪一项不正确？
A 矿物棉的导热系数约为0.044W/(m·K)。最高使用温度为600℃左右
B 矿物棉质轻、导热系数低，不燃、防蛀、价廉、耐腐蚀、化学稳定性好、吸声性好，缺点是吸水性大、弹性小
C 岩棉所用原料为辉绿岩
D 石棉属变质岩，具有耐火、耐热、耐酸碱、绝热、防腐、隔声、绝缘等特性。平常所说的石棉属温石棉，其导热系数约为0.069W/(m·K)，最高工作温度可达600～800℃，耐碱性强

提示：岩棉所用原料为玄武岩。

答案：C

23-11-27 下列有关膨胀蛭石等绝热材料的叙述，哪一条是错误的？
A 膨胀蛭石是由天然蛭石破碎、煅烧而成，膨胀倍数为20～30倍。导热系数为0.046～0.070W/(m·K)，最高使用温度为1000～1100℃，吸水性大
B 现浇水泥蛭石隔热保温层以水泥与膨胀蛭石为原料，按1∶5(体积比)较为经济合理。夏季施工时应选用粉煤灰水泥
C 硅藻土为硅藻水生植物的残骸。其导热系数约为0.060W/(m·K)，最

高使用温度约为 900℃

D 加气混凝土的导热系数约为 0.093～0.164W/(m·K)

提示：水泥与膨胀蛭石（或膨胀珍珠岩），按体积比 1:12 较为经济合理。

答案：B

23-11-28 下列有关材料吸声性能的叙述，哪一条是错误的？

A 凡六个频率（125、250、500、1000、2000、4000Hz）的平均吸声系数大于 0.2 的材料，称为吸声材料。当门窗开启时，吸声系数相当于 1。悬挂的空间吸声体（多用玻璃棉制作）的吸声系数可大于 1。50mm 厚的普通超细玻璃棉在 500～4000Hz 频率下的平均吸声系数不小于 0.75

B 多孔性（封闭的互不连通的气孔）吸声材料对高频和中频的声音吸声效果较好

C 薄板振动吸声结构具有低频吸声特性；穿孔板组合共振吸声结构具有适合中频的吸声特性

D 隔墙的质量越大，越不易振动，则隔声（空气声）效果越好

提示：绝热材料要求具有封闭的互不连通的气孔，这类气孔越多，则绝热效果越好。但多孔材料可作为吸声材料，则要求气孔开放、互相连通，这类气孔越多，则吸声效果越好。

答案：B

23-11-29 为了保温及隔热，经常用于管道保温的材料不包括以下哪项？

A 石棉   B 岩棉   C 矿棉   D 玻璃棉

提示：石棉虽然是一种保温材料，但因易致癌而较少使用。

答案：A

23-11-30 评定建筑材料保温隔热性能好坏的主要指标，下列哪个正确？

A 体积、比热   B 形状、表观密度
C 含水率、空隙率   D 导热系数、热阻

提示：导热系数是常用的保温隔热性能参数，热阻是由导热系数导出的一个参数，也能表达材料保温隔热性能。

答案：D

23-11-31 影响多孔性吸声材料的吸声效果，与以下哪个因素是无关的？

A 材料的表观密度   B 材料的厚度
C 材料的形状   D 孔隙的特征

提示：影响多孔材料的吸声系数或吸声效果的因素是材料厚度、孔隙率与孔结构特征。当材质一定时，孔隙率与表观密度相关联。

答案：C

23-11-32 穿孔板组合共振吸声结构具有适合（　　）频率的吸声特性。

A 高频   B 中高频   C 中频   D 低频

提示：穿孔板组合共振吸声结构具有适合中频的吸声特性。

答案：C

23-11-33 下列哪种材料是绝热材料?
A 松木　　　　B 玻璃棉板　　　C 烧结普通砖　　　D 石膏板
提示：玻璃棉板是一种轻质板材，有绝热作用。
答案：B

23-11-34 关于材料的导热系数，以下哪个错误?
A 表观密度小，导热系数小　　　　B 含水率高，导热系数大
C 孔隙不连通，导热系数大　　　　D 固体比空气导热系数大
提示：材料内部孔隙不连通，减少了空气对流传热量，使材料导热系数降低。
答案：C

23-11-35 广泛应用于冷库工程、冷冻设备的膨胀珍珠岩制品，选用下列哪一种?
A 磷酸盐珍珠岩制品　　　　B 沥青珍珠岩制品
C 水泥珍珠岩制品　　　　　D 水玻璃珍珠岩制品
提示：膨胀珍珠岩颗粒疏松多孔，极易吸水，在冷冻条件下易发生材料冻胀破坏。故沥青珍珠岩制品以其较好的防水性而适宜在冷冻环境下应用。
答案：B

23-11-36 膨胀珍珠岩在建筑工程上的用途不包括以下哪项?
A 用作保温材料　　　　B 用作隔热材料
C 用作吸声材料　　　　D 用作防水材料
提示：同题 23-11-36 提示。
答案：D

23-11-37 用于保温隔热的膨胀珍珠岩的安全使用温度是（　　）℃。
A 800　　　B 900　　　C 1000　　　D 1100
提示：膨胀珍珠岩的使用温度范围是-200~800℃。
答案：A

23-11-38 关于矿渣棉的性质，以下何者是不正确的?
A 质轻　　　　　　　　B 不燃
C 防水防潮好　　　　　D 导热系数小
提示：矿渣棉作为纤维材料，容易吸水受潮。
答案：C

23-11-39 提高底层演播厅隔墙的隔声效果，应选用下列哪种材料?
A 重的材料　　　　　　B 多孔材料
C 松散的纤维材料　　　D 吸声性能好的材料
提示：隔声效果取决于墙体单位面积的质量，随单位面积质量增大而提高。
答案：A

（十二）装　饰　材　料

23-12-1 **(2010)** 用一级普通平板玻璃经风冷淬火法加工处理而成的是以下哪种

玻璃?

A 钢化玻璃　　B 冰花玻璃　　C 泡沫玻璃　　D 防辐射玻璃

提示：用一级普通平板玻璃经风冷淬火加工，可使玻璃得到强化韧化，得到的是钢化玻璃。

答案：A

23-12-2 (2010) 建筑幕墙用的铝塑复合板中，铝板的厚度不应小于(　　)。

A 0.3mm　　B 0.4mm　　C 0.5mm　　D 0.6mm

提示：建筑幕墙用铝塑复合板的，铝板的厚度不应小于0.4mm。

答案：B

23-12-3 (2010) 普通平板玻璃成品常采用以下哪种方式计算产量?

A 重量　　B 体积　　C 平方米　　D 标准箱

提示：普通平板玻璃成品的产量以标准箱计。厚度为2mm的平板玻璃，$10m^2$ 为一标准箱。

答案：D

23-12-4 (2010) 玻璃空心砖的透光率最高可达(　　)。

A 60%　　B 70%　　C 80%　　D 90%

提示：玻璃空心砖具有较高的透明度，透光率最高可达90%。

答案：D

23-12-5 (2010) 一般透水性路面砖厚度不得小于(　　)。

A 30mm　　B 40mm　　C 50mm　　D 60mm

提示：为了满足力学性质的要求，一般透水性路面砖厚度不得小于60mm。

答案：D

23-12-6 (2010) 下列常用建材在常温下对硫酸的耐腐蚀能力最差的是(　　)。

A 沥青　　B 花岗石　　C 混凝土　　D 铸石制品

提示：混凝土中含有一定量水泥水化形成的$Ca(OH)_2$，其耐硫酸腐蚀能力很差。

答案：C

23-12-7 (2010) 大理石不能用于建筑外装饰的主要原因是易受到室外哪项因素的破坏?

A 风　　B 雨　　C 沙尘　　D 阳光

提示：大理石硬度较大，但其为碱性石材，在室外装饰使用容易受空气中CO_2、SO_2及水汽等酸性介质作用而风化，使表面失去光泽，降低装饰效果。

答案：B

23-12-8 (2010) 散发碱性粉尘较多的工业厂房不得采用以下哪种窗?

A 木窗　　B 钢窗　　C 塑料窗　　D 铝合金窗

提示：钢窗的抗碱性腐蚀性较其他三种窗户差。

答案：B

23-12-9 (2010) 以下哪个材料名称是指铜和锌的合金?

A 红铜　　　　B 紫铜　　　　C 青铜　　　　D 黄铜
提示：为了满足力学性质的要求，一般透水性路面砖厚度不得小于60mm。
答案：D

23-12-10 (2010) 位于海边的度假村设计时应优先选用以下哪种外门窗？
A 粉末喷涂铝合金门窗　　　　B 塑料门窗
C 普通钢门窗　　　　　　　　D 玻璃钢门窗
提示：位于海边的度假村选用外门窗时，要考虑有较好的抗氯盐腐蚀能力。
答案：D

23-12-11 (2010) 80系列平开铝合金窗名称中的80指的是（　　）。
A 框料的横断面尺寸　　　　　B 系列产品定型于20世纪80年代
C 框料的壁厚　　　　　　　　D 窗的抗风压强度值
提示：80系列平开铝合金窗名称中的80指的是框料的横断面尺寸。
答案：A

23-12-12 (2010) 铝合金窗用型材表面采用粉末喷涂处理时，涂层厚度应不小于（　　）。
A 20μm　　　　B 30μm　　　　C 40μm　　　　D 50μm
提示：铝合金窗用型材表面采用粉末喷涂处理时，涂层厚度应不小于40μm。
答案：C

23-12-13 (2010) 在油质树脂漆中加入无机颜料即可制成以下哪种漆？
A 调和漆　　　　B 光漆　　　　C 磁漆　　　　D 喷漆
提示：在油质树脂漆中加入无机颜料可制成磁漆。调合漆是由干性油料加颜料制成。
答案：C

23-12-14 (2010) 乳胶漆属于以下哪类油漆涂料？
A 烯树脂漆类　　　　　　　　B 丙烯酸漆类
C 聚酯漆类　　　　　　　　　D 醇酸树脂漆类
提示：乳胶漆属于丙烯酸漆类油漆涂料。
答案：B

23-12-15 (2010) 窗用绝热薄膜对阳光的反射率最高可达（　　）。
A 60%　　　　B 70%　　　　C 80%　　　　D 90%
提示：窗用绝热薄膜对阳光的反射率最高可达80%。
答案：C

23-12-16 (2010) 玻璃自爆是以下哪种建筑玻璃偶尔特有的现象？
A 中空玻璃　　　B 夹层玻璃　　　C 镀膜玻璃　　　D 钢化玻璃
提示：玻璃自爆是由于钢化玻璃内部硫化镍膨胀导致的。
答案：D

23-12-17 (2010) 按人体冲击安全规定要求，6.38厚夹层玻璃的最大许用面积是（　　）。
A $2m^2$　　　　B $3m^2$　　　　C $5m^2$　　　　D $7m^2$

提示：按人体冲击安全规定要求，6.38厚夹层玻璃的最大许用面积为3m²。
答案：B

23-12-18 (2010) 冰冻期在一个月以上的地区，应用于室外的陶瓷墙砖吸水率应不大于（ ）。
A 14%　　　　B 10%　　　　C 6%　　　　D 2%
提示：冰冻期在一个月以上的地区，应用于室外的陶瓷墙砖吸水率不应大于6%。
答案：C

23-12-19 (2010) 地毯一般分为6个使用等级，其划分依据是（ ）。
A 纤维品种　　B 绒头密度　　C 毯面结构　　D 耐磨性
提示：按照表面的耐磨性，地毯一般分为轻度家用级、中度家用级等6个使用等级。
答案：D

23-12-20 (2010) 以下几种人工合成纤维中，阻燃和防霉防蛀性能俱佳的是（ ）。
A 丙纶　　　　B 腈纶　　　　C 涤纶　　　　D 尼龙
提示：在各种人工合成纤维中，丙纶纤维的阻燃和防霉防蛀性最好。
答案：A

23-12-21 (2010) 根据规范要求，600座电影院的内墙面可选用以下哪种装修材料？
A 多彩涂料　　　　　　　　B 印刷木纹人造板
C 复合壁纸　　　　　　　　D 无纺贴墙布
提示：根据规范要求，600座电影院的内墙面可选用多彩涂料。
答案：A

23-12-22 (2010) 以下哪类多层建筑可以使用经阻燃处理的化纤织物窗帘？
A 1000座的礼堂　　　　　　B 6000m²的商场
C 三星级酒店客房　　　　　D 幼儿园
提示：考虑到防火要求及各类建筑物的规模和使用功能，三星级酒店客房可以使用经阻燃处理的化纤织物窗帘。
答案：C

23-12-23 (2010) 以下哪项能源不是《可再生能源法》中列举的可再生能源？
A 地热能　　　B 核能　　　　C 水能　　　　D 生物质能
提示：核能不是《可再生能源法》中列举的可再生能源。
答案：B

23-12-24 (2010) 以下哪种材料不属于可降解建筑材料？
A 聚氯乙烯　　B 玻璃　　　　C 石膏制品　　D 铝合金型材
提示：可降解建筑材料除包括各种可降解塑料制品，还包括可回收再利用的建筑材料。
答案：B

23-12-25 (2010) 采用环境测试舱法，能测定室内装修材料中哪种污染物的释放量？
A 氡　　　　　B 游离甲醛　　C 苯　　　　　D 氨

提示：采用环境测试舱法，能测定室内装修材料中游离甲醛的释放量。
答案：B

23-12-26 **(2010)** 住宅工程验收时，室内环境污染物 TVOC 的浓度总量不应大于( )。
A 0.8mg/m³　　B 0.7mg/m³　　C 0.6mg/m³　　D 0.5mg/m³
提示：住宅工程验收时，室内环境污染物 TVOC 的浓度总量不应大于 0.5mg/m³。
答案：D

23-12-27 **(2009)** 古建筑工程中常用的汉白玉石材是以下哪种岩类？
A 花岗岩　　　B 大理岩　　　C 砂岩　　　　D 石灰岩
提示：古建筑工程中，常用的汉白玉石材是大理岩。
答案：B

23-12-28 **(2009)** 下列常用建材在常温下对硫酸的耐腐蚀能力最差的是( )。
A 混凝土　　　B 花岗岩　　　C 沥青　　　　D 铸石制品
提示：碱性材料在常温下对硫酸的耐腐蚀能力差，通常混凝土呈碱性。
答案：A

23-12-29 **(2009)** 石材的二氧化硅含量越高越耐酸，以下哪种石材的二氧化硅含量最高？
A 安山岩　　　B 玄武岩　　　C 花岗岩　　　D 石英岩
提示：安山岩中 SiO_2 含量为 52%～63%，玄武岩中 SiO_2 含量为 44%～55%，花岗岩中 SiO_2 含量为 70%以上，石英岩中 SiO_2 含量为 85%以上。石材的二氧化硅含量越高越耐酸，石英岩的二氧化硅含量最高。
答案：D

23-12-30 **(2009)** 石材幕墙中的单块石材板面面积不宜大于( )。
A 1.0m²　　　B 1.5m²　　　C 2.0m²　　　D 2.5m²
提示：石材幕墙中的单块石材面板面积不宜大于 1.5m²。
答案：B

23-12-31 **(2009)** 建筑内部装修材料中，纸面石膏板板材的燃烧性能是以下哪种级别？
A B_1　　　　B B_2　　　　C B_3　　　　D A
提示：建筑内部装修材料中，纸面石膏板板材的燃烧性能是 B_1 级。
答案：A

23-12-32 **(2009)** 古建中的油漆彩画用的是以下哪种漆？
A 浅色酯胶磁漆　　　　　　　B 虫胶清漆
C 钙酯清漆　　　　　　　　　D 熟漆
提示：古建中的油漆彩画用的是熟漆（或大漆、国漆）。
答案：D

23-12-33 **(2009)** 广泛用于银行、珠宝店、文物库的门窗玻璃是以下哪种玻璃？
A 彩釉钢化玻璃　　　　　　　B 幻影玻璃
C 铁甲箔膜玻璃　　　　　　　D 镭射玻璃（激光玻璃）

提示：广泛用于银行、珠宝店、文物库的门窗玻璃是铁甲箔膜玻璃，即是由铁甲箔膜和普通平板玻璃复合而成的一种玻璃。

答案：C

23-12-34 **(2009)** 建筑琉璃制品是用以下哪种原料烧制而成的？
A 长石　　　　B 难熔黏土　　　C 石英砂　　　　D 高岭土
提示：建筑琉璃制品是用难熔黏土烧制而成的。
答案：B

23-12-35 **(2009)** 具有镜面效应及单向透视性的是以下哪种镀膜玻璃？
A 热反射膜镀膜玻璃　　　　　　B 低辐射膜镀膜玻璃
C 导电膜镀膜玻璃　　　　　　　D 镜面膜镀膜玻璃
提示：具有镜面效应及单向透视性的是热反射膜镀膜玻璃。
答案：A

23-12-36 **(2009)** 烧制建筑陶瓷应选用以下哪种原料？
A 瓷土粉　　　B 长石粉　　　　C 黏土　　　　　D 石英粉
提示：烧制建筑陶瓷应选用黏土。
答案：C

23-12-37 **(2009)** 在两片钢化玻璃之间夹一层聚乙烯醇缩丁醛塑料胶片，经热压粘合而成的玻璃是以下哪种玻璃？
A 防火玻璃　　B 安全玻璃　　　C 防辐射玻璃　　D 热反射玻璃
提示：在两片钢化玻璃之间夹一层聚乙烯醇缩丁醛塑料胶片，经热压粘合而成的玻璃是夹层玻璃，是安全玻璃的一种。
答案：B

23-12-38 **(2009)** 常用的建筑油漆中，以下哪种具有良好的耐化学腐蚀性？
A 油性调和漆　B 虫胶漆　　　　C 醇酸清漆　　　D 过氯乙烯漆
提示：常用的建筑油漆中，过氯乙烯漆具有良好的耐化学腐蚀性。
答案：D

23-12-39 **(2009)** 化纤地毯中，以下哪种面层材料的地毯不怕日晒，不易老化？
A 丙纶纤维　　B 腈纶纤维　　　C 涤纶纤维　　　D 尼龙纤维
提示：化纤地毯中，腈纶纤维面层材料的地毯不怕日晒，不易老化。
答案：B

23-12-40 **(2009)** 以下几种人工合成纤维中，阻燃性和防霉防蛀性能俱佳的是（　　）。
A 丙纶　　　　B 腈纶　　　　　C 涤纶　　　　　D 尼龙
提示：阻燃性和防霉防蛀性能俱佳的人工合成纤维是丙纶。
答案：A

23-12-41 **(2009)** 用一级普通平板玻璃经风冷淬火法加工处理而成的是以下哪种玻璃？
A 泡沫玻璃　　B 冰花玻璃　　　C 钢化玻璃　　　D 防辐射玻璃
提示：用一级普通平板玻璃经风冷淬火法加工，可使玻璃得到强化韧化，处理得到钢化玻璃。

答案：C

23-12-42 **(2009)** 一类高层办公楼，当设有火灾自动报警装置和自动灭火系统时，其顶棚装修材料的燃烧性能等级应采用哪级？

A B_3　　　　B B_2　　　　C B_1　　　　D A

提示：一类高层办公楼，当设有火灾自动报警装置和自动灭火系统时，其顶棚装修材料的燃烧性能等级应采用 A 级。

答案：D

23-12-43 **(2009)** 以下哪项可作为 A 级装修材料使用？

A 胶合板表面涂覆一级饰面型防火涂料
B 安装在钢龙骨的纸面石膏板
C 混凝土墙上粘贴墙纸
D 水泥砂浆墙上粘贴墙布

提示：安装在钢龙骨的纸面石膏板，可作为 A 级装修材料使用，胶合板表面涂覆一级饰面防火涂料时可作为 B_1 级装修材料使用，混凝土墙上粘贴墙纸和水泥砂浆上粘贴墙布可作为 B_2 级装修材料使用。

答案：B

23-12-44 **(2009)** 民用建筑室内装修工程中，以下哪种类型的材料应测定苯的含量？

A 水性涂料　　　　　　B 水性胶粘剂
C 水性阻燃剂　　　　　D 溶剂型胶粘剂

提示：民用建筑室内装修工程中，溶剂型胶粘剂应测定苯的含量。

答案：D

23-12-45 **(2009)** 采用环境测试舱法，能测定室内装修材料中哪种污染物的释放量？

A 氡　　　　B 苯　　　　C 游离甲醛　　　　D 氨

提示：采用环境测试舱法，能测定室内装修材料中游离甲醛的释放量。

答案：C

23-12-46 **(2009)** 以下哪种装修材料含有害气体甲醛？

A 大理石　　　B 卫生陶瓷　　　C 石膏板　　　D 胶合板

提示：胶合板装修材料含有害气体甲醛。

答案：D

23-12-47 **(2009)** 室内地面装修选用花岗岩，一般情况下，以下哪种颜色的放射性最小并较安全？

A 白灰色　　　B 浅黑杂色　　　C 黄褐色　　　D 橙红色

提示：室内地面装修选用花岗岩，一般情况下，白灰色的放射性最小并较安全。

答案：A

23-12-48 **(2008)** 调和漆是以成膜干性油加入体质颜料、熔剂、催干剂加工而成。以下哪种漆属于调和漆？

A 天然树脂漆　　B 油脂漆　　C 硝基漆　　D 醇酸树脂漆

提示：调和漆是由干性油料、颜料、溶剂、催干剂等调和而成的一种油脂类

57

油漆涂料，天然树脂漆、硝基漆和醇酸树脂漆都是以树脂为主要成膜物质的树脂漆。

答案：B

23-12-49 **(2008)** 地面垫层下的填土应选用以下哪种土？

A 过湿土　　　B 腐殖土　　　C 砂土　　　D 淤泥

提示：地面垫层下的填土应选用砂土。

答案：C

23-12-50 **(2008)** 在我国，屋面主要材料采用钛金属板的是以下哪栋建筑？

A 国家游泳中心　　　　　　B 国家体育场
C 国家图书馆　　　　　　　D 国家大剧院

提示：在我国，屋面主要材料采用钛金属板的建筑是国家大剧院。

答案：D

23-12-51 **(2008)** 高层住宅顶棚装修时，应选用以下哪种材料能满足防火要求？

A 纸面石膏板　　　　　　　B 木制人造板
C 塑料贴面装饰板　　　　　D 铝塑板

提示：高层住宅顶棚装修时，应选用纸面石膏灰，以满足防火要求。

答案：A

23-12-52 **(2008)** 燃烧性能属于 B_2 等级的是以下哪种材料？

A 纸面石膏板　　B 酚醛塑料　　C 矿棉板　　D 聚氨酯装饰板

提示：燃烧性能属于 B_2 等级的材料是聚氨酯装饰板，纸面石膏板、酚醛塑料和矿棉板的燃烧性能属于 B_1 级。

答案：D

23-12-53 **(2008)** 建筑上用的釉面砖，是用以下哪种原料烧制而成的？

A 瓷土　　　　B 长石粉　　　C 石英粉　　　D 陶土

提示：建筑上用的釉面砖，是用陶土烧制而成的。

答案：D

23-12-54 **(2008)** 古建筑中宫殿、庙宇正殿多用的铺地砖，是以淋浆焙烧而成，质地细，强度好，敲之铿然有声响，这种砖叫（　　）。

A 澄浆砖　　　B 金砖　　　C 大砂滚砖　　　D 金墩砖

提示：古建筑中宫殿、庙宇正殿多用的铺地砖，是以淋浆焙烧而成，质地细，强度好，敲之铿然有声响，这种砖叫金砖。

答案：B

23-12-55 **(2008)** 室内隔断所用玻璃，必须采用以下哪种玻璃？

A 浮法玻璃　　　　　　　　B 夹层玻璃
C 镀膜玻璃　　　　　　　　D LOW-E 玻璃

提示：室内隔断所用玻璃应考虑安全性，所以应采用安全玻璃，如夹层玻璃。

答案：B

23-12-56 **(2008)** 下列用于装修工程的墙地砖中，哪种是瓷质砖？

A 彩色釉面砖　　B 普通釉面砖　　C 通体砖　　D 红地砖

提示：用于装修工程中作为墙地砖的通体砖是瓷质砖；彩面釉面砖和普通釉面砖是陶质砖；红地砖是火石质砖。

答案：C

23-12-57 (2008) 以下哪种材料不是生产玻璃的原料？

A 石英砂　　B 纯碱　　C 长石　　D 陶土

提示：陶土不是生产玻璃的原料。玻璃是以石英砂、纯碱、长石和石灰石为原料，在1500～1600℃烧融急冷而成。

答案：D

23-12-58 (2008) 地毯宜在以下哪种房间里铺设？

A 排练厅　　　　　　　　　B 老年人公共活动房间
C 迪斯科舞厅　　　　　　　D 大众餐厅

提示：地毯宜在老年人公共活动房间里铺设。

答案：B

23-12-59 (2008) 在合成纤维地毯中，以下哪种地毯耐磨性较好？

A 丙纶地毯　　B 腈纶地毯　　C 涤纶地毯　　D 尼龙地毯

提示：在合成纤维地毯中，尼龙地毯耐磨性较好。

答案：D

23-12-60 (2008) 下列何种100厚的非承重隔墙可用于耐火极限3小时的防火墙？

A 聚苯乙烯夹芯双面抹灰板（泰柏板）
B 轻钢龙骨双面双层纸面石膏板
C 加气混凝土砌块墙
D 轻钢龙骨双面水泥硅酸钙板（埃特板）

提示：100厚聚苯乙烯夹芯双面抹灰板耐火极限为1.3小时，轻钢龙骨双面双层纸面石膏板的耐火极限为1.1小时，100厚加气混凝土砌块墙的耐火极限为6小时，100厚轻钢龙骨双面水泥硅酸钙板的耐火极限为1.5小时，所以100厚的加气混凝土砌块非承重隔墙可用于耐火极限3小时的防火墙。

答案：C

23-12-61 (2008) 建筑物内厨房的顶棚装修，应选择以下哪种材料？

A 纸面石膏板　　　　　　　B 矿棉装饰吸声板
C 铝合金板　　　　　　　　D 岩棉装饰板

提示：建筑物内厨房的顶棚装修，既要考虑防火，也要考虑防水，所以应选择铝合金板。

答案：C

23-12-62 (2008) 二级耐火等级的单层厂房中，哪种生产类别的屋面板可采用聚苯乙烯夹芯板？

A 甲类　　B 乙类　　C 丙类　　D 丁类

提示：二级耐火等级的单层厂房中，丁类的屋面板可采用聚苯乙烯夹芯板。

答案：D

23-12-63 **(2008)** 在常用照明灯具中，以下哪种灯的光通量受环境温度的影响最大？
A 普通白炽灯　　B 卤钨灯　　C 荧光灯　　D 荧光高压汞灯
提示：在常用照明灯具中，荧光灯的光通量受环境温度的影响最大。
答案：C

23-12-64 **(2008)** 民用建筑中空调机房的消音顶棚应采用哪种燃烧等级的装修材料？
A A级　　B B_1级　　C B_2级　　D B_3级
提示：民用建筑中空调机房的消声顶棚应采用A级燃烧等级的装修材料。
答案：A

23-12-65 **(2008)** 以下哪种窗已停止生产和使用？
A 塑料窗　　B 铝合金窗　　C 塑钢窗　　D 实腹钢窗
提示：实腹钢窗已停止生产和使用。
答案：D

23-12-66 **(2008)** 建筑工程顶棚装修时不应采用以下哪种板材？
A 纸面石膏板　　　　　　B 矿棉装饰吸声板
C 水泥石棉板　　　　　　D 珍珠岩装饰吸声板
提示：建筑工程顶棚装修时不应采用水泥石棉板或含石棉的板材。
答案：C

23-12-67 **(2008)** 民用建筑工程中，室内使用以下哪种材料时必须测定有害物质释放量？
A 石膏板　　B 人造木板　　C 卫生陶瓷　　D 商品混凝土
提示：民用建筑工程中，室内使用人造木板时必须测定有害物质释放量。
答案：B

23-12-68 **(2007)** 以玻璃板和玻璃肋制作的幕墙称为什么幕墙？
A 明框幕墙　　B 半隐框幕墙　　C 隐框幕墙　　D 全玻璃幕墙
提示：玻璃幕墙分为框支撑玻璃幕墙、全玻璃幕墙和点支撑玻璃幕墙。框支撑玻璃幕墙又分为明框式、隐框式、半隐框式等。以玻璃板和玻璃肋制作的幕墙为全玻璃幕墙。
答案：D

23-12-69 **(2007)** 环氧树脂涂层归属在下列哪类材料中？
A 外墙涂料　　B 内墙涂料　　C 地面材料　　D 防水涂料
提示：环氧树脂涂层不仅具有优异的耐水、耐油污、耐化学品腐蚀等化学特征，而且具有附着力好、机械强度高、耐磨功用好、固化后漆膜缩短率低等优点，主要用于地面。
答案：C

23-12-70 **(2007)** 材料的燃烧性能可用多种方法测定，其中试验简单，复演性好，可用于许多材料燃烧性能测定的是（　　）
A 水平燃烧法　　B 垂直燃烧法　　C 隧道燃烧法　　D 氧指数法
提示：水平燃烧法是指以一端被夹持的规定尺寸和形状的棒状试样处于水平位置且自由端暴露在规定气体火焰上的方式测定试样线性燃烧速率的试验方

法。垂直燃烧法是指以上端被夹持的规定尺寸和形状的棒状试样处于垂直位置且自由端暴露在规定气体火焰上的方式，测定试样有焰燃烧和无焰燃烧的时间及燃烧状态的试验方法。隧道燃烧法是指在小型隧道炉中测试材料燃烧性能的方法。氧指数法是指在氮气和氧气的混合气体中，以维持某个燃烧时间或达到燃烧规定位置所需要的最低氧气含量的体积百分数。氧指数越大，越不易燃烧，阻燃性好。氧指数法适用于塑料、橡胶、纤维、泡沫塑料以及固体材料的燃烧性能测试，准确性高，试验简单，复演性好。

答案：D

23-12-71 **(2007)** 建筑装饰中广泛使用的黄铜材料是纯铜与下列哪种金属的合金？
A 锌　　　　B 铝　　　　C 锡　　　　D 铅
提示：黄铜与金属锌的合金为黄铜。
答案：A

23-12-72 **(2007)** 将漆树液汁用细布或丝棉过滤除去杂质加工而成的是以下哪种漆？
A 清漆　　　B 虫胶漆　　C 酯胶漆　　D 大漆
提示：将漆树上提取的汁液用细布或丝棉过滤除去杂质后再经加工处理得到大漆，又叫国漆，或天然漆。
答案：D

23-12-73 **(2007)** 用钢化玻璃（基片）和全息光栅材料经过特种工艺加工合成的装饰玻璃是以下哪种玻璃？
A 幻影玻璃　　B 珍珠玻璃　　C 镭射玻璃　　D 宝石玻璃
提示：镭射玻璃是20世纪90年代新开发研制的一种装饰玻璃。其采用特种工艺处理，使一般的普通玻璃构成全息光栅或几何光栅。它在光源的照射下，会产生物理衍射的七彩光，同一感光点和面随光源入射角的变化，可让人感受到光谱分光的颜色变化，从而使被装饰物显得华贵、高雅，给人以美妙、神奇的感觉。幻影成像玻璃是高透过高反射玻璃，就是在玻璃表面通过真空磁控溅射镀膜工艺镀制纳米级的氧化物介质膜层，使玻璃保持较高的透过率（50%～70%）的同时也具有高反射率（镜面外观）。该玻璃表面硬度高，还具有一定的自洁、防水雾、光催化活性等特性。主要用于幻影成像系统，显示器件如电子数码相框、液晶电脑显示屏等，需要"镜面"外观且具有高穿透性的电子产品。
答案：C

23-12-74 **(2007)** 当采光顶的高度（距楼面、地面）为6m时，采光顶的透光材料应选用以下哪一种？
A 钢化玻璃　　B 夹层玻璃　　C 半钢化玻璃　　D 镀膜玻璃
提示：《建筑玻璃采光顶》JG/T 231—2007规定，当屋面玻璃最高点离地面大于3m时，必须使用夹层玻璃。
答案：B

23-12-75 **(2007)** 以下哪种合成纤维地毯阻燃性比较好？
A 丙纶地毯　　B 腈纶地毯　　C 涤纶地毯　　D 尼龙地毯

提示：在合成纤维中丙纶纤维的阻燃性最好。

答案：A

23-12-76 (2007) 根据防火要求，塑料壁纸可以用于以下哪种房间的墙面上？
A 旅馆客房　　　　　　　B 餐馆的营业厅
C 办公楼的办公室　　　　D 普通住宅的起居室

提示：旅馆客房、参观营业厅、办公楼的办公室等建筑房间墙面装修材料燃烧等级要求为 B_1 级，普通住宅起居室墙面装修材料的燃烧等级要求为 B_2 级。塑料壁纸的燃烧性能为 B_2 级。

答案：D

23-12-77 (2007) 室内环境具有较高安静要求的房间，其地面应优选以下哪种材料？
A 木地板　　　B 地毯　　　C 大理石　　　D 釉面地砖

提示：地毯表面柔软，有隔热、保温、隔声、防滑和减轻碰撞等作用。

答案：B

23-12-78 (2007) 以下哪种材料在常温下耐盐酸的腐蚀能力最好？
A 水泥砂浆　　　B 混凝土　　　C 碳钢　　　D 花岗岩

提示：花岗岩是酸性岩石，具有良好的耐酸性能。水泥砂浆、混凝土和碳钢都容易被盐酸腐蚀。

答案：D

23-12-79 (2007) 对于民用建筑中的配电室的吊顶，选用以下哪种材料能满足防火要求？
A 轻钢龙骨石膏板　　　　　B 轻钢龙骨纸面石膏板
C 轻钢龙骨纤维石膏板　　　D 轻钢龙骨矿棉吸声板

提示：用于民用建筑中配电室的吊顶材料应该选用燃烧等级为 A 级的装修材料。轻钢龙骨石膏板燃烧等级为 A 级，其他三种的燃烧等级为 B_1 级。

答案：A

23-12-80 (2007) 民用建筑地下室的走道，其墙面装修从防火考虑应采用以下哪种材料？
A 瓷砖　　　B 纤维石膏板　　　C 多彩涂料　　　D 珍珠岩板

提示：民用建筑地下室的走道墙面装修材料应该选择燃烧等级为 A 级的装修材料。瓷砖为 A 级，纤维石膏板、多彩涂料和珍珠岩板为 B_1 级。

答案：A

23-12-81 (2007) 人防地下室的防烟楼梯间，其前室的门应采用以下哪种门？
A 甲级防火门　　　B 乙级防火门　　　C 丙级防火门　　　D 普通门

提示：甲级防火门主要用于防火墙上和其他相关部位，乙级防火门主要用于疏散走道、前室、楼梯间等处，丙级防火门主要用于竖向井道的检查口。

答案：B

23-12-82 (2007) 在设计使用放射性物质的实验室中，其墙面装修材料应选用以下哪种？
A 水泥　　　B 木板　　　C 石膏板　　　D 不锈钢板

提示：用于使用放射性物质实验室墙面的材料应该能够屏蔽放射性的物质，也就是一些比较重的材料。四种备选材料中，不锈钢最重。

答案：D

23-12-83 **(2007)** 居民生活使用的燃气管道在室内时，应采用以下哪种管材？

  A 黑铁管   B 镀锌钢管

  C 生铁管   D 硬质聚氯乙烯管

提示：居民生活使用的燃气管道在室内时，应采用镀锌钢管。

答案：B

23-12-84 **(2006)** 岩石主要是以地质形成条件来进行分类的，建筑中常用的花岗岩属于下列哪类岩石？

  A 深成岩   B 喷出岩   C 火成岩   D 沉积岩

提示：岩石以地质形成条件分为岩浆岩（也称火成岩，如花岗岩、正长岩、辉绿岩、玄武岩），沉积岩（也称水成岩，如砂岩、页岩、石灰岩、石膏）和变质岩（如大理岩、片麻岩、石英岩）。

答案：C

23-12-85 **(2006)** 下列哪种石材用于建筑干挂饰面材料时抗分化能力最差？

  A 花岗岩   B 汉白玉

  C 玻化砖（人造石）   D 大理石

提示：大理石的主要成分为方解石和白云石，为碱性岩石，易被酸腐蚀，即抗分化能力差，所以不用于室外（除汉白玉、艾叶青外）。

答案：D

23-12-86 **(2006)** 双层通风幕墙由内外两层幕墙组成，下列哪项不是双层通风幕墙的优点？

  A 节约能源   B 隔声效果好

  C 改善室内空气质量   D 防火性能提高

提示：双层通风幕墙的基本特征是双层幕墙和空气流动、交换。双层通风幕墙对提高幕墙的保温、隔热、隔声功能起到很大的作用。它改变了传统幕墙的结构形式，采用不打胶工艺，避免硅酮胶的二次污染；外层幕墙无需镀膜玻璃，当直射日光照射到玻璃表面上时，玻璃不会因镜面反射而产生反射眩光，没有光污染；双层幕墙独特的内外双层构造及其中有一层幕墙采用中空玻璃，使其隔声性能比传统幕墙提高20%～40%，隔声量达50dB，隔声性能达到国际Ⅰ级，大大改善了办公或居住的环境；其防尘通风的功能使其在恶劣天气（特别是沙尘暴发生的地区）也不影响开窗换气，提高了室内空气质量，它同时提供了高层和超高层建筑幕墙自然通风的可能，从而最大限度地满足了使用者在生理和心理上的需求。

答案：D

23-12-87 **(2006)** 防火规范将建筑材料的燃烧性能分为三大类，下列哪类不属于其中？

  A 不燃材料   B 难燃材料   C 燃烧材料   D 阻燃材料

提示：防火规范将建筑材料的燃烧性能分为三大类，即不燃材料、难燃材料和燃烧材料。

答案：D

23-12-88 **(2006)** 对各类建筑陶瓷主要用途的叙述中，以下哪项错误？
A 釉面砖用于室内、室外墙面
B 陶瓷锦砖用于地面及室内外墙面
C 陶瓷铺地砖用于室内外地面、台阶、踏步
D 陶瓷面砖用于外墙面，也用作铺地材料

提示：釉面砖又称内墙贴面砖，属于精陶器，因为其吸水率较高，只用于室内墙面装饰。

答案：A

23-12-89 **(2006)** 建筑外窗有抗风压、气密、水密、保温、隔声及采光六大性能分级指标，在下列四项性能中，哪项数值越小，其性能越好？
A 抗风压　　　B 气密　　　C 水密　　　D 采光

提示：抗风压、水密、采光性能指标数值越大，性能越好。气密性能指标反映了在一定条件下，空气的渗透性能，数值越小，其性能越好。

答案：B

23-12-90 **(2006)** 不锈钢产品表面的粗糙度对防腐性能有很大影响，下列哪种表面粗糙度最小？
A 发纹　　　　　　　　　　B 网纹
C 电解抛光　　　　　　　　D 光亮退火表面形成的镜面

提示：不锈钢产品光亮退火表面形成的镜面的粗糙度最小。

答案：D

23-12-91 **(2006)** 不锈钢是一种合金钢，不锈钢内主要含有下列哪种金属成分？
A 镍　　　　B 铬　　　　C 钼　　　　D 锰

提示：含铬12%以上的具有耐腐蚀性能的合金称为不锈钢。

答案：B

23-12-92 **(2006)** 铝合金门窗型材受力杆件的最小壁厚是下列何值？
A 2.0mm　　B 1.4mm　　C 1.0mm　　D 0.6mm

提示：《铝合金门窗工程技术规范》JGJ 214—2010规定，用于门的铝型材壁厚不应小于2.0mm。

答案：A

23-12-93 **(2006)** 某建筑物外墙面有微裂纹需要粉刷，出于装饰和保护建筑物的目的，应选用下列哪种外墙涂料？
A 砂壁状外墙涂料　　　　　B 复层外墙涂料
C 弹性外墙涂料　　　　　　D 拉毛外墙涂料

提示：弹性外墙涂料的涂膜具有很高的弹性，可适应基层的变形而不破坏，从而起到遮蔽基层裂缝，并进一步起到防水和装饰作用。

答案：C

23-12-94 **(2006)** 建筑涂料按稀释剂可分为水溶型、乳液型、溶剂型三种，下列哪条

不是溶剂型涂料的特性?
A 涂膜薄而坚硬　　　　　　　B 价格较高
C 挥发性物质对人体有害　　　D 耐水性较差
提示：溶剂型涂料由合成树脂、有机溶剂、颜料、填料制成。溶剂挥发有害，易燃，漆膜坚韧、耐水、耐候。
答案：D

23-12-95 **(2006)** 木器油漆对木材表面具有装饰和保护作用，古建油漆常用下列哪种?
A 生漆　　　　B 清漆　　　　C 调和漆　　　　D 磁漆
提示：木器油漆对木材表面具有装饰和保护作用，古建油漆常用生漆。
答案：A

23-12-96 **(2006)** 与夹层钢化玻璃相比，单一钢化玻璃不适用于下列哪个建筑部位?
A 玻璃隔断　　　　　　　　B 公共建筑物大门
C 玻璃幕墙　　　　　　　　D 高大的采光天棚
提示：《建筑玻璃应用技术规程》规定，当屋面玻璃最高点离地面大于5m时，必须使用夹层玻璃。高大的采光天棚不能使用单一钢化玻璃。
答案：D

23-12-97 **(2006)** 下列哪类玻璃产品具有防火玻璃的构造特征?
A 钢化玻璃　　B 夹层玻璃　　C 热反射玻璃　　D 低辐射玻璃
提示：夹层玻璃具有防火功能，也称防火玻璃。
答案：B

23-12-98 **(2006)** 镀膜玻璃按其特征可分为四种，茶色透明玻璃属于下列哪一种?
A 热反射膜镀膜玻璃　　　　B 导电膜镀膜玻璃
C 镜面膜镀膜玻璃　　　　　D 低辐射膜镀膜玻璃
提示：热反射膜镀膜玻璃（又名阳光控制玻璃或遮阳玻璃），具有单向透视，隔热功能。低辐射膜镀膜玻璃（又名吸热或茶色玻璃）具有隔热功能。导电膜镀膜玻璃（又名防霜玻璃），适用于严寒地区的门窗、车辆挡风玻璃。镜面膜镀膜玻璃（又名镜面玻璃），适用于作镜面、墙面装饰。
答案：D

23-12-99 **(2006)** 下列哪种玻璃不是安全玻璃?
A 钢化玻璃　　B 半钢化玻璃　　C 夹丝玻璃　　D 夹层玻璃
提示：安全玻璃有钢化玻璃、夹丝玻璃和夹层玻璃。
答案：B

23-12-100 **(2006)** 下列哪一种陶瓷地砖密度最大?
A 抛光砖　　B 釉面砖　　C 劈离砖　　D 玻化砖
提示：陶瓷地砖的密度越大，其吸水率越小。玻化砖基本达到全瓷化，吸水率小于0.3%，近乎为零。
答案：D

23-12-101 **(2006)** 一般墙面软包用布进行阻燃处理时应使用下列哪一种整理剂?
A 一次性整理剂　　　　　　B 非永久性整理剂

C 半永久性整理剂　　　　　　　　D 永久性整理剂

提示：纺织品所用阻燃剂按耐久程度分为非永久性整理剂、半永久性整理剂和永久性整理剂。整理剂可根据不同目的，单独或混合使用，使织物获得需要的阻燃性能。如永久性阻燃整理的产品一般能耐水洗50次以上，而且能耐皂洗涤，它主要用于消防服、劳保服、睡衣、床单等。半永久性阻燃整理产品能耐1~15次中性皂洗涤，但不耐高温皂水洗涤，一般用于沙发套、电热毯、门帘、床垫等。非永久性阻燃整理产品有一定阻燃性能，但不耐水洗，一般用于墙面软包。所以墙面软包布应使用非永久性整理剂。

答案：B

23-12-102　**(2006)** 根据《室内装饰装修材料人造板及其制品中甲醛释放限量》GB 18580—2001的要求，强化木地板甲醛释放量应为（　　）。
A ≤0.5mg/L　　B ≤1.5mg/L　　C ≤3mg/L　　D ≤6mg/L

提示：《室内装饰装修材料人造板及其制品中甲醛释放限量》规定，饰面人造板（包括浸渍纸层压木质地板、实木复合地板、竹地板、浸渍胶膜纸饰面人造板等）甲醛限量≤1.5mg/L，其中浸渍纸层压木质地板即为强化木地板。

答案：B

23-12-103　**(2006)** 花岗石的放射性比活度由低到高的排序是A类、B类、C类和其他类，下列的叙述中哪条不正确？
A A类不对人体健康造成危害，使用场合不受限制
B B类不可用于Ⅰ类民用建筑内饰面，可用于其他类建筑内外饰面
C C类不可用于建筑外饰面
D 比活度超标的其他类只能用于碑石、桥墩

提示：我国标准中根据花岗石所具有的放射性大小，规定了A、B、C和其他类使用范围。

　　A类花岗石，比活度同时满足IRa（放射性内照射指数）≤1.0和Ir（放射性外照指数）=1.3，使用范围不受限制，也即可以使用在任何场合。

　　B类花岗石，放射性高于A类，但其比活度同时满足IRa（放射性内照射指数）=1.3和Ir（放射性外照指数）=1.9，不可将其用在Ⅰ类民用建筑物的内饰面装修，但可以用于Ⅰ类民用建筑的外饰面装修，和其他一切建筑物的内、外饰面装修。

　　C类花岗石，放射性高于A、B类的规定，但符合IRa（放射性内照射指数）=2.8，只能用于建筑物的外饰面和室外其他用途。

　　Ir（放射性外照指数）＞2.8的其他类花岗石，只可用于碑石、海岸、桥墩、道路等人类平时很少涉及的地方。

答案：C

23-12-104　**(2006)** 具有下列哪一项条件的材料不能作为抗α、β辐射材料？
A 优良的抗撞击强度和耐磨性　　　　B 材料表面光滑无孔具有不透水性
C 材料为离子型　　　　　　　　　　D 材料表面的耐热性

提示：抗辐射表面防护材料应具有下列要求，耐磨性好，抗撞击强度高，耐化学腐蚀性好，表面光滑，不透水性强，耐热性优良，非离子型，易于清洗等。

答案：C

23-12-105 **(2006)** 壁纸的可洗性按使用要求分可洗、可刷洗、特别可洗三个等级，根据GB 8945—88，特别可洗壁纸可以洗多少次而外观上无损伤和变化？

A 25次　　　　B 50次　　　　C 100次　　　　D 200次

提示：壁纸的可洗性按使用要求分为可洗、可刷洗和特别可洗三个等级，分别为30次、40次和100次无外观损伤和变化。

答案：C

23-12-106 **(2005)** 建筑工程室内装修材料，以下哪种材料燃烧性能等级为A级？

A 矿棉吸声板　　B 岩棉装饰板　　C 石膏板　　D 多彩涂料

提示：石膏板的燃烧等级为A级，矿棉吸声板、多彩涂料和岩棉装饰板的燃烧等级为B1级。

答案：C

23-12-107 **(2005)** 建筑常用的天然石材，以下哪种石材耐用年限较长？

A 花岗岩　　　　B 石灰岩　　　　C 砂岩　　　　D 大理石

提示：花岗岩是由长石、云母、石英组成。耐酸、耐磨、耐久性好，耐火性差。

答案：A

23-12-108 **(2005)** 水泥漆的主要组成是以下哪种物质？

A 干性植物油　　B 氯化橡胶　　C 有机硅树脂　　D 丙烯酸树脂

提示：水泥漆又称氯化橡胶墙面涂料，是以氯化橡胶、增塑剂、各色颜料、助剂配制而成。具有耐候、耐碱、耐久性优异以及耐化学气体、耐水、耐磨性好等特点。

答案：B

23-12-109 **(2005)** 适用于地下管道、贮槽的环氧树脂。是以下哪种漆？

A 环氧磁漆　　　　　　　　B 环氧沥青漆
C 环氧无光磁漆　　　　　　D 环氧富锌漆

提示：环氧磁漆适用于化工设备、储槽等金属、混凝土表面，做防腐之用。环氧沥青漆适用于地下管道、贮槽及需抗水、抗腐的金属、混凝土表面。环氧无光磁漆适用于各种金属表面。环氧富锌漆适用于黑色金属表面。

答案：B

23-12-110 **(2005)** 我国古建筑中所采用的大漆（国漆）属于以下哪种油漆？

A 油脂漆　　B 酚醛树脂漆　　C 天然树脂漆　　D 醇酸树脂漆

提示：我国古建筑中所采用的大漆是将漆树上提取的汁液用细布或丝棉过滤除去杂质后再经加工处理得到，是天然树脂漆。

答案：C

23-12-111 以下哪种玻璃可用于防火门上？

A 压花玻璃　　B 钢化玻璃　　C 中空玻璃　　D 夹丝玻璃

提示：夹丝玻璃（又称防碎玻璃、钢丝玻璃），是安全玻璃的一种，当玻璃液通过两个压延辊的间隙成型时，送入经预热处理的金属丝或金属网，使之压于玻璃中而成。这种玻璃破碎后碎片不散，具有防火、防盗功能。

答案：D

23-12-112　(2005) 壁纸、壁布有多种材质、价格的产品可供选择，下列几种壁纸的价格哪种相对最高？

A 织物复合壁纸　　　　　　　B 玻璃纤维壁布
C 仿金银壁纸　　　　　　　　D 锦缎壁布

提示：锦缎壁布是一种高级壁纸，要求在三种颜色以上的锦纹底上再织出绚丽多彩、古雅精致的花纹，锦缎壁布柔软易变形，价格高，适用于室内高级墙面装饰。

答案：D

23-12-113　(2005) 中间空气层厚度为10mm的中空玻璃，其导热系数是以下哪种？

A 0.100W/(m·K)　　　　　　B 0.320W/(m·K)
C 0.420W/(m·K)　　　　　　D 0.756W/(m·K)

提示：中间空气层厚度为10mm的中空玻璃的导热系数为0.100W/(m·K)，而普通玻璃的导热系数为0.756W/(m·K)。

答案：A

23-12-114　(2005) 地毯产品按材质不同价格相差很大，下列地毯哪一种成本最低？

A 羊毛地毯　　　　　　　　　B 混纺纤维地毯
C 丙纶纤维地毯　　　　　　　D 尼龙纤维地毯

提示：四种地毯的中价格最贵的是羊毛地毯，最低的是丙纶地毯。

答案：C

23-12-115　(2005) 民用建筑工程室内用人造木板，必须测定游离甲醛释放量，用环境测试舱法测定，游离甲醛释放量（mg/m³）应该是以下哪一种？

A ≤0.12　　B ≤1.5　　C ≤5　　D ≤9

提示：《室内装饰装修材料人造板及其制品中甲醛释放限量》规定，饰面人造板（包括浸渍纸层压木质地板、实木复合地板、竹地板、浸渍胶膜纸饰面人造板等）甲醛限量≤0.12mg/m³。

答案：A

23-12-116　(2005) 选用抗辐射表面防护材料，当选用墙面为釉面瓷砖时，以下哪种规格最佳？

A 50×50×6（mm）　　　　　B 50×150×6（mm）
C 100×150×6（mm）　　　　D 150×150×6（mm）

提示：釉面瓷砖作为抗辐射表面防护材料的选用要求是：在不影响施工条件下，尽量选用规格大的，以减少缝隙，规格小于150mm×150mm者不宜采用（缝多）。以方形为佳，六角形或其他多边形尽量少用（缝多）。应采用白色或浅色产品，以易于检查放射性元素沾污情况，进行清除。

答案：D

23-12-117 (2005) 民用建筑工程室内装修所采用的溶剂，严禁使用以下哪种？
A 苯　　　　　B 丙酮　　　　C 丁醇　　　　D 酒精
提示：根据《民用建筑工程室内环境污染控制规范》规定，民用建筑工程室内装修所采用的稀释剂和溶剂，严禁使用苯、工业苯、石油苯、重质苯及混苯。
答案：A

23-12-118 (2005) 民用建筑工程室内装修时，不应采用以下哪种内墙涂料？
A 聚乙烯醇水玻璃内墙涂料　　　　B 合成树脂乳液内墙涂料
C 水溶性内墙涂料　　　　　　　　D 仿瓷涂料
提示：根据《民用建筑工程室内环境污染控制规范》规定，民用建筑工程室内装修时，不应采用聚乙烯醇水玻璃内墙涂料、聚乙烯醇缩甲醛内墙涂料，以及树脂以硝化纤维素为主，溶剂以二甲苯为主的水包油型多彩内墙涂料。
答案：A

23-12-119 (2005) 建筑工程常用的墙板材料中，在同样厚度条件下，以下哪种板材耐火极限值最大？
A 矿棉吸音板　B 水泥刨花板　C 纸面石膏板　D 纤维石膏板
提示：在同样厚度条件下，纤维石膏板的耐火极限值最大。
答案：D

23-12-120 (2004) 在花岗岩的下列性能中，何者是不正确的？
A 抗压强度高　B 吸水率低　　C 耐磨性好　　D 抗火性强
提示：花岗岩是由长石、云母、石英组成。耐酸（不耐氢氟酸和氟硅酸）、耐磨、耐久性好，抗压强度高，耐火性差。
答案：D

23-12-121 (2004) 天然大理石板材不宜用于外装修，是由于空气中主要含有下列哪种物质时，大理石面层将变成石膏，致使表面逐渐变暗而终至破损？
A 二氧化碳　　B 二氧化氮　　C 一氧化碳　　D 二氧化硫
提示：天然大理石板材不宜用于外装修，是由于空气中含有的二氧化硫会腐蚀大理石面层使其变成石膏，致使表面逐渐变暗而终至破损。
答案：D

23-12-122 (2004) 耐火极限的定义是：建筑构件按时间—温度标准曲线进行耐火试验，从受到火的作用时起，到下列情况为止，这段时间称为耐火极限。在下列情况中何者不正确？
A 失去支持能力　　　　　　　　B 完整性被破坏
C 完全破坏　　　　　　　　　　D 失去隔火作用
提示：耐火极限是指在标准耐火试验条件下，建筑构件从受到火的作用起，直至失掉稳定性、完整性或隔热性为止的时间，不包括构件完全破坏的情况。

答案：C

23-12-123 (2004) 确定墙的耐火极限时，下列情况何者不正确？
  A 不考虑墙上有无孔洞
  B 墙的总厚度不包括抹灰粉刷层在内
  C 计算保护层时，包括抹灰粉刷层在内
  D 中间尺寸的构件，其耐火极限可按插入法计算
  提示：确定墙的耐火极限时，墙的总厚度包括抹灰粉刷层在内。
  答案：B

23-12-124 (2004) 在建筑工程中，用于给水管道、饮水容器、游泳池及浴池等专用内壁油漆是下列油漆中的哪一种？
  A 磁漆   B 环氧漆   C 清漆   D 防锈漆
  提示：磁漆用于室内外木材和金属表面。清漆主要用于木材。防锈漆主要用于防腐。环氧漆是专用于给水管道、饮水容器、游泳池及浴池等的内壁。
  答案：B

23-12-125 (2004) 在下列油性防锈漆中，何者不能用在锌板、铝板上？
  A 红丹油性防锈漆   B 铁红油性防锈漆
  C 黑铁油性防锈漆   D 锌灰油性防锈漆
  提示：红丹与锌、铝易发生化学反应。铁红漆耐候性不好，应配以面漆。铁黑可兼作面漆。锌灰可作面漆，也可以单独使用。
  答案：A

23-12-126 (2004) 建筑工程常用的下列油漆中，何者适用于金属、木材表面的涂饰以作防腐用？
  A 酚醛树脂漆   B 醇酸树脂漆
  C 硝基漆   D 过氯乙烯磁漆
  提示：酚醛树脂漆干燥较快，附着力好，漆膜较硬，耐水耐化学性能好，并具有一定的绝缘能力，但易泛黄。醇酸树脂漆的涂层可以自然干燥，具有良好的耐候性和保色性，不易老化，附着力、光泽、柔韧性、绝缘性较好，但耐碱性差。硝基漆是木基材表面涂饰用漆的主要品种，不宜用作防腐。过氯乙烯磁漆干燥较快，光泽柔和，耐久性较好，适用于金属、木材表面的涂饰，作防腐用。
  答案：D

23-12-127 (2004) 大漆又名国漆或生漆，为我国著名的特产，是天然树脂油漆之一。它的下列性能何者不正确？
  A 漆膜坚硬、富有光泽   B 耐阳光直射
  C 耐化学腐蚀   D 耐水、耐热
  提示：大漆漆膜坚韧、耐久、耐酸、耐化学腐蚀、耐水和耐热性好，光泽度高，缺点是漆膜色深、脆，不耐阳光直射，施工时有使人皮肤过敏的毒性等。
  答案：B

23-12-128 **(2004)** 按照建筑装饰工程材料要求，外墙涂料应使用下列何种性能的颜料？
A 耐酸　　　　B 耐碱　　　　C 耐盐　　　　D 中性
提示：外墙涂料使用耐碱的颜料。
答案：B

23-12-129 **(2004)** 在下列外墙涂料中，哪一种具有良好的耐腐蚀性、耐水性及抗大气性？
A 聚乙烯缩丁醇涂料　　　　B 苯乙烯焦油涂料
C 过氯乙烯涂料　　　　　　D 丙烯酸乳液涂料
提示：丙烯酸乳液涂料具有良好的耐腐蚀性、耐水性和抗大气性。
答案：D

23-12-130 **(2004)** 在下列我国生产的镀膜玻璃中，何者具有镜片效应及单向透视性能？
A 低辐射膜镀膜玻璃　　　　B 导电膜镀膜玻璃
C 镜面膜镀膜玻璃　　　　　D 热反射膜镀膜玻璃
提示：热反射膜镀膜玻璃具有镜片效应及单向透视性能。
答案：D

23-12-131 **(2004)** 在复合防火玻璃的下列性能中，何者是不正确的？
A 在火灾发生初期，仍是透明的　　B 可加工成茶色的
C 可以压花和磨砂　　　　　　　　D 可以用玻璃刀任意切割
提示：复合防火玻璃是用透明耐火胶粘合而成的夹层玻璃。火灾初期仍透明，随温度升高夹层物质发泡形成多孔不透明的隔热层；可加工成茶色，可压花、磨砂，但不能用玻璃刀任意切割。
答案：D

23-12-132 **(2004)** 在一般条件下，室内外墙面装饰如采用镭射玻璃，需注意该玻璃与视线成下列何种角度效果最差？
A 仰视角45°以内　　　　B 与视线保持水平
C 俯视角45°以内　　　　D 俯视角45°~90°
提示：镭射玻璃需与视线保持水平或低于视线，效果最好。所以仰视角45°以内效果最差。
答案：A

23-12-133 **(2004)** 丙纶纤维地毯的下述特点中，何者是不正确的？
A 绒毛不易脱落，使用寿命较长　　B 纤维密度小，耐磨性好
C 抗拉强度较高　　　　　　　　　D 抗静电性较好
提示：丙纶纤维地毯手感较硬，回弹性、抗静电性较差，阳光照射下老化较快，但耐磨、耐酸碱及耐湿性较羊毛地毯好。
答案：D

23-12-134 **(2004)** 我国化纤地毯面层纺织工艺有两种方法，机织法与簇绒法相比的下列优点中，何者不正确？
A 密度大，耐磨性好　　　　B 工序较少，编织速度快
C 纤维用量大，成本较高　　D 毯面的平整性好

提示：机织地毯密度大，耐磨性好，毯面平整，但纤维用量大，成本高。
答案：C

23-12-135 (2004) 在化纤地毯面层中，下列何种纤维面层的耐磨性、弹性、耐老化性、抗静电性、不怕日晒最好？

A 丙纶纤维　　B 腈纶纤维　　C 涤纶纤维　　D 尼龙纤维

提示：丙纶纤维地毯手感较硬，回弹性、抗静电性较差，阳光照射下老化较快，但耐磨、耐酸碱及耐湿性较羊毛地毯好。腈纶纤维地毯的抗静电性、染色性优于丙纶。尼龙地毯手感极似羊毛，耐磨富有弹性，不怕日晒，不易老化、耐磨、耐菌、耐虫性能均优于其他纤维地毯，抗静电性极好，易于清洗。

答案：D

23-12-136 (2004) 工业建筑上采用的铸石制品是以天然岩石或工业废渣为原料，加入一定的附加剂等经加工制成的，它的下列性能何者不正确？

A 高度耐磨　　B 耐酸耐碱　　C 导电导磁　　D 成型方便

提示：铸石制品以天然岩石或工业废渣为原料，加入一定的附加剂等经加工制成的，不能导电和导磁。

答案：C

23-12-137 (2004) 下列天然岩石中，何者耐碱而不耐酸？

A 花岗岩　　B 石灰岩　　C 石英岩　　D 文石

提示：石灰岩为碱性岩石，耐碱不耐酸。

答案：B

23-12-138 (2004) 安装门窗玻璃，下列何者不正确？

A 玻璃腻子应朝室外
B 单面镀膜玻璃的镀膜层应朝向室内
C 中空玻璃的单面镀膜玻璃应在内层
D 磨砂玻璃的磨砂面应朝向室内

提示：中空玻璃的单面镀膜玻璃应在最外层。

答案：C

23-12-139 (2004) 根据安全的要求，当全玻幕墙高度超过下列何数值时应吊挂在主体结构上？

A 超过4m　　B 超过5m　　C 超过6m　　D 超过7m

提示：根据安全的要求，当全玻幕墙高度超过4m时应吊挂在主体结构上。

答案：A

23-12-140 (2004) 玻璃幕墙的设计应能满足维护和清洗的要求，玻璃幕墙高度超过下列何数值时，应设置清洗机？

A 30m　　B 40m　　C 50m　　D 60m

提示：根据玻璃幕墙的建筑设计规定，玻璃幕墙应便于维护和清洗，高度超过40m的幕墙宜设置清洗机。

答案：B

23-12-141 下列有关建筑玻璃的叙述，哪一项有错误？
   A 玻璃是以石英砂、纯碱、长石和石灰石等为原料，于1550～1600℃下烧至熔融，再经急冷而成。为无定型硅酸盐物质。其化学成分主要为 SiO_2，还有 Na_2O、CaO 等
   B 玻璃的化学稳定性较好，耐酸性强（氢氟酸除外），但碱液和金属碳酸盐能溶蚀玻璃，不耐急冷急热
   C 普通平板玻璃的产品计量方法以平方米计算
   D 铅玻璃可防止 X、γ 射线的辐射
   提示：普通平板玻璃的计量方法是用标准箱、实际箱和重量箱计算。标准箱是指 2mm 厚平板玻璃 $10m^2$ 为一标准箱，实际箱是用于运输计件的单位，2mm 厚的平板玻璃每一标准箱的重量（约50kg）为一重量箱。
   答案：C

23-12-142 下列几种有关玻璃施工的叙述，哪一条是错误的？
   A 钢化玻璃耐冲击，耐急冷急热，破碎时碎片小且无锐角，不易伤人，能切割加工
   B 压花玻璃透光不透视，光线通过时产生漫射。使用时花纹面应朝室内，否则易脏，且沾上水后能透视
   C 磨砂玻璃（即毛玻璃）透光不透视，光线不刺眼，安装时，毛面应向室内
   D 镭射玻璃（即光栅玻璃、激光玻璃）是一种激光技术与艺术相结合的新型高档装饰材料。在一般条件下，室内外墙面如采用镭射玻璃，须使该玻璃与视线保持水平或低于视线，效果最佳。墙面、柱面、门面等室外装饰，以一层为好，二层以上不宜采用
   提示：钢化玻璃不能做切割、磨削加工。
   答案：A

23-12-143 下列有关安全玻璃的叙述，哪一项不正确？
   A 安全玻璃包括夹丝玻璃、夹层玻璃、钢化玻璃、中空玻璃等
   B 夹丝玻璃在建筑物发生火灾受热炸裂后，仍能保持原形，起到隔绝火势的作用。故又称为"防火玻璃"
   C 夹层玻璃的衬片多用聚乙烯醇缩丁醛等塑料胶片
   D 建筑物屋面上的斜天窗，以夹丝玻璃为宜
   提示：中空玻璃不属安全玻璃，中空玻璃具有良好的绝热、隔声等性能。
   答案：A

23-12-144 在下列有关油漆的叙述中哪一项内容不正确？
   A 大漆又名国漆、生漆，为天然树脂涂料之一
   B 古建筑油漆彩画常用的油漆为大漆
   C 木内门窗的油漆，如需显露木纹时，应选调和漆
   D 调和漆由干性油、颜料、溶剂、催干剂等加工而成
   提示：清漆涂饰木质面可显示木质底色及花纹。

答案：C

23-12-145 下列有关油漆涂料的叙述，哪一条是错误的？

A 酚醛树脂漆具有良好的耐水、耐热、耐化学及绝缘性能，且酚醛树脂成本较其他树脂低，故这种漆在油漆工业中占有很大比重。适用于室内金属表面及木材、砖墙表面等处

B 过氯乙烯漆具有良好的耐化学腐蚀性、耐候性、防燃烧性及耐寒性等。缺点是附着力较差。适用于有上述需要的各种管道及物面的涂覆

C 沥青漆具有耐水、耐潮、防腐蚀等性能，耐候性好

D 醇酸树脂漆具有光泽持久不退及优良的耐磨、绝缘、耐油、耐气候、耐矿物油等性能。缺点是干结成膜较快，耐水性差。适用于比较高级建筑的金属、木装饰等面层的涂饰

提示：沥青漆耐候性差。

答案：C

23-12-146 下列四种外墙涂料中，哪一种不属于溶剂型的涂料？

A 苯乙烯焦油涂料　　　　　B 丙烯酸乳液涂料
C 过氯乙烯涂料　　　　　　D 聚乙烯醇缩丁醛涂料

提示：有机涂料按组成不同，可分为水溶型、溶剂型和水性乳液型（俗称乳胶漆）三类。聚乙烯醇系的涂料为水溶性涂料，一般常用于室内装饰。溶剂型涂料以有机溶剂作为稀释剂，可用于室内外及地面等装饰。常用的有过氯乙烯涂料、苯乙烯焦油涂料、氯化橡胶涂料、聚乙烯醇缩丁醛涂料、丙烯酸涂料、聚氨酯涂料、环氧树脂涂料等。水性乳液型涂料由树脂以微小液滴分散在水中形成非均相的乳状液再加入颜料等配成，可用于室内外及顶棚等建筑部位。常用的有丙烯酸乳液、聚醋酸乙烯乳液、苯丙乳液、乙丙乳液等涂料。

答案：B

23-12-147 在以下四种玻璃中，哪种玻璃加工以后，不能进行切裁等再加工？

A 夹丝玻璃　　B 钢化玻璃　　C 磨砂玻璃　　D 磨光玻璃

提示：玻璃的裁切是利用普通玻璃的脆性高。钢化玻璃韧性高，脆性低，不能进行切裁等再加工。

答案：B

23-12-148 下列玻璃中，哪种是防火玻璃，可起到隔绝火势的作用？

A 吸热玻璃　　B 夹丝玻璃　　C 热反射玻璃　　D 钢化玻璃

提示：防火玻璃能隔绝火势是由于它在火灾中不炸裂、破碎，夹丝玻璃具有这种性能。

答案：B

23-12-149 适用于温、热带气候区的幕墙玻璃是（　）镀膜玻璃。

A 镜面膜　　B 低辐射膜　　C 热反射膜　　D 导电膜

提示：热反射膜镀膜玻璃有单向透射特性，遮阳效果好，适用于温、热带气候区的幕墙玻璃。

答案：C

23-12-150 下列玻璃品种中，哪一种属于装饰玻璃？
A 中空玻璃　　B 夹层玻璃　　C 钢化玻璃　　D 磨光玻璃
提示：磨光玻璃具有装饰效果。
答案：D

23-12-151 能够防护 X 及 γ 射线的玻璃是（　　）。
A 铅玻璃　　B 钾玻璃　　C 铝镁玻璃　　D 石英玻璃
提示：含重金属元素者防护射线效果较好。
答案：A

23-12-152 钢化玻璃的特性，下列哪种是错误的？
A 抗弯强度高　　　　　　　　B 抗冲击性能高
C 能切割、磨削　　　　　　　D 透光性能较好
提示：钢化玻璃高强高韧，抗冲击性高；外观同普通玻璃，透光性好；但韧性高则不容易被切割。
答案：C

23-12-153 在建筑玻璃中，以下哪种不属于用于防火和安全使用的安全玻璃？
A 镀膜玻璃　　B 夹层玻璃　　C 夹丝玻璃　　D 钢化玻璃
提示：镀膜玻璃仍是脆性玻璃，易破碎，故安全性不好。
答案：A

23-12-154 在建筑玻璃中，下述哪种玻璃不适用于有保温、隔热要求的场合？
A 镀膜玻璃　　B 中空玻璃　　C 钢化玻璃　　D 泡沫玻璃
提示：钢化玻璃的保温、隔热效果与普通玻璃相同。
答案：C

23-12-155 大理石主要矿物成分是（　　）。
A 石英　　B 方解石　　C 长石　　D 石灰石
提示：大理石的主要矿物成分是方解石和白云石。
答案：B

23-12-156 花岗石是一种高级的建筑结构及装饰材料，下列关于花岗石的叙述中哪个是错误的？
A 吸水率低　　B 耐磨性能好　　C 能抗火　　D 能耐酸
提示：花岗石的一个主要缺点是耐火性差。
答案：C

23-12-157 大理石较耐以下何种腐蚀介质？
A 硫酸　　B 盐酸　　C 醋酸　　D 碱
提示：大理石的主要化学成分是 $CaCO_3$，呈弱碱性，故耐碱但不耐酸腐蚀。
答案：D

23-12-158 不适用于室外工程的陶瓷制品，是下列哪种？
A 陶瓷面砖　　B 陶瓷铺地砖　　C 釉面瓷砖　　D 彩釉地砖
提示：釉面砖属精陶类，孔隙率较大，强度与耐久性较低，只能用于室内。

答案：C

23-12-159 在下列四种有色金属板材中，何者常用于医院建筑中的X、γ射线操作室的屏蔽？
A 铝　　　　B 铜　　　　C 锌　　　　D 铅
提示：含重金属元素者防辐射效果较好。
答案：D

23-12-160 指出下列油漆涂料中，哪一种为价格较经济并适用于耐酸、耐碱、耐水、耐磨、耐大气、耐溶剂、保色、保光涂层的油漆？
A 沥青漆　　　B 酚醛漆　　　C 醇酸漆　　　D 乙烯漆
提示：较常用的树脂类油漆涂料有两种，为酚醛漆与醇酸漆。酚醛漆价格低、耐水、耐热、耐化学腐蚀；醇酸漆耐水性较差。沥青漆、乙烯漆较少使用。
答案：B

23-12-161 室内空气中有酸碱成分的室内墙面，应使用哪种油漆？
A 调和漆　　　B 清漆　　　C 过氯乙烯漆　　　D 乳胶漆
提示：过氯乙烯漆作为溶剂型涂料，具有较好的气密性与耐腐蚀性。能阻止空气中酸碱介质的渗透、侵蚀。
答案：C

23-12-162 清漆蜡克适用于下列哪种材料表面？
A 金属表面　　　　　　　　B 混凝土表面
C 木装修表面　　　　　　　D 室外装修表面
提示：清漆蜡克适用于木器表面。
答案：C

23-12-163 天然漆是我国特产的一种传统涂料，系采漆树液汁炼制而成，下列它的其他名称中，哪个是不对的？
A 国漆　　　　B 大漆　　　　C 生漆　　　　D 黑漆
提示：天然漆又名国漆、大漆，有生漆、熟漆之分。
答案：D

23-12-164 木内门窗的油漆，如需显露木纹时，要选择哪种油漆？
A 调和漆　　　　B 磁漆　　　　C 大漆　　　　D 清漆
提示：清漆可显露木纹。
答案：D

23-12-165 建筑物屋面上的斜天窗，应该选用下列哪种玻璃？
A 平板玻璃　　　B 钢化玻璃　　　C 夹丝玻璃　　　D 反射玻璃
提示：建筑物屋面上的斜天窗选用玻璃，首要一条是玻璃的安全性，不易破碎或者破碎后不掉碎片。
答案：C

二十四 建 筑 构 造

（一）建筑物的分类、等级和建筑模数

24-1-1 **(2009)** 图为抗震 6 度地区多层承重砖墙的一般构造示意图，其房屋的总高和层数的限值为以下哪一项？

A 24m，8 层　　　　　B 21m，7 层
C 18m，6 层　　　　　D 15m，5 层

提示：《抗震规范》第 7.1.2 条中规定：6 度区设计基本地震加速度为 0.05g 时为 21m，7 层。

答案：B

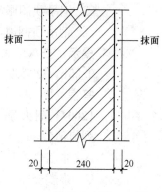

题 24-1-1 图

24-1-2 **(2006)** 用 3cm 厚型钢结构防火涂料作保护层的钢柱，其耐火极限为（　　）h。

A 0.75　　　　　B 1.00
C 1.50　　　　　D 2.00

提示：《防火规范》附表 1 规定，用 3cm 厚型钢结构防火涂料作保护层的钢柱，其耐火极限为 2.00h。

答案：D

24-1-3 **(2006)** 建筑高度超过 50m 的普通旅馆，采用下列哪一种吊顶是错误的？

A 轻钢龙骨纸面石膏板
B 轻钢龙骨 GRC 板
C 内外表面及相应龙骨均涂覆一级饰面型防火涂料的胶合板
D 轻钢龙骨硅酸钙板

提示：《内部装修防火规范》第 3.3.1 条规定，超过 50m 高的旅馆属于一类高层建筑，顶棚应选用 A 级材料。A、B、D 项均为 A 级装修材料。C 项涂覆一级饰面型防火涂料的胶合板为 B_1 级材料。

答案：C

24-1-4 **(2005)** 在 100mm 厚的水泥钢丝网聚苯夹芯板隔墙的抹灰基层上，涂刷普通合成树脂乳液涂料（乳胶漆），其墙面的燃烧性能等级属于下列哪一级？

A B_3 级　　　B B_2 级　　　C B_1 级　　　D A 级

---

❶ 本章及后面 3 套试题的提示中有的规范、规程及参考资料多次引述，为避免烦琐，我们将多次引述的规范、规程及参考资料采用了简称。在本章后附有这些规范、规程及参考资料的简称、全称对照表，以便查阅。

提示：《内部装修防火规范》第 2.0.7 条指出，上述做法的燃烧性能等级属于 B_1 级。

答案：C

24-1-5 **(2004)** 一级耐火等级民用建筑房间隔墙的耐火极限是（　　）h。
　　A　1　　　　B　0.75　　　　C　0.5　　　　D　0.25

提示：《防火规范》第 5.1.2 条表 5.1.2 规定：一级耐火等级民用建筑房间隔墙的耐火极限是 0.75h。

答案：B

24-1-6 **(2004)** 下列建筑吊顶中，哪一种吊顶的耐火极限最低？
　　A　木吊顶搁栅，钢丝网抹灰（厚 1.5cm）
　　B　木吊顶搁栅，钉矿棉吸声板（厚 2cm）
　　C　钢吊顶搁栅，钢丝网抹灰（厚 1.5cm）
　　D　钢吊顶搁栅，钉双面石膏板（厚 1cm）

提示：查《防火规范》附表 1 知，A 项为 0.25h，B 项为 0.15h，C 项为 0.25h，D 项为 0.30h，故 B 项最低。

答案：B

24-1-7 **(2004)** 耐火等级为二级的建筑，其吊顶的燃烧性能和耐火极限不应低于下列何值？
　　A　非燃烧体 0.25h　　　　B　非燃烧体 0.35h
　　C　难燃烧体 0.25h　　　　D　难燃烧体 0.15h

提示：《防火规范》第 5.1.2 条表 5.1.2 规定，耐火等级为二级的建筑，其吊顶（包括吊顶搁栅）的燃烧性能和耐火极限应采用难燃烧体，耐火极限是 0.25h。

答案：C

24-1-8　下述关于建筑构造的研究内容，哪一条是正确的？
　　A　建筑构造是研究建筑物构成和结构计算的学科
　　B　建筑构造是研究建筑物构成、组合原理和构造方法的学科
　　C　建筑构造是研究建筑物构成和有关材料选用的学科
　　D　建筑构造是研究建筑物构成和施工可能性的学科

提示：根据理解而得。

答案：B

24-1-9　下述有关防火墙构造做法的有关要求何者有误？
　　A　防火墙应直接设置在基础上或钢筋混凝土的框架梁上
　　B　防火墙上不得开设门窗洞口
　　C　防火墙应高出不燃烧体屋面不小于 40cm
　　D　建筑物外墙如为难燃烧体时，防火墙应突出难燃体墙的外表面 40cm

提示：《防火规范》第 6.1.5 条中指出：防火墙上不应开设门、窗、洞口，确需开设时，应设置可开启或火灾时能自动关闭的甲级防火门、窗。

答案：B

24-1-10 当设计条件相同时，下列隔墙中，哪一种耐火极限最低？
A 12cm厚烧结普通砖墙双面抹灰
B 10cm厚加气混凝土砌块墙（含双面抹灰）
C 石膏珍珠岩双层空心条板墙厚度6.0cm+5.0cm（空）+6.0cm
D 轻钢龙骨双面钉石膏板，板厚1.2cm
提示：2014版《防火规范》附录中指出：A项的耐火极限是4.50h，B项的耐火极限是6.00h，C项的耐火极限是3.75h，D项的耐火极限是0.52h。
答案：D

24-1-11 当设计条件相同时，下列隔墙中，哪一种适用于高层建筑且耐火极限最高？
A 120mm厚烧结普通砖墙双面抹灰
B 100mm厚加气混凝土砌块墙（含粉刷抹灰）
C 石膏珍珠岩双层空心条板墙厚度为60mm+50mm（空）+60mm
D 轻钢龙骨双面钉石膏板，板厚12mm
提示：四种隔墙均适用于高层民用建筑。2014版《防火规范》附录中指出：四种隔墙的耐火极限分别是A项4.50h，B项6.00h，C项3.75h，D项0.52h。
答案：B

24-1-12 消防控制室宜设在高层建筑的首层或地下一层，与其他房间之间隔墙的耐火极限应不低于（　）h。
A 4.00　　　　B 3.00　　　　C 2.00　　　　D 1.50
提示：2014版《防火规范》中第8.1.7条指出：附设在高层民用建筑内的消防控制室，宜设置在建筑内的首层或地下一层，并宜布置在靠外墙部位。隔墙的耐火极限应符合高层民用建筑的相关规定。耐火极限不应低于2.00h。
答案：C

24-1-13 消防电梯井与相邻电梯井之间的墙耐火极限不应低于（　）h。
A 1.5　　　　　　　　B 2.0
C 3.0　　　　　　　　D 3.5
提示：《防火规范》第5.1.2条规定，电梯井之间的墙耐火极限不应低于2.00h。
答案：B

24-1-14 锅炉房、变压器室、厨房若布置在底层，如图所示的外檐构造起何作用？
A 隔噪声　　　　　　B 防火
C 隔味　　　　　　　D 防爆
提示：经分析，这样做的好处是可以起到阻止火势蔓延的作用。
答案：B

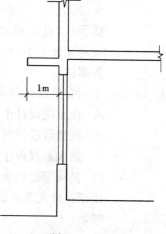

题24-1-14图

24-1-15 下列关于高层建筑楼板的构造，哪一种不符合《高层民用建筑设计防火规范》的防火要求?
A 一类高层建筑采用厚度为80mm,钢筋保护层为20mm的现浇楼板
B 一类高层建筑采用厚度为90mm,钢筋保护层为30mm的现浇楼板
C 二类高层建筑采用钢筋保护层为30mm的预应力钢筋混凝土空心板
D 二类高层建筑采用钢筋保护层为20mm的非预应力钢筋混凝土空心板

提示:2014版《防火规范》第5.1.3条指出:二类高层民用建筑的耐火等级不应低于二级,楼板应选用不燃性材料,耐火极限为1.00h。而附录中保护层厚度为30mm的预应力简支钢筋混凝土圆孔空心楼板的耐火极限为0.85h,不满足要求。

答案:C

24-1-16 有关木基层上平瓦屋面构造的以下表述中,哪一条是错误的?
A 木基层上平瓦屋面,应在木基层上铺一层卷材,并用顺水条将卷材压钉在木基层上,再在顺水条上铺钉挂瓦条挂平瓦
B 屋面防火墙应截断木基层,且高出屋面300mm
C 砖烟囱穿过木基层时,烟囱与木基层应脱开,烟囱内壁与木基层距离不小于370mm
D 平瓦瓦头应挑出封檐板50~70mm

提示:2014版《防火规范》中第6.1.1条指出:防火墙应从楼地面基层隔断至屋面板的底面基层。当屋面的耐火极限低于0.50h时,防火墙应高出屋面0.50m以上。

答案:B

24-1-17 特别重要的建筑的设计使用年限为( )。
A 150年以上 B 100年 C 50~100年 D 50年

提示:《民建通则》第3.2.1条规定,特别重要的建筑的设计使用年限为100年。

答案:B

24-1-18 《建筑模数协调统一标准》规定的基本模数是( )mm。
A 300 B 100 C 10 D 5

提示:《建筑模数协调标准》GB/T 50002—2013第3.1.1条规定,基本模数的数值是100mm。

答案:B

24-1-19 下列有关舞台防火的提法哪一项是错误的?
A 在剧院设计中,应考虑安全疏散
B 在舞台设计时应考虑必要的防火设施
C 防火幕仅放于舞台与后台相交的地方
D 防火幕、防火门、水幕及防火出烟口等都是舞台防火设施

提示:防火幕应放在舞台与观众厅相交的地方。

答案:C

24-1-20 乙级防火门的耐火极限是( )h。

A 0.50　　　　B 1.00　　　　C 1.20　　　　D 1.50

提示：《防火门》（GB 12955—2008）中指出：防火门分为隔热防火门（A类）、部分隔热防火门（B类）和非隔热防火门（C类）。隔热防火门（A类）的耐火极限有 A3.00、A2.00、A1.50（甲级）、A1.00（乙级）、A0.50（丙级）。

答案：B

（二）建筑物的地基、基础和地下室构造

24-2-1 **(2010)** 在地震区地下室用于沉降的变形缝宽度，以下列何值为宜？

A 20～30mm　　　　　　　　B 40～50mm

C 70mm　　　　　　　　　　D 等于上部结构防震缝的宽度

（注：本题2005年考过）

提示：《地下防水规范》第5.1.5条规定：用于解决地下室沉降变形的变形缝宽度为20～30mm。

答案：A

24-2-2 **(2010)** 某地下工程作为人员经常活动的场所，其防水等级至少应为（　　）。

A 一级　　　　B 二级　　　　C 三级　　　　D 四级

提示：《地下防水规范》第3.2.2条规定：人员经常活动的场所，其防水等级至少应为二级。

答案：B

24-2-3 **(2010)** 地下工程通向地面的各种孔口应防地面水倒灌，下列措施中哪项是错误的？

A 人员出入口应高出地面不小于500mm

B 窗井墙高出地面不得小于500mm

C 窗井内的底板应比窗下缘低300mm

D 车道出入口有排水沟时可不设反坡

提示：根据《地下防水规范》第5.7.1条和第5.7.5条规定，A、B、C均正确。另：汽车出入口设置明沟排水时，其高度宜为150mm，并应有防雨措施，所以答案D中所述"不设反坡"错误。

答案：D

24-2-4 **(2009)** "某地下室为一般战备工程，要供人员临时活动，且工程不得出现地下水线流和漏泥砂……"则其防水等级应为（　　）。

A 一级　　　　B 二级　　　　C 三级　　　　D 四级

提示：《地下防水规范》表3.2.2中规定如此。

答案：C

24-2-5 **(2009)** 有关地下室窗井构造的要点下列哪条有误（　　）。

A 窗井底部在最高地下水位以上时，窗井底板和墙应作防水处理并与主体结构断开

B 窗井底部在最高地下水位以下时，应与主体结构连成整体，防水层也连成整体

C 窗井内底板应比窗下缘低200mm，窗井墙高出地面不得小于300mm

D 窗井内底部要用排水沟（管）或集水井（坑）排水

提示：《地下防水规范》第5.7.5条规定：窗井墙高出地面不得小于500mm，窗井内底板应比窗下缘至少低300mm。

答案：C

24-2-6 **（2009）** 图为地下建筑防水混凝土施工缝防水构造，L的合理尺寸为（　　）。

A $L \geq 75$mm　　B $L \geq 100$mm
C $L \geq 150$mm　　D $L \geq 250$mm

提示：《地下防水规范》第4.1.25条中规定如此。

答案：C

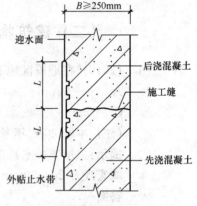

题24-2-6图

24-2-7 **（2009）** 地下工程混凝土结构的细部防水构造对变形缝的规定，以下哪条有误？

A 伸缩缝宜少设
B 可因地制宜用诱导缝、加强带、后浇带替代变形缝
C 变形缝处混凝土结构厚度≥300mm
D 沉降缝宽度宜20～30mm，用于伸缩的变形缝宽度宜大于此值

提示：《地下防水规范》第5.1.2及5.1.5条规定：用于伸缩的变形缝宽度宜小于或等于20～30mm。

答案：D

24-2-8 **（2009）** 有关地下室防水混凝土构造抗渗性的规定，下列哪条有误？

A 防水混凝土抗渗等级不小于P6
B 防水混凝土结构厚度不小于250mm
C 裂缝宽度不大于0.2mm并不得贯通
D 迎水面钢筋保护层厚度不应小于25mm

（注：此题2008年、2007年均考过）

提示：《地下防水规范》第4.1.7条规定：迎水面钢筋保护层厚度不应小于50mm。

答案：D

24-2-9 **（2008）** 某地下工程为一般战备工程，其任意100m² 防水面积上漏水点不超过7处，则其防水等级为（　　）。

A 一级　　B 二级　　C 三级　　D 四级

提示：《地下防水规范》第3.2.1条规定上述情况的防水等级应为三级。

答案：C

24-2-10 **（2008）** 以下防水混凝土施工缝防水构造图示中，哪条有误？

A $b \geq 250$mm

B 采用橡胶止水带 $L \geq 80$mm
C 采用钢板止水带 $L \geq 150$mm
D 采用钢板橡胶止水带 $L \geq 120$mm

提示：《地下防水规范》第 4.1.25 条规定：防水混凝土施工缝采用中埋式橡胶止水带时应 $L \geq 200$mm。

答案：B

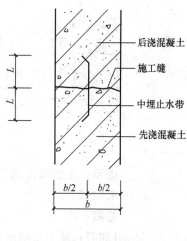

题 24-2-10 图

24-2-11 (2008) 下列地下工程混凝土结构变形缝的有关规定中，哪条有误？
A 变形缝处结构厚度不应小于 300mm
B 用于沉降的变形缝宽度宜为 20～30mm
C 用于伸缩的变形缝宽度宜大于 30～50mm
D 用于伸缩的变形缝宜少设

提示：《地下防水规范》第 5.1.5 条规定，地下工程混凝土结构用于伸缩的变形缝宽度为 20～30mm。

答案：C

24-2-12 (2008) 一般可不填塞泡沫塑料类的变形缝是（　　）。
A 平屋面变形缝　　　　　　　B 高低屋面抗震缝
C 外墙温度伸缩缝　　　　　　D 结构基础沉降缝

提示：填塞泡沫塑料是为了解决缝中保温和减少热桥的，而结构基础沉降缝则不需要。

答案：D

24-2-13 (2008) 用于伸缩的变形缝不可以用下列何种措施替代？
A 诱导缝　　　　　　　　　　B 施工缝
C 加强带　　　　　　　　　　D 后浇带

提示：《地下防水规范》第 5.1.2 条规定，施工缝是施工间歇的暂时缝隙，没有缝宽要求，不可以替代伸缩缝。

答案：B

24-2-14 (2007) 某地下室是人员经常活动的场所且为重要的战备工程，其地下工程防水等级应为（　　）。
A 一级　　　　　　　　　　　B 二级
C 三级　　　　　　　　　　　D 四级

提示：《地下防水规范》第 3.2.2 条规定：人员经常活动的地下工程防水等级为二级。

答案：B

24-2-15 (2007) 作为地下工程墙体防水混凝土的水平施工缝，下列哪种接缝表面较易清理且常使用？

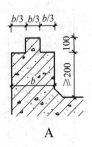 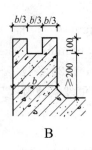 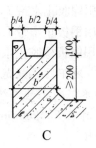 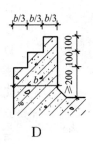

  A   B   C   D

提示：A图做法属于榫接式构造，表面清洗容易，施工方便，上下连接效果较好。

答案：A

24-2-16 **(2007)** 地下室防水混凝土后浇缝的一般构造，下列哪条不正确？
  A 应在其两侧混凝土浇筑完毕6星期后再进行后浇缝施工
  B 后浇缝混凝土应优先选用补偿收缩混凝土
  C 后浇缝混凝土施工温度应高于两侧混凝土施工温度
  D 湿润养护时间不少于4星期

提示：根据《地下防水规范》第5.2.2、5.2.3及5.2.13条可知A、B、D正确，第5.2.9条的规定中没有后浇带混凝土施工温度应高于两侧混凝土温度的规定。

答案：C

24-2-17 **(2007)** 建筑物地下室主体的防水设防，下列哪一项是正确的？
  A 防水混凝土为主，渗入型涂抹防水层为辅
  B 防水混凝土为主，柔性防水层为辅
  C 柔性防水层为主，防水混凝土为辅
  D 防水混凝土与柔性外防水层并重，应相互结合

（注：此题2004年考过）

提示：《地下防水规范》第3.1.4条规定：建筑物地下室迎水面主体结构应采用防水混凝土，并应根据防水等级的要求采取其他防水措施。

答案：B

24-2-18 **(2006)** 关于地下工程涂料防水层设计，下列哪条表述是错误的？
  A 有机防水涂料宜用于结构主体迎水面
  B 无机防水涂料宜用于结构主体背水面
  C 粘结性、抗渗性较高的有机防水涂料也可用于结构主体的背水面
  D 采用无机防水涂料时，应在阴阳角及底板增加一层玻璃纤维网格布

提示：见《地下防水规范》第4.4.2条规定，知A、B、C项正确，又从第4.4.4条规定知，D项措施应用于有机防水涂料。

答案：D

24-2-19 **(2006)** 基础断开的建筑物变形缝是哪一种？
  A 伸缩缝   B 沉降缝   C 抗震缝   D 施工缝

提示：建筑物在考虑沉降时基础部位应断开，基础断开的变形缝应该是沉降缝。

答案：B

24-2-20 **(2005)** 埋深12m的重要地下工程，主体为钢筋防水混凝土结构，在主体结构的迎水面设置涂料防水层，在下列涂料防水层中应优先采用哪一种？
A 丙烯酸酯涂料防水层　　　　B 渗透结晶型涂料防水层
C 水泥聚合物涂料防水层　　　D 聚氨酯涂料防水层

提示：《地下防水规范》第4.4.3条规定：埋置深度较深的重要、有振动或有较大变形的工程，宜选用高弹性防水涂料。聚氨酯防水涂料固化的体积收缩小，可形成较厚的防水涂膜，具有弹性高、延伸率大、耐低温、高温性能好、耐油、耐化学药品等优点。

答案：D

24-2-21 **(2005)** 地下建筑防水设计的下列论述中，哪一条有误？
A 地下建筑防水材料分刚性防水材料及柔性防水材料
B 地下建筑防水设计应遵循"刚柔相济"的原则
C 防水混凝土、防水砂浆均属刚性防水材料
D 防水涂料、防水卷材均属柔性防水材料

提示：《地下防水规范》第3.1.4条规定：地下工程主体结构应采用防水混凝土，并应根据防水等级的要求辅以其他防水措施。第1.0.3条及条文说明3.3条，应遵循"防、排、截、堵相结合，刚柔相济，因地制宜，综合治理原则"。

答案：无

24-2-22 **(2004)** 地下室防水混凝土的抗渗等级是根据下列哪一条确定的？
A 混凝土的强度等级　　　　　B 最大水头
C 最大水头与混凝土壁厚的比值　D 地下室埋置深度

提示：《地下防水规范》第4.1.4条规定：地下室防水混凝土的抗渗等级是根据地下室的埋置深度确定的。

答案：D

24-2-23 **(2004)** 地下室变形缝处混凝土结构的最小厚度是（　　）。
A 200m　　　B 250mm　　　C 300mm　　　D 400mm

提示：《地下防水规范》第5.1.3条规定：地下室变形缝处混凝土结构的厚度不应小于300mm。

答案：C

24-2-24 **(2004)** 地下工程下列部位的防水构造中，哪个部位不能单独使用遇水膨胀止水条作为防水措施？
A 施工缝防水构造　　　　　　B 后浇带防水构造
C 变形缝防水构造　　　　　　D 预埋固定式穿墙管防水构造

提示：《地下防水规范》第5.1.6条规定：地下工程变形缝处的防水构造不能使用遇水膨胀止水条而应使用中埋式止水带、外贴式止水带等防水措

施。

答案：C

24-2-25 地下工程的防水，宜优先考虑采用下列中的哪种防水方法？
A 防水混凝土自防水结构　　　B 水泥砂浆防水层
C 卷材防水层　　　　　　　　D 金属防水层
提示：《地下防水规范》第3.1.4条规定，地下工程迎水面主体结构应采用防水混凝土。
答案：A

24-2-26 图示为地下室窗井的防水示意图，图中何处有误？
A 未设附加防水层
B 窗井内底板与窗下缘尺寸不够
C 窗井墙高出地面尺寸不够
D 窗井底板做法不对
提示：《地下防水规范》第5.7.5条规定，窗井内的底板应比窗下缘低300mm。
答案：B

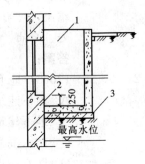

题 24-2-26 图
1—窗井；2—主体结构；
3—垫层

24-2-27 关于金属管道穿越地下室侧墙时的处理方法，下述做法中哪些是对的？选择正确的一组。
Ⅰ．金属管道不得穿越防水层；Ⅱ．金属管道应尽量避免穿越防水层；Ⅲ．金属管道穿越位置应尽可能高于最高地下水位；Ⅳ．金属管道穿越防水层时只能采取固定的方法
A Ⅰ　　　　　　　　　　　　B Ⅱ、Ⅲ
C Ⅲ、Ⅳ　　　　　　　　　　D Ⅱ、Ⅲ、Ⅳ
提示：《地下室防水施工技术规程》DB 11/367—2006规定：金属管道穿越地下室侧墙时，可以穿越防水层，但应高于最高地下水位，并采用固定的方法。
答案：D

24-2-28 地下工程的防水等级共分（　　）级。
A 2　　　　B 3　　　　C 4　　　　D 5
提示：《地下防水规范》第3.2.1条规定：地下工程防水等级分为4级。
答案：C

24-2-29 无筋扩展砖基础的台阶宽高比最大允许值为（　　）。
A 1∶0.5　　　　　　　　　　B 1∶1.0
C 1∶1.5　　　　　　　　　　D 1∶2.0
提示：查找《地基规范》中第8.1.2条"无筋扩展基础台阶宽高比的允许值"中规定：砖基础的台阶宽高比为1∶1.5。
答案：C

24-2-30 深、浅基础的区分以埋深（　　）m为界。
A 2　　　　B 3　　　　C 4　　　　D 5

提示：一般规定，埋深小于基础宽度的 4 倍且小于 5m 时叫浅基础；埋深不小于基础宽度的 4 倍，且不小于 5m 时叫深基础。

答案：D

24-2-31 地下室窗井的一部分在最高地下水位以下，在下列各项防水措施中，哪一项是错误的？

A 窗井墙高出地面不少于 500mm
B 窗井的底板和墙与主体断开
C 窗井内的底板比窗下缘低 300～500mm
D 窗井外地面作散水

提示：《地下防水规范》第 5.7.3 条规定，窗井的底板和墙不得与主体断开。

答案：B

24-2-32 地下工程钢筋混凝土构件自防水墙体的水平施工缝设置位置，下列哪一项是错误的？

A 墙体水平缝应留在高出底板表面不小于 200mm 的墙体上
B 墙体水平缝距洞口边沿不应小于 300mm
C 墙体水平缝不应留在底板与墙体交接处
D 墙体水平缝可留在顶板与墙体交接处

提示：《地下防水规范》4.1.24 条指出，施工缝应留在高出底板表面不小于 300mm 的墙体上。

答案：A

24-2-33 下列有关建筑基础埋置深度的选择原则，哪一条是不恰当的？

A 地基为均匀而压缩性小的良好土层，在承载能力满足建筑总荷载时，基础按最小埋置深度考虑，但不小于 900mm
B 基础埋深与有无地下室有关
C 基础埋深要考虑地基土冻胀和融陷的影响
D 基础埋深应考虑相邻建筑物的基础埋深

提示：据《地基规范》第 5.1.2 条，最小埋深应为 500mm。

答案：A

24-2-34 地下工程防水设计，有关选用防水混凝土抗渗等级的规定，下列各条中哪一条是恰当的？

A 抗渗等级的确定，应根据防水混凝土的设计壁厚与地下水最大水头的比值按规定选用
B 地下防水工程的抗渗等级应不低于 0.5MPa（P5）
C 地下防水工程的抗渗等级应不低于 0.6MPa（P6）
D 确定施工用的防水混凝土配合比时，其抗渗等级应比设计要求提高 0.4MPa

提示：《地下防水规范》第 4.1.3 条指出，防水混凝土的设计抗渗等级不得低于 P6（0.6MPa）。

答案：C

24-2-35 关于地下室防水工程设防措施的表述，下列各条中哪一条是错误的？
A 周围土有可能形成地表滞水渗透时，采用全防水做法
B 设计地下水位高于地下室底板，且距室外地坪不足2m时，采用全防水做法
C 设计地下水位低于地下室底板0.35m，周围土无形成地表滞水渗透可能，采用全防潮做法
D 设计地下水位高于地下室底板，距室外地坪大于2m且无地表滞水渗透可能时，采用上部防潮下部防水做法。防水层收头高度定在与设计地下水位相平

提示：相关技术资料表明，设计地下水位低于地下室底板0.50m且周围土无形成地表水渗透可能、滞水可能时，可以采用全防潮做法。
答案：C

24-2-36 关于防水混凝土结构及墙体钢筋保护层的最小厚度的规定，下列各条中哪一条是错误的？
A 钢筋混凝土立墙在变形缝处的最小厚度为150mm
B 钢筋混凝土立墙在一般位置的最小厚度为250mm
C 钢筋混凝土底板最小厚度为250mm
D 钢筋混凝土结构迎水面钢筋保护层最小尺寸为50mm

提示：据《地下防水规范》第5.1.3条，正确数值为300mm。
答案：A

24-2-37 卷材防水层应根据防水标高（设计最高水位高于地下室底板下皮的高度）确定卷材层数，以下表述中哪一项是不恰当的？
A 选用沥青卷材，防水标高为3m时为3层
B 选用沥青卷材，防水标高为3～6m时为4层
C 选用沥青卷材，防水标高为6～12m时为5层
D 选用橡胶、塑料类卷材时，均应用2层

提示：查北京地区标准图《地下工程防水》(88J6)，图集要求：采用橡胶、塑料类卷材时，只做一层，但厚度应不小于1.5mm。
答案：D

24-2-38 当设计地下水位位于地下室底板标高以下，可以用防潮层代替防水层，但不可能隔绝下列哪一种水源？
A 毛细管作用形成的地下土质潮湿
B 由地表水（雨水、绿化浇灌水等）下渗的无压水
C 由于邻近排水管井渗漏形成的无压水
D 由于地下不透水基坑积累的滞留水

提示：地下室防潮做法不能隔绝基坑积累的滞留水。
答案：D

24-2-39 当地下最高水位高于建筑物底板时，地下防水的薄弱环节是（　　）。
A 底板　　　　B 变形缝　　　　C 侧板　　　　D 阴阳墙角

提示：防止变形缝处漏水是关键所在。
答案：B

24-2-40 如图所示砖墙和抹灰层下述的作用中哪些是正确的？

Ⅰ．附加防水层；Ⅱ．附加保温层；Ⅲ．施工回填土过程中，保护防水层；Ⅳ．建筑长期使用中，压紧和保护防水层

A Ⅰ、Ⅲ   B Ⅱ、Ⅳ
C Ⅰ、Ⅱ   D Ⅲ、Ⅳ

提示：其作用是保护防水层。
答案：D

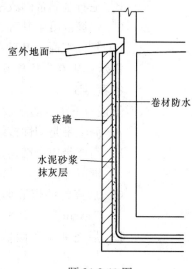

题 24-2-40 图

24-2-41 地下工程防水变形缝应满足密封防水、适应变形、施工方便、检查容易等要求。其构造和材料应根据工程特点、地基或结构变形情况及水压、水质和防水等级确定，以下构造选型哪一种是不恰当的？

A 水压小于 0.03MPa，变形量小于 10mm 的变形缝用弹性密封材料嵌填密实

B 水压小于 0.03MPa，变形量为 20～30mm 的变形缝用粘贴橡胶片构造

C 水压小于 0.03MPa，变形量为 20～30mm 的变形缝用附贴式橡胶止水带

D 水压小于 0.03MPa，变形量为 20～30mm 的变形缝用埋入式橡胶止水带

提示：《地下防水规范》第 5.1.6 条规定，变形缝宽度一律为 20～30mm，且全部使用中埋式止水带。
答案：A

24-2-42 常用的人工加固地基的方法不包括以下哪一项？

A 压实法   B 换土法
C 桩基   D 筏形基础

提示：筏形基础不是地基而是基础。
答案：D

24-2-43 下列有关无筋扩展基础埋深的叙述，哪一项是正确的？

A 由室外的设计地面到基础底面的距离称为基础埋深
B 由室外的设计地面到基础垫层底面的距离称为基础埋深
C 由室内的设计地面到基础垫层底面的距离称为基础埋深
D 由室内的设计地面到基础底面的距离称为基础埋深

提示：基础垫层属于基础的一部分，故应算至垫层底面。
答案：B

24-2-44 以下有关无筋扩展基础的叙述,哪一条是不正确的?
A 凡受刚性角限制的基础称为刚性基础
B 毛石基础常砌成踏步式,每步伸出宽度不宜大于150mm
C 钢筋混凝土基础不属于刚性基础
D 钢筋混凝土基础在施工上可以现浇、预制或采用预应力

提示:从有关教科书中查得,一般均取200mm。
答案:B

24-2-45 下述地下工程防水设计后浇带构造措施中哪一条是不恰当的?
A 后浇带是刚性接缝构造,适用于不允许留柔性变形缝的工程
B 后浇带应由结构设计留出钢筋搭接长度并架设附加钢筋后,用补偿收缩混凝土浇筑,其混凝土强度等级应不低于两侧混凝土
C 后浇带的留缝形式可为阶梯式、平直式或企口式。留缝宽一般为600~700mm
D 后浇带应在两侧混凝土龄期达到6个星期后方能浇筑,并养护不少于28d

提示:《地下防水规范》第5.2.4条,关于后浇带的有关规定中,C项所列不正确。一般应采用平直缝,缝宽宜为700~1000mm。
答案:C

24-2-46 设计地下抗水压结构的重量时,下列叙述中哪个正确?
A 可小于静水压力所造成的压力的20%
B 应等同静水压力所造成的压力
C 应比静水压力所造成的压力大10%
D 应比静水压力所造成的压力大50%

提示:《建筑设计资料集8》第7页指出,应比静力压力大10%,防止浮起。
答案:C

24-2-47 如图所示地下防水工程钢筋混凝土底板变形缝埋设埋入式橡胶止水带,在变形缝两侧各400mm范围内,混凝土底板的最小厚度 h 应为( )mm。
A 200 B 250
C 300 D 350

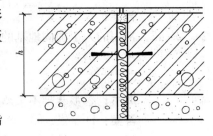

题 24-2-47 图

提示:《地下防水规范》第5.1.3条指出缝宽两侧各350mm以内,混凝土底板的最小厚度应为300mm。
答案:C

24-2-48 图示地下工程防水设计采用卷材附加防水构造,其中哪个设计不够合理?
提示:查找《建筑设计资料集8》第8页,规定C图形式防水应设至水位以上1.0m。
答案:C

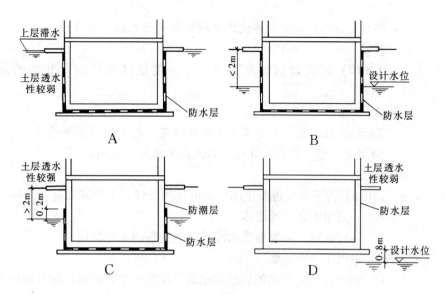

(三) 墙 体 的 构 造

24-3-1 (2010) 图示构造的散水名称是( )。

A 灰土散水　　B 混凝土散水　　C 种植散水　　D 细石混凝土散水

提示： 从相关标准图中可以查到，该图应为种植散水。

答案： C

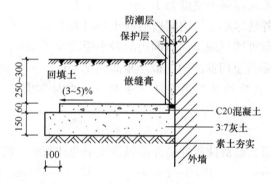

题 24-3-1 图

24-3-2 (2010) 以下墙身防潮层构造示意，哪项错误？

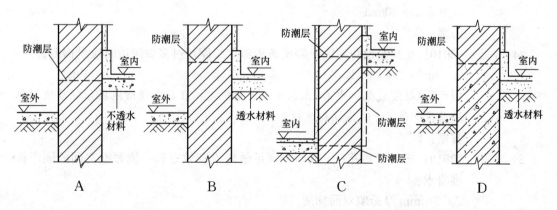

提示：B项做法墙身将被透水材料带来的毛细水所腐蚀。

答案：B

24-3-3 (2010) 抗震设防烈度为6、7、8度地区无锚固女儿墙的高度不应超过( )。

A 0.5m B 0.6m C 0.8m D 0.9m

提示：《抗震规范》中第7.1.6条规定：抗震设防烈度为6、7、8度地区无锚固女儿墙（非出入口处）的高度不应超过0.5m。

答案：A

24-3-4 (2010) 关于加气混凝土砌块墙的使用条件，下列哪项是错误的？

A 一般用于非承重墙体

B 不宜在厕、浴等易受水浸及干湿交替的部位使用

C 不可用于女儿墙

D 用于外墙应采用配套砂浆砌筑、配套砂浆抹面或加钢丝网抹面

提示：《蒸压加气混凝土规程》第3.0.3条中的禁用范围没有不可用于女儿墙的规定。用于女儿墙时应按规定加设构造柱和压顶。

答案：C

24-3-5 (2010) 抗震设防烈度为8度地区的多层砌体建筑，以下关于墙身的抗震构造措施哪项是错误的？

A 承重窗间墙最小宽度为1.2m

B 承重外墙尽端至门窗洞边的最小距离为1.2m

C 非承重外墙尽端至门窗洞边的最小距离为1.0m

D 内墙阳角至门窗洞边的最小距离为1.0m

提示：《抗震规范》第7.1.6条规定：内墙阳角至门窗洞边的最小距离为1.5m。

答案：D

24-3-6 (2010) EPS板薄抹灰外墙外保温系统中薄抹灰的厚度应为( )。

A 1~2mm B 3~6mm C 6~10mm D 10~15mm

提示：《外墙外保温规范》第5.0.3条规定，EPS板薄抹灰外墙外保温系统，保护层（薄抹灰层）厚度应是3~6mm，EPS板厚抹灰外墙外保温系统，保护层厚度应是25~30mm。

答案：B

24-3-7 (2010) 在抗震设防地区，轻质条板隔墙长度超过多少限值时应设构造柱？

A 6m B 7m C 8m D 9m

提示：《抗震规范》中第13.3.4条4款规定：在抗震设防地区，轻质块材隔墙长度超过8m时应设构造柱。

答案：C

24-3-8 (2010) 选用下列哪一种隔墙能满足学校语音教室和一般教室之间的隔声标准要求？

A 240mm厚砖墙双面抹灰

B 100mm 厚混凝土空心砌块墙双面抹灰

C 200mm 厚加气混凝土墙双面抹灰

D 2×12mm+75mm（空）+12mm 轻钢龙骨石膏板墙

提示：《隔声规范》中第 5.2.2 条规定：学校语音教室和一般教室之间的隔声标准是≥50dB，240mm 厚砖墙双面抹灰的隔声量为 48～53dB，满足要求。

答案：A

24-3-9 **(2010)** 以下哪种墙体构造不可用于剧院舞台与观众厅之间的隔墙？

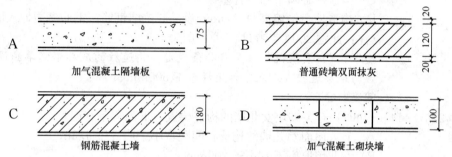

提示：根据《防火规范》中的有关规定分析，剧院舞台与观众厅之间的隔墙应为防火墙，防火墙的耐火极限应为 3h。上述构造的耐火极限分别是：A 项是 2.50h，B 项是 4.5h，C 项 120mm 厚时仅为 2.6h，D 项约为 3.4h。

答案：B

24-3-10 **(2010)** 15m 高框架结构房屋，必须设防震缝时，其最小宽度应为（　　）cm。

A 10　　　　B 7　　　　C 6　　　　D 5

（注：本题 2004 年以前考过）

提示：《抗震规范》第 6.1.4 条第 1 款规定：15m 高的框架结构防震缝的宽度为 100mm。

答案：A

24-3-11 **(2009)** 以下四种常用墙身防潮构造做法，哪种不适合地震区？

A 防水砂浆防潮层

B 油毡防潮层

C 细石混凝土防潮层

D 墙脚本身用条石、混凝土等

提示：其原因是防潮层上下墙体形成断层，不利于抗震。

答案：B

24-3-12 **(2009)** 混凝土小型空心砌块承重墙的正确构造是（　　）。

A 必要时可采用与黏土砖混合砌筑

B 室内地面以下的砌块孔洞内应用 C15 混凝土灌实

C 五层住宅楼底层墙体应采用不低于 MU3.5 小砌块和不低于 M2.5 砌筑砂浆

D 应对孔错缝搭砌，搭接长度至少 60mm

提示：《小型空心砌块规程》第8.4.6条规定：混凝土小型空心砌块不得与黏土砖混合砌筑；5层住宅楼底层墙体应采用不低于MU7.5小砌块和不低于M5砌筑砂浆砌筑；室内地面以下的砌块孔洞内应用Cb20混凝土灌实；D项对孔错缝搭砌是对的，但搭接长度应为200mm。

答案：D

24-3-13 **(2009)** 有关砖混结构房屋墙体的构造柱做法，下列哪条有误？
A 构造柱最小截面为240mm×180mm
B 施工时先砌墙后浇筑构造柱
C 构造柱必须单独设置基础
D 构造柱上沿墙高每500mm设2φ6拉结钢筋，钢筋每边伸入墙内1m
（注：此题2004年考过）

提示：《抗震规范》第7.3.2条规定，构造柱的底部不需单独设置基础，而应与地梁连接或埋入室外地坪以下500mm处。

答案：C

24-3-14 **(2009)** 有关砌块女儿墙的构造要点，下列哪条有误？
A 上人屋面女儿墙的构造柱间距宜小于或等于4.5m
B 女儿墙厚度不宜小于200mm
C 抗震6、7、8度区，无锚固女儿墙高度不应超过0.5m
D 女儿墙顶部应做60mm厚钢筋混凝土压顶板
（注：此题2004年考过）

提示：《砌体规范》第6.5.2条规定，上人屋面女儿墙的构造柱间距不宜大于4.00m，构造柱应伸至女儿墙顶并与现浇钢筋混凝土压顶整浇在一起。

答案：A

24-3-15 **(2009)** 图1、图2为隔墙构造图，某中学的语音教室与录音室之间隔墙的选用，正确的是（　　）。

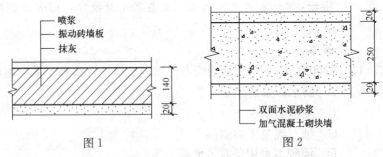

题24-3-15图

A 图1、图2均可选 　　　B 图1、图2均不可选
C 选图1 　　　　　　　D 选图2

提示：《隔声规范》第5.2.2条中规定，语音教室与录音室之间的隔墙应按一级隔声标准（50dB）考虑。图1的隔声量是50dB，图2的隔声量是47～48dB；故只有图1达到标准。

答案：C

24-3-16 **(2009)** 图示为80～90mm厚石膏复合板填棉轻质隔墙，此构造隔声性能不能用于下列哪种墙体？

A 普通住宅内起居室隔墙
B 普通住宅内卧室、书房间隔墙
C 学校阅览室与普通教室间隔墙
D 旅馆内客房与走廊间隔墙

提示：《隔声规范》附录三中规定，普通住宅内起居室隔墙的隔声标准是40dB；普通住宅内卧室、书房间隔墙的隔声标准是40dB；学校阅览室与普通教室间隔墙的隔声标准是50dB；旅馆内客房与走廊间隔墙的隔声标准是40dB。该构造图的隔声量只有37～41dB，因而不能用于学校阅览室与普通教室间隔墙。

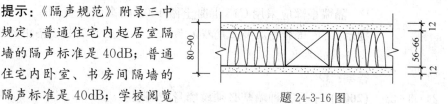

题24-3-16图

答案：C

24-3-17 **(2009)** 以下哪类墙体不可用做多层住宅底层商店之间的隔墙？

A 120mm厚黏土砖墙
B 125mm厚石膏珍珠岩空心条板墙（双层中空）
C 150mm厚加气混凝土预制墙板
D 75mm厚加气混凝土砌块墙

提示：多层住宅底层商店之间的隔墙应按住宅分户墙考虑，其耐火极限应为2.00h，120mm厚黏土砖墙的耐火极限为2.50h；150mm厚加气混凝土预制墙板的耐火极限为3.00h；75mm厚加气混凝土砌块墙耐火极限为2.00h左右，均能满足要求。只有125mm厚石膏珍珠岩空心条板墙（双层中空）耐火性能较差。

答案：B

24-3-18 **(2009)** 相关变形缝设置的规定，下列哪条错误？

A 玻璃幕墙的一个单元块不应跨缝
B 变形缝不得穿过设备的底面
C 洁净厂房的变形缝不宜穿越洁净区
D 地面变形缝不应设在排水坡的分水线上

提示：根据北京地区标准图，地面及路面的纵向变形缝均应设在排水坡的分水线上。

答案：D

24-3-19 **(2009)** 有关混凝土散水设置伸缩缝的规定，下列哪条正确？

A 伸缩缝延米间距不大于18m   B 缝宽不大于10mm
C 散水与建筑物连接处应设缝处理   D 缝隙用防水砂浆填实

提示：《地面规范》第6.0.20条规定：散水与建筑物连接处应设缝处理是正确的。伸缩缝延米间距是20～30m；缝宽为20～30mm，缝隙应用沥青类材料填实。

答案：C

24-3-20 **(2009)** 有关加气混凝土砌块墙的规定，以下哪条有误？
A 一般不用于承重墙
B 屋顶女儿墙也可采用加气混凝土砌块，但应在顶部做压顶
C 一般不用于厕浴等有水浸、干湿交替部位
D 隔墙根部应采用C15混凝土做100mm高条带

提示：《蒸压加气混凝土规程》第7.3.1条至第7.3.5条中均没有做100mm高条带的要求。

答案：D

24-3-21 **(2008)** 下列哪种墙基必须设墙身防潮层？
A 混凝土实心砌块墙体   B 天然石块砌体
C 黏土多孔砖墙体   D 钢筋混凝土剪力墙体

提示：上述4种墙基中黏土多孔砖墙体必须设置防潮层。

答案：C

24-3-22 **(2008)** 外墙外保温构造系统中不需要做热工处理的部位是（　　）。
A 门窗框外侧洞口   B 女儿墙
C 阳台外挑底板、附墙构件   D 雨水管、铁爬梯

提示：《外墙外保温规程》第5.0.2条规定如此。

答案：D

24-3-23 **(2008)** 图示外墙外保温构造的技术要求中，下列哪条正确？
A 建筑物高于20m，宜用锚栓辅助固定
B EPS板宽宜1500mm，板高宜900mm
C 背面涂胶粘剂的面积应控制为EPS板面积的1/4
D 作为保护层的薄抹面层厚度宜为10mm

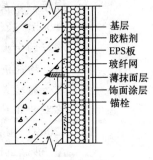

题24-3-23图

提示：从《外墙外保温规程》6.1.3、6.1.7及5.0.3条知B、C、D项错误，又第6.1.2条中规定，EPS板宽宜1200mm，板高宜600mm。背面涂胶粘剂的面积应控制为EPS板面积的40%。作为保护层的薄抹面层厚度宜为3～6mm。

答案：A

24-3-24 **(2008)** 以下哪类住宅的分户墙达不到隔声、减噪最低标准（三级）的要求？
A 140mm厚钢筋混凝土墙，双面喷浆
B 240mm厚多孔黏土砖墙，双面抹灰
C 140mm厚混凝土空心砌块墙
D 150mm厚加气混凝土条板墙，双面抹灰

提示：据《隔声规范》表4.2.1知，住宅的分户墙隔声、减噪最低标准（三级）是40dB，A项是46～50dB，B项是48～53dB，D项是40～45dB，C值偏小。

答案：C

24-3-25 (2007) 某科研工程墙身两侧的室内有高差（见图），其墙身防潮构造以下哪项最好？

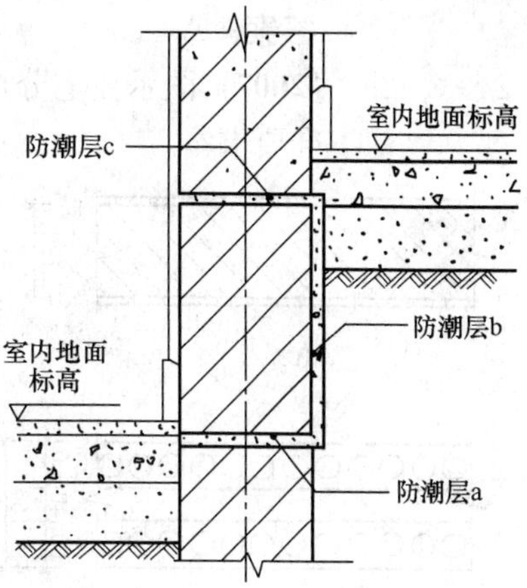

A b、c　　　　B a、b、c
C a、b　　　　D a、c

提示： 墙身两侧的室内有高差时，墙身防潮层构造应采用 B 项做法；《民建通则》第 6.9.3 条也规定：室内相邻地面有高差时，应在高差处墙身侧面加设防潮层。

答案：B

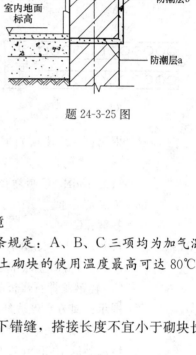

题 24-3-25 图

24-3-26 (2007) 下列哪种状况可优先采用加气混凝土砌块筑墙？

A 常浸水或经常干湿循环交替的场所
B 易受局部冻融的部位
C 受化学环境侵蚀的地方
D 墙体表面常达 48℃～78℃ 的高温环境

提示：《蒸压加气混凝土规程》第 3.0.3 条规定：A、B、C 三项均为加气混凝土砌块的禁用范围，而 D 项加气混凝土砌块的使用温度最高可达 80℃，可以优先选用。

答案：D

24-3-27 (2007) 蒸压加气混凝土砌块砌筑时应上下错缝，搭接长度不宜小于砌块长度的多少？

A 1/5　　　B 1/4　　　C 1/3　　　D 1/2

提示： 查找《蒸压加气混凝土规程》第 9.2.1 条，蒸压加气混凝土砌块砌筑时上下层应错缝，搭接长度不宜小于砌块长度的 1/3。

答案：C

24-3-28 (2007) 下图为外墙外保温（节能65%）首层转角处构造平面图，其金属护角的主要作用是（　　）。

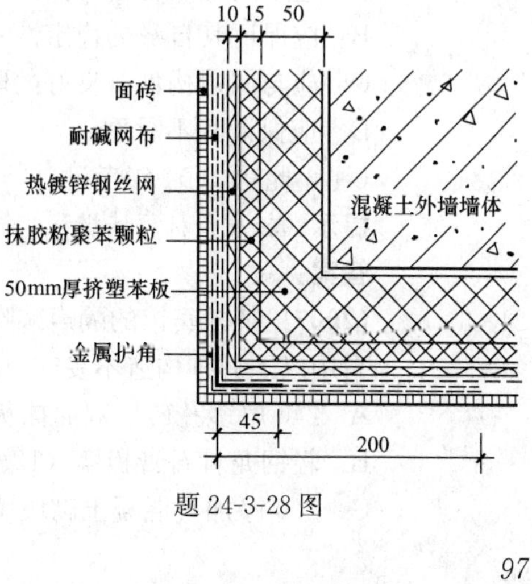

A 提高抗冲击能力
B 防止面层开裂
C 增加保温性能
D 保持墙角挺直

提示： 分析可知，上述做法可以提高外墙转角的抗冲击能力，其作用相当于室内墙

题 24-3-28 图

97

面转角处的水泥包角。

答案：A

24-3-29 **(2007)** 图示住宅分户墙构造，哪种不满足二级（一般标准）空气声隔声标准要求？

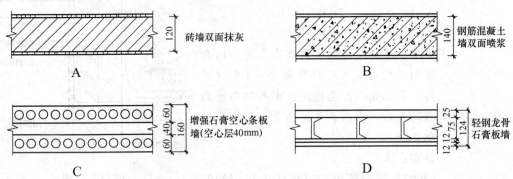

提示：《民建通则》第7.5.2条规定：住宅分户墙属于二级标准（一般标准），空气声隔声标准是45dB。相关技术资料中规定，A项为43~47dB，B项为45dB，C项增强石膏空心条板墙只有41dB，（D）项为51dB。故C项不满足要求。

答案：C

24-3-30 **(2007)** 某洗衣房内，下列哪种轻质隔墙立于楼、地面时其底部可不筑条基？

A 加气混凝土块隔墙　　　　B 水泥玻纤空心条板隔墙
C 轻钢龙骨石膏板隔墙　　　D 增强石膏空心条板隔墙

提示：因为水泥玻纤空心条板隔墙，耐潮湿性能好，吸水性差，故用于洗衣房内较为合适。立于楼、地面时其底部可以不砌筑条基。（注：石膏制品隔墙应加做100mm高C20的细石现浇混凝土条基，加气混凝土砌块规范规定不得用于潮湿环境中，轻钢龙骨石膏板隔墙底部应加做条基。）

答案：B

24-3-31 **(2007)** 轻质隔墙的构造要点中，下列哪一条不妥？

A 应采用轻质材料，其面密度应≤70kg/m²

B 应保证其自身的稳定性

C 应与周边构件有良好的联结

D 应保证其不承重

（注：此题2004年考过）

提示：《轻质条板隔墙规程》第2.0.1条规定：轻质条板的面密度应≤190kg/m²。

答案：A

24-3-32 **(2007)** 某国宾馆的隔声减噪设计等级为特级，则其客房与客房之间的隔墙采用以下哪种构造不妥？

A 240厚多孔砖墙双面抹灰

B 轻钢龙骨石膏板墙（12+12+25 中距75 空隙内填40厚岩棉）

C 200厚加气混凝土砌块墙双面抹灰

D 双层空心条板均厚 75,空气层 75 且无拉结

提示:《隔声规范》第 7.2.1 条规定:特级宾馆客房与客房之间隔墙的隔声标准为 50dB。轻钢龙骨石膏板隔墙(12+12+25 中距 75 空隙内填 40mm 厚岩棉)的隔声指标不满足要求。

答案:B

24-3-33 **(2007)** 对于轻质隔墙泰柏板的下列描述中哪条有误?

A 厚度薄,自重轻,强度高
B 保温、隔热性能好
C 除用作内隔墙,也用于外墙、轻型屋面
D 能用于低层公共建筑门厅部位的墙体

提示:泰柏板轻质隔墙由于自重轻,强度高,保温、隔热性能好,一般多用于非承重部位(包括轻型框架的外墙、内隔墙及轻型屋面),但不能用于直接承重的墙体(如低层公共建筑门厅部位的墙体)。

答案:D

24-3-34 **(2007)** 以下哪种隔墙不能用作一般教室之间的隔墙?

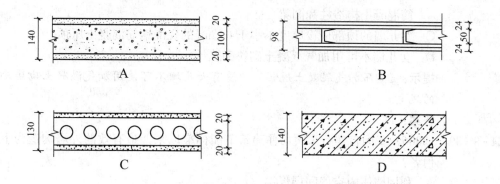

A 加气混凝土砌块双面抹灰　　B 轻钢龙骨纸面石膏板双面双层
C 轻骨料混凝土空心条板双面抹灰　D 钢筋混凝土墙双面喷浆

提示:《民建通则》第 7.5.2 条规定:一般教室之间的隔墙标准为二级,要求隔声量 45dB。相关技术资料中规定:A 项是 40~45dB,B 项是 49dB,C 项是 42dB,D 项是 46~50dB。故 C 项不满足要求。

答案:C

24-3-35 **(2007)** 建筑工程有不少"缝",以下哪组属于同一性质?

A 沉降缝、分仓缝、水平缝　　B 伸缩缝、温度缝、变形缝
C 抗震缝、后浇缝、垂直缝　　D 施工缝、分格缝、结合缝

提示:伸缩缝又称为温度缝,是变形缝的一种,B 项属于同一性质。

答案:B

24-3-36 **(2006)** 关于墙身防潮层设置部位的表述,下列哪一条是错误的?

A 一般设在室内地坪下 0.06m 处

B 应设在室内地面的混凝土垫层厚度范围内
C 当内墙两侧的室内地坪有高差时，应在该墙身高差段任一侧做垂直防潮层并连接上下水平防潮层
D 当墙身为混凝土、钢筋混凝土或石砌体时，可不做墙身防潮层

提示：分析可知，A、B、D 均是正确的。C 项，当内墙两侧的室内地坪有高差时，应在该墙身高差的有回填土一侧做垂直防潮层并连接上下水平防潮层。《民建通则》第 6.9.3 条中也讲到：室内相邻地面有高差时，应在高差处墙身侧面加设垂直防潮层并连接上下水平防潮层。

答案：C

24-3-37 **(2006)** 小型砌块隔墙，墙身长度大于多少时应加构造柱或其他拉结措施？
A 12m　　B 8m　　C 5m　　D 3m

提示：《抗震规范》第 13.3.4 条指出：墙长超过 8m 时应加设构造柱。

答案：B

24-3-38 **(2006)** 关于砌块女儿墙的构造设计，下列哪条是错误的？
A 女儿墙的厚度不宜小于 200mm
B 抗震设防烈度为 6、7、8 度地区女儿墙的高度超过 0.5m 时，应加设钢筋混凝土构造柱和圈梁
C 女儿墙的顶部应设厚度不小于 60mm 的现浇钢筋混凝土压顶
D 女儿墙不可用加气混凝土砌块砌筑

提示：《蒸压加气混凝土规程》中没有女儿墙不可使用加气混凝土砌块砌筑的规定。

答案：D

24-3-39 **(2006)** 我国自实行采暖居住建筑节能标准以来，最有效的外墙构造为下列何者？
A 利用墙体内空气间层保温
B 将保温材料填砌在夹心墙中
C 将保温材料粘贴在墙体内侧
D 将保温材料粘贴在墙体外侧

提示：最有效的外墙构造是将保温材料粘贴在墙体外侧（墙体外保温），因而是当前推广的做法。

答案：D

24-3-40 **(2006)** 外墙墙身隔热构造设计，下列哪一条措施是错误的？
A 外表面采用浅色饰面
B 设置通风间层
C 当采用复合墙体时，复合墙体内侧采用密度、蓄热系数较大的重质材料
D 设置带铝箔的封闭空气间且单面贴铝箔时，铝箔宜贴在靠室内一侧

提示：《民用建筑热工设计规范》GB 50176—93 第 5.2.1 条指出：设置带铝箔的封闭空气间层且单面贴铝箔时，铝箔宜贴在靠室外一侧（温度较高的一侧）。

答案：D

24-3-41 **(2006)** 下列哪种隔墙构造不能满足学校中语言教室与一般教室之间隔墙的要求？

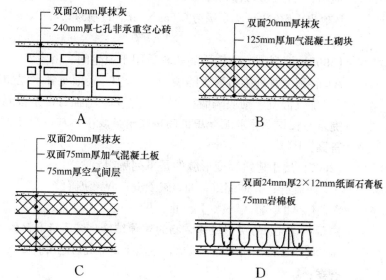

提示：《隔声规范》第5.2.2条表5.2.2规定：学校中语言教室与一般教室之间隔墙的隔声指标为50dB，相关技术资料中规定：A项为48~53dB，B项为40~45dB，C项为60dB，D项为50~55dB。故B项不满足要求。

答案：B

24-3-42 **(2005)** 下列何种墙体不能作为承重墙？

A 灰砂砖墙　　　　　　　　B 粉煤灰砖墙
C 黏土空心砖墙　　　　　　D 粉煤灰中型砌块墙

提示：烧结黏土空心砖只能用于填充墙或隔墙。由于考虑节能、节地等因素，黏土空心砖的生产量也日益减少。

答案：C

24-3-43 **(2005)** 在抗震设防区多层砌体（多孔砖、小砌块）承重房屋的层高，不应超过下列何值？

A 3.3m　　　　B 3.6m　　　　C 3.9m　　　　D 4.2m

提示：《抗震规范》第7.1.3条规定：普通砖（多孔砖、小砌块）承重房屋的层高为3.60m。（注：底部框架—抗震墙房屋的层高不得超过4.50m。）

答案：B

24-3-44 **(2005)** 当混凝土空心砌块墙采用下列同等厚度的保温材料作外保温时，哪种材料墙体的平均传热系数最大？

A 聚苯颗粒保温砂浆　　　　B 憎水珍珠岩板
C 水泥聚苯板　　　　　　　D 发泡聚苯板

提示：对比4种保温材料，水泥聚苯板平均传热系数最大，所以目前已淘汰不用。

答案：C

24-3-45 **(2005)** 下列哪一种隔墙荷载最小？

A 双面抹灰板条隔墙　　　　B 轻钢龙骨纸面石膏板隔墙

C 100mm厚加气混凝土砌块隔墙　　D 90mm厚增强石膏条板隔墙

提示：《建筑结构荷载规范》GB 50009—2012 附录中规定：A项为 0.90kN/m²，B项为 0.27kN/m²，C项为 0.55kN/m²，D项为 0.45kN/m²。故B项荷载最小。

答案：B

24-3-46　**(2005)** 下列哪一种轻质隔墙较适用于卫生间、浴室？
A 轻钢龙骨纤维石膏板隔墙　　B 轻钢龙骨水泥加压板隔墙
C 加气混凝土砌块隔墙　　　　D 增强石膏条板隔墙

提示：轻钢龙骨水泥加压板隔墙吸水性较小，可以用于卫生间、浴室。

答案：B

24-3-47　**(2005)** 属于建筑物变形缝的是下列哪组？
Ⅰ.防震缝；Ⅱ 伸缩缝；Ⅲ. 施工缝；Ⅳ. 沉降缝
A Ⅰ、Ⅱ、Ⅲ　　B Ⅰ、Ⅱ、Ⅳ　　C Ⅰ、Ⅲ、Ⅳ　　D Ⅱ、Ⅲ、Ⅳ

提示：建筑物的变形缝通常指的是伸缩缝、沉降缝和防震缝三种缝隙的总称，施工缝只是施工间歇留的缝隙，不属于变形缝的范围。因此，B项正确。

答案：B

24-3-48　**(2005)** 在设防烈度为8度的地区，主楼为框剪结构，高60m，裙房为框架结构，高21m，主楼与裙房间设防震缝，缝宽至少为下列何值？
A 80m　　B 110mm　　C 185mm　　D 260mm
（注：此题2004年考过）

提示：《抗震规范》第6.1.4条规定：防震缝两侧结构类型不同时，宜按需要较宽防震缝的结构类型和较低房屋高度确定缝宽的原则，本题中需较宽防震缝的结构类型是框架结构，较低房屋也是框架结构（21m）。所以应以框架结构确定缝宽，即以建筑物高度15m为基数，缝宽取70mm；建筑物高度在8度设防时每增加3m，缝宽增加20mm。故21m高的建筑应取110mm。（注：2010年版规范规定的基数已改为100mm，21m高的建筑应取140mm。）

答案：B

24-3-49　**(2005)** 下列四个外墙变形缝构造中，哪个适合于沉降缝？

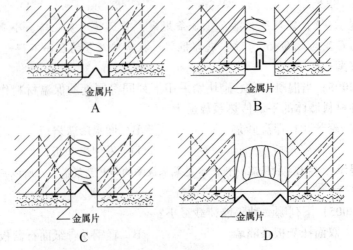

提示：沉降缝的金属片应能保证上下错动，B图正确。
答案：B

24-3-50 **(2005)** 多层砌体房屋在抗震设防烈度为8度的地区，下述房屋中砌体墙段的局部尺寸限值，何者不正确？
A 承重窗间墙最小距离为 1.2m
B 承重外墙尽端至门窗洞边的最小距离为 1.5m
C 非承重外墙尽端至门窗洞边的最小距离为 1.0m
D 内墙阳角至门窗洞边的最小距离为 1.5m

提示：《抗震规范》第 7.1.6 条规定：多层砌体房屋在抗震设防烈度为8度（设计基本地震加速度为 0.20g）的地区承重外墙尽端至门窗洞边的最小距离为 1.20m。
答案：B

24-3-51 **(2004)** 砖砌外墙的防潮层位置，下列何者正确？

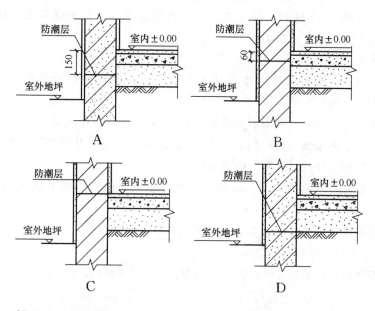

提示：根据防潮层的作用分析，B图的防潮作用最好。防潮层一般应做在室内地坪与室外地坪之间，标高在 -0.060m 处为最佳。《民建通则》第 6.9.3 条也讲到：砌体墙应在室外地面以上，位于室内地面垫层处设置连续的水平防潮层。
答案：B

24-3-52 **(2004)** 单框双玻金属窗的传热系数 $[W/(m^2·K)]$ 接近于下列何值？
A 6.4　　　　B 4.7　　　　C 4.0　　　　D 2.7

提示：查找有关资料，单框双玻金属窗的热阻 R 是 $0.287 (m^2·K)/W$，传热系数 K 是 $3.48W/(m^2·K)$，C值最接近。
答案：C

24-3-53 **(2004)** 下列围护结构中，何者保温性能最好？

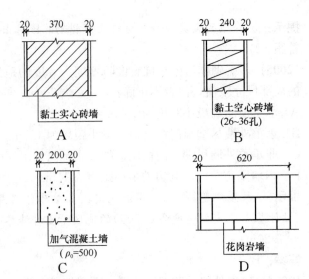

提示：因为加气混凝土表观密度小、导热系数小、传热系数低，因而保温性能最好。（上述构造按保温性能优劣的排序为：加气混凝土、黏土空心砖、黏土实心砖、花岗石。）

计算：

热阻 R ＝结构材料的厚度 d（单位：m）/结构材料的导热系数 λ（单位：W/m·K）

传热系数 K ＝结构材料的导热系数 λ/结构材料的厚度 d

砖的导热系数 $\lambda=0.81$，结构厚度 $d=0.37$（未算抹面），传热系数 $K=0.81/0.37=2.18[\text{W}/(\text{m}^2·\text{K})]$

多孔砖的导热系数 $\lambda=0.58$，结构厚度 $d=0.24$（未算抹面），$K=0.58/0.24=2.41[\text{W}/(\text{m}^2·\text{K})]$

加气混凝土的导热系数 $\lambda=0.22$，结构厚度 $d=0.20$（未算抹面）$K=0.22/0.20=1.10[\text{W}/(\text{m}^2·\text{K})]$

石材的导热系数 $\lambda=3.49$，结构厚度 $d=0.62$（未算抹面），$K=3.49/0.62=5.62[\text{W}/(\text{m}^2·\text{K})]$

结论：石材的传热系数最大，因而保温性能最差。

答案：C

24-3-54 **(2004)** 一板式住宅楼，进深12m，长50m，下述可选层数中，何者最有利于节能？

A 四层　　　　　　　　B 五层
C 六层　　　　　　　　D 六层跃局部七层（七层占六层的50%面积）

提示：经计算C项体形系数最小，有利于节能。

答案：C

24-3-55 **(2004)** 住宅分户轻质隔墙的隔声标准的隔声量最低限值是（　　）dB。

A 30　　　　B 35　　　　C 40　　　　D 50

提示：《民建通则》第7.5.2条规定：住宅分户轻质隔墙的隔声量最低限值

为 40dB。

答案：C

24-3-56 **(2004)** 用增强石膏空心条板或水泥玻纤空心条板（GRC 板）作为轻质隔墙，墙体高度一般限制为（　　）。

A ≤3.0m　　B ≤3.5m　　C ≤4.0m　　D ≤4.5m

提示：《轻质条板隔墙规程》第 3.3.3 条中指出：90mm 和 120mm 厚轻质条板的墙体高度为≤3.50m。

答案：B

24-3-57 **(2004)** 在下列轻质隔墙中哪一种施工周期最长？

A 钢丝网架水泥聚苯乙烯夹芯板隔墙　　B 增强石膏空心条板隔墙
C 玻璃纤维增强水泥轻质多孔条板隔墙　　D 工业灰渣混凝土空心条板隔墙

提示： 因为钢丝网架水泥聚苯乙烯夹芯板隔墙抹灰湿作业过多，故施工周期较长。

答案：A

24-3-58 **(2004)** 下列轻质隔墙中哪一种自重最大？

A　125mm 厚轻钢龙骨每侧双层 12mm 厚纸面石膏板隔墙
B　120mm 厚玻璃纤维增强水泥轻质多孔条板隔墙
C　100mm 厚工业灰渣混凝土空心条板隔墙
D　100mm 厚钢丝网架水泥聚苯乙烯夹芯板隔墙

提示： 由《建筑结构荷载规范》GB 50009—2012 附录中可以看出：A 项为 $0.27kN/m^2$，B 项为 $1.13kN/m^2$；C 项为 $0.45kN/m^2$；D 项为 $0.95kN/m^2$。很明显 B 项 120mm 厚钢丝网架水泥聚苯乙烯夹芯板隔墙自重最大。

答案：B

24-3-59 **(2004)** 一般地区，当屋面允许采用无组织排水时，散水宽度应比屋面挑檐宽出（　　）。

A　100～200mm　　　　　　　　B　200～300mm
C　300～400mm　　　　　　　　D　400～500mm

提示：《地面规范》第 6.0.20 条规定：散水宽度宜为 600～1000mm。又：屋面采用无组织排水时，屋檐挑出尺寸多为 500mm。散水宽度应比屋面挑檐宽出 200～300mm。

答案：B

24-3-60 下述各项关于圈梁的作用，哪几项是正确的？

Ⅰ.加强房屋整体性；Ⅱ.提高墙体承载力；Ⅲ.减少由于地基不均匀沉降引起的墙体开裂；Ⅳ.增加墙体稳定性

A　Ⅰ、Ⅱ、Ⅲ　　B　Ⅰ、Ⅱ、Ⅳ　　C　Ⅱ、Ⅲ、Ⅳ　　D　Ⅰ、Ⅲ、Ⅳ

提示： 根据有关规范和教材分析而得。

答案：D

24-3-61 6、7、8、9 度抗震设防烈度时，各种层数砌体结构房屋必须设置构造柱的部位是下列各处中的哪几处？

Ⅰ.外墙四角；Ⅱ.较大洞口两侧；Ⅲ.隔断墙和外纵墙交接处；Ⅳ.大房间内外墙交接处

A Ⅰ　　　　B Ⅰ、Ⅲ　　　　C Ⅰ、Ⅱ、Ⅳ　　　　D Ⅰ、Ⅱ、Ⅲ

提示：《抗震规范》第7.3.1条表7.3.1规定：外墙四角、大房间内外墙交接处、较大洞口两侧均应设置构造柱。

答案：C

24-3-62 北方寒冷地区采暖房间外墙为有保温层的复合墙体，如设隔汽层，隔汽层应设于下述什么部位？

Ⅰ.保温层的外侧；Ⅱ.保温层的内侧；Ⅲ.保温层的两侧；Ⅳ.围护结构的内表面

A Ⅰ、Ⅱ　　　　B Ⅱ　　　　C Ⅱ、Ⅳ　　　　D Ⅲ、Ⅳ

提示：隔汽层的作用是为了防止保温层受潮而失效，因而应放在保温层的内侧。

答案：B

24-3-63 抗震设防烈度为8度的多层砖墙承重建筑，下列防潮层做法中应选哪一种？

A 在室内地面下一皮砖处铺油毡一层，玛琋脂粘结

B 在室内地面下一皮砖处做一毡二油、热沥青粘结

C 在室内地面下一皮砖处做20mm厚1：2水泥砂浆，加5％防水剂

D 在室内地面下一皮砖外做二层乳化沥青粘贴一层玻璃丝布

提示：在抗震设防地区为防止墙体在水平力作用下产生位移，只能采用防水砂浆做法。

答案：C

24-3-64 《严寒和寒冷地区居住建筑节能设计标准》JGJ 26—2010中对寒冷地区住宅建筑的节约设计技术措施作出明确规定，下列设计措施的表述，哪一条不符合该标准的规定？

A 在住宅楼梯间设置外门

B 采用气密性好的门窗，如加密闭条的钢窗、推拉塑钢窗等

C 在钢阳台门的钢板部分粘贴20mm泡沫塑料

D 北向、东西向、南向外墙的窗、墙面积比控制在25％、35％、40％

提示：《严寒和寒冷地区居住建筑节能设计标准》JGJ 26—2010第4.1.4条指出：寒冷地区北向、东西向、南向高墙面积比应分别为30％、35％、50％。

答案：D

24-3-65 下列有关室内隔声标准中，哪一条不合规定？

A 有安静度要求的室内做吊顶时，应先将隔墙超过吊顶砌至楼板底

B 建筑物各类主要用房的隔墙和楼板的空气声计权隔声量不应小于30dB

C 楼板的计权归一化撞击声压级不应大于75dB

D 居住建筑卧室的允许噪声级应为：白天45dB，黑夜37dB

提示：查找《隔声规范》住宅、学校、医院等的最低计权隔声量均为50dB。

答案：B

24-3-66 关于花岗石、大理石饰面构造的表述，下述哪一条是不恰当的？
A 大理石、磨光花岗石板一般为20mm厚，在板上下侧面各钻2个象鼻形孔。用铜丝或不锈钢丝绑牢于基层上供固定板材用的钢筋网上（钢筋网用锚固件与基层连接）灌注1∶2.5水泥砂浆
B 边长小于400mm的大理石、磨光花岗石板也可采用粘贴法安装。在基层上粉12mm厚1∶3水泥砂浆打底划毛。再在已湿润的石板背面抹2～3mm厚的水泥浆粘贴
C 厚度为100～120mm的花岗岩料石饰面也可采用与A相同的构造安装
D 大理石在室外受风雨、日晒及工业废气侵蚀，易失去表面光泽，不宜在外墙面使用

提示：查找施工手册，采用钢筋网拴接的湿挂法安装只适用于20mm厚的石材，不适用于20mm以上的厚型石材。

答案：C

24-3-67 下列有关轻钢龙骨和纸面石膏板的做法，哪条不正确？
A 吊顶轻钢龙骨一般600mm间距，南方潮湿地区可加密至300mm
B 吊顶龙骨构造有双层、单层两种，单层构造属于轻型吊顶
C 纸面石膏板接缝有无缝、压缝、明缝三种构造处理，无缝处理是采用石膏腻子和接缝带抹平
D 常用纸面石膏板有9.5mm和12mm两种厚度，9.5mm主要用于墙身，12mm主要用于吊顶

提示：由相关标准图得知，9.5mm主要用于吊顶，12mm主要用于隔墙。

答案：D

24-3-68 下列有关预制水磨石厕所隔断的尺度中，何者不合适？
A 隔间门向外开时为不小于900mm×1200mm，向内开时为不小于900mm×1400mm
B 隔断高一般为1.50～1.80m
C 水磨石预制隔断的厚度一般为50mm
D 门宽一般为600mm

提示：由相关标准图中得知，水磨石预制隔断厚度一般为30mm。

答案：C

24-3-69 钢筋混凝土过梁两端各伸入砖砌墙体的长度应不小于（ ）mm。
A 60 B 120 C 180 D 240

提示：《抗震规范》第7.3.10条中指出：门窗洞处不应采用砖过梁；过梁支承长度，6～8度设防时不应小于240mm。

答案：D

24-3-70 抗震设防地区的砖砌体建筑，下列措施中哪一项是不正确的？
A 不应采用无筋砖过梁作为门窗过梁
B 基础墙的水平防潮层可用油毡，并在上下抹15mm厚1∶2水泥砂浆

C 地面以下的砌体不宜采用空心砖

D 不可采用空斗砖墙

提示：抗震设防地区不得采用油毡做防潮层，因为油毡与砂浆不能粘结在一起。

答案：B

24-3-71 防止温度变形引起砌体建筑顶层墙体开裂的措施，下列各项中哪一项是错误的？

A 在预制钢筋混凝土板屋盖上加设 50mm 厚钢筋混凝土现浇层

B 在屋盖上设置保温层或隔热层

C 采用装配式有檩体系钢筋混凝土屋盖

D 设置伸缩缝

提示：这是加强预制板整体性的做法，多用于框架结构中。《砌体规范》中提出了 B、C、D 三项措施。

答案：A

24-3-72 下列因素中哪一项不是建筑物散水宽度的确定因素？

A 土壤性质、气候条件　　　B 建筑物的高度

C 屋面排水形式　　　　　　D 建筑物的基础超出墙外皮的宽度

提示：基础超出墙外皮的宽度不是散水宽度的确定因素。

答案：D

24-3-73 关于建筑物散水的设置要求，下列哪一项是正确的？

A 有组织排水时，散水宽度宜为 1500mm 左右

B 散水的坡度可为 3%～5%

C 当采用混凝土散水时，可不设置伸缩缝

D 散水与外墙之间的缝宽可为 10～15mm，应用沥青类物质填缝

提示：《地面规范》第 6.0.20 条规定：散水的坡度为 3%～5%。

答案：B

24-3-74 抗震设防地区半砖隔墙，下列哪一项技术措施是错误的？

A 隔墙砌至结构板底或梁底

B 当房间有吊顶时，隔墙砌至吊顶上 300mm

C 底层房间的隔墙应做基础

D 隔墙高度超过 3m，长度超过 5m，应采取加强稳定性措施

提示：隔墙不做基础。

答案：C

24-3-75 当圈梁被窗洞切断时，应搭接补强，可在洞口上部设置一道不小于圈梁断面的过梁，称为附加圈梁。如图所示，其与圈梁的搭接长度 l 应不小于（　　）H。

A 1　　　　　B 1.2

C 1.5　　　　D 1.8

提示：有关建筑构造方面的书籍

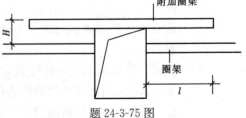

题 24-3-75 图

或教材中均指出：附加圈梁的搭接长度应不小于1.5H。

答案：C

24-3-76 加气混凝土墙体每砌二皮砖需要拉结，图示为墙体构造柱的拉结方式，试问图中拉结筋的长度L应为（　　）mm。

A　500　　　　　　B　800
C　900　　　　　　D　1000

提示：查北京地区标准图88J2—2加气混凝土图集，其中规定L为800 mm。

答案：B

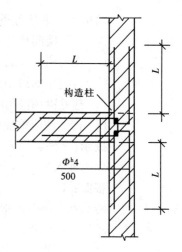

题24-3-76图

24-3-77 为了防止土中水分从基础墙上升，使墙身受潮而腐蚀，因此须设墙身防潮层。防潮层一般设在室内地坪以下（　　）mm处。

A　10　　　　　B　50　　　　　C　60　　　　　D　>60

提示：60mm处也是地面垫层的中下部，隔潮效果最好。

答案：C

24-3-78 各类隔墙的安装应满足有关建筑技术要求，但是下列哪一条不属于满足范围？

A　稳定、抗震　　　B　保温　　　C　防空气渗透　　　D　防火、防潮

提示：隔墙无保温要求。

答案：B

24-3-79 下列墙体中哪一种不能作为高层公共建筑走道的非承重隔墙？

A　两面抹灰的120mm厚烧结普通砖墙

B　90mm厚石膏粉煤灰空心条板

C　100mm厚水泥钢丝网聚苯乙烯夹心墙板

D　木龙骨木质纤维板墙

提示：《防火规范》第7.3.10条中指出：高层公共建筑的耐火等级应不低于二级，隔墙材料应采用不燃性材料。

答案：D

24-3-80 多层建筑采用烧结多孔砖承重墙体时，有些部位必须改用烧结实心砖砌体，以下表述哪一条是不恰当的？

A　地下水位以下砌体不得采用多孔砖

B　防潮层以下不宜采用多孔砖

C　底层窗台以下砌体不得采用多孔砖

D　冰冻线以上，室外地面以下不得采用多孔砖

提示：底层窗台至墙身防潮层范围内可以采用烧结多孔砖。

答案：C

24-3-81 抗震设防烈度为8度的6层砖墙承重住宅建筑，有关设置钢筋混凝土构造柱

的措施，下述各条中哪一条是不恰当的？

　　A　在外墙四角及宽度大于或等于 2.0m 的洞口应设置构造柱

　　B　在内墙与外墙交接处及楼梯间横墙与外墙交接处应设置构造柱

　　C　构造柱的最小截面为 240mm×180mm，构造柱与砖墙连接处砌成马牙槎并沿墙高每隔 500mm 设 2φ6 的钢筋拉结，每边伸入墙内 1m

　　D　构造柱应单独设置柱基础

　　提示：《抗震规范》第 7.3.1 条及 7.3.2 条规定：构造柱可不单独设置基础，但应伸入室外地面下 500mm，或与埋深小于 500mm 的基础圈梁相连。

　　答案：D

24－3－82　砖墙在高出室外地坪 100mm 以上，低于室内地面一皮砖处，设水泥砂浆防潮层。图示构造，哪一种做法设计不当？

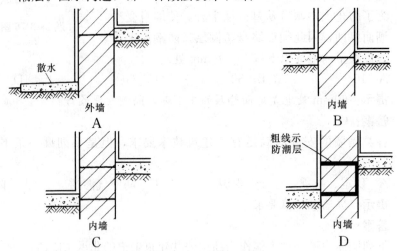

　　提示：C 图缺少竖直防潮层。

　　答案：C

24－3－83　有关加气混凝土砌块墙体构造的叙述，下列哪一条是错误的？

　　A　建筑室外地坪以下的墙体不得采用加气混凝土砌体

　　B　长期浸水或经常干湿交替部位（如浴、厕等）不得采用加气混凝土砌体

　　C　墙表面经常处于 80℃以上高温环境不得采用加气混凝土砌体

　　D　加气混凝土砌体的饰面应在抹灰前 24h 先浇水两遍，抹灰前 1h 再浇水一遍，随刷水泥浆一道。抹 6mm 厚水泥石灰砂浆打底。饰面的中层及面层可与其他墙体抹灰相同

　　提示：《蒸压加气混凝土规程》第 9.5.1 条指出：加气混凝土砌块砌筑完毕后，不应立即抹灰，待墙面含水率达到 15%～20% 时，再做抹灰（无浇水要求）。

　　答案：D

24－3－84　抗震设防为 6 度的 5 层砖墙承重办公楼，底层层高 3.6m，开间 3.6m，在两道承重横墙之间后砌半砖厚非承重砖墙，墙上开设宽 1.0m、高 2.7m 的门，

下列构造措施中，哪一条不恰当？
A 隔墙每隔 500mm 配 2φ6 钢筋与承重横墙拉结，每边伸入承重墙 500mm
B 隔墙下地面混凝土垫层沿隔墙方向局部加大为 150mm 厚、300mm 宽
C 门洞选用 1500mm 长钢筋混凝土预制过梁
D 隔墙顶部与楼板之间的缝隙用木楔塞紧，砂浆填缝

提示：隔墙顶部与楼板应采用砖斜砌，并用砂浆填缝。

答案：D

24-3-85 下列厕所、淋浴隔间的尺寸，哪一种是不恰当的？
A 外开门厕所隔间平面尺寸为宽 900mm，深 1200mm
B 内开门厕所隔间平面尺寸为宽 900mm，深 1300mm
C 外开门淋浴隔间平面尺寸为宽 1000mm，深 1200mm
D 淋浴隔间隔板高 1800mm

提示：查找北京地区"卫生间、洗池"标准图集（88J8），内开门厕所隔间尺寸应为 900mm×1400mm。

答案：B

24-3-86 下列卫生设备间距尺寸，哪一种是不恰当的？
A 并列小便斗中心间距为 550mm
B 并列洗脸盆水嘴中心间距为 700mm
C 浴盆长边与对面墙面净距为 650mm
D 洗脸盆水嘴中心与侧墙净距为 550mm

提示：查北京地区"卫生间、洗池"标准图集（88J8），小便斗中心间距应为 650mm。

答案：A

24-3-87 下列防震缝的最小宽度，哪一条不符合抗震规范要求？
A 8 度设防的多层砖墙承重建筑，防震缝最小宽度应为 70～100mm
B 高度小于 15m 的钢筋混凝土框架结构、框架-剪力墙结构建筑，防震缝最小宽度应为 100mm
C 高度大于 15m 的钢筋混凝土框架结构、框架-剪力墙结构建筑，对比 B 款的规定，7 度设防，高度每增加 4m，最小缝宽增加 20mm；8 度设防，高度每增加 3m，最小缝宽增加 20mm
D 剪力墙结构建筑，防震缝最小宽度可减少到 B 款、C 款的 50%

提示：《抗震规范》第 6.1.4 条规定：可以减少到 B 款的 50%，且不应小于 100mm。

答案：D

24-3-88 加气混凝土砌块墙在用于以下哪个部位时不受限制？
A 山墙　　　　　　　　　B 内隔墙（含卫生间隔墙）
C 女儿墙压顶、窗台处　　D 外墙勒脚

提示：《蒸压加气混凝土规程》第 3.0.3 条提出：加气混凝土用于民用建筑山墙时不受限制，但应做好饰面防护层。

答案：A

24-3-89 交通建筑中，供旅客站着购票用的售票窗台或柜台，其高度何者合乎人体尺度？
A 900mm
B ≤1000mm
C 1100mm 上下
D ≥1200mm

提示：查有关交通建筑方面的设计规范，例如《铁路旅客车站建筑设计规范》GB 50226—2007。

答案：C

24-3-90 替代烧结实心砖的 KP1 型烧结多孔砖，其长×宽×厚的尺寸及孔隙率是多少？
A 240mm×115mm×90mm，孔隙率为 40%
B 240mm×240mm×120mm，孔隙率为 40%
C 240mm×115mm×90mm，孔隙率为 25%
D 240mm×115mm×53mm，孔隙率为 0

提示：查《建筑材料术语标准》JGJ/T 191—2009 第 6.1.2 条。

答案：C

24-3-91 下述承重砌体对最小截面尺寸的限制，哪一条表述是不恰当的？
A 承重独立砖柱，截面尺寸不应小于 240mm×240mm
B 240mm 厚承重砖墙上设 6m 跨度大梁时，应在支承处加壁柱
C 毛料石柱截面尺寸不应小于 400mm×400mm
D 毛石墙厚度，不宜小于 350mm

提示：查找《砌体规范》第 6.2.5 条，承重独立砖柱最小截面尺寸为 240mm×370mm。

答案：A

24-3-92 7 度抗震设防多层砌体房屋的以下局部尺寸，哪一处不符合《建筑抗震设计规范》要求？
A 承重窗间墙宽 100cm
B 承重外墙尽端至门窗洞边最小距离 100cm
C 非承重外墙尽端至门窗洞边最小距离 100cm
D 无锚固女儿墙高 60cm

提示：《抗震规范》表 7.1.6，无锚固女儿墙的最大高度，7 度抗震设防时应为 50cm。

答案：D

24-3-93 承重混凝土小型空心砌块墙体的下述砌筑构造，哪一条是正确的？
A 小型砌块上下皮搭砌长度为砌块高度的 1/4，为 100mm
B 小型砌块上下皮搭砌长度为砌块高度的 1/3，为 150mm
C 小型砌块上下皮搭砌长度为 90mm
D 小型砌块上下皮搭砌长度为 200mm

提示：查相关标准图，如《承重混凝土小型空心砌块体系》（京 98SJ29），搭接长度为 200mm。

答案：D

24-3-94 混凝土外墙内保温构造节点，图中所示对各部分材料的标注，哪一组是正确的？

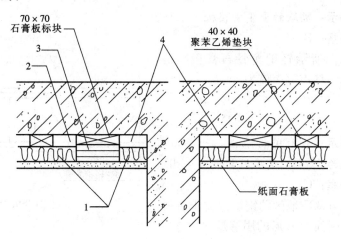

题 24-3-94 图

A 1-聚苯乙烯塑料；2-空气层；3-石膏板垂直龙骨；4-空气层
B 1-聚苯乙烯塑料；2-空气层；3-聚苯乙烯塑料；4-聚苯乙烯塑料
C 1-聚苯乙烯塑料；2-空气层；3-聚苯乙烯塑料；4-空气层
D 1-聚苯乙烯塑料；2-空气层；3-石膏板垂直龙骨；4-聚苯乙烯塑料

提示：这样做可以避免热桥。

答案：A

24-3-95 下列有关 KP1 型烧结多孔砖墙的基本尺寸的说法，哪一项是错误的？

A 12 墙厚 115mm B 24 墙厚 240mm
C 37 墙厚 365mm D 两砖墙厚 495mm

提示：KP1 型烧结多孔砖的尺寸是 240mm×115mm×90mm。墙厚以砖长的单位，两砖墙厚应为 490mm（240mm+10mm+240mm）。

答案：D

24-3-96 采用烧结普通砖砌筑黏土瓦或石棉水泥瓦屋顶的房屋，其墙体伸缩缝的最大间距为（　　）m。

A 150　　　　B 100　　　　C 75　　　　D 50

提示：《砌体规范》表 6.5.1 中规定，墙体伸缩缝的最大间距为 100m。

答案：B

24-3-97 下列有关地震烈度及震级的说法，哪一项是不正确的？

A 震级是用来表示地震强度大小的等级
B 烈度是根据地面受震动的各种综合因素考察确定的
C 一次地震只有一个震级
D 一次地震只有一个烈度

提示：一次地震只有一个震级，而随距离震中的远近，烈度则不相同。

答案：D

24-3-98 在墙体设计中，其自身重量由楼板来承担的墙称为（ ）。
A 横墙　　　　B 隔墙　　　　C 窗间墙　　　　D 承重墙
提示：隔墙的重量由楼板来承担。
答案：B

24-3-99 如图所示轻钢龙骨石膏板隔墙，其空气声隔声值为（ ）dB。
A 35　　　　B 40
C 45　　　　D 50
提示：查有关标准图，一层石膏板为35dB，双层石膏板为45dB。
答案：C

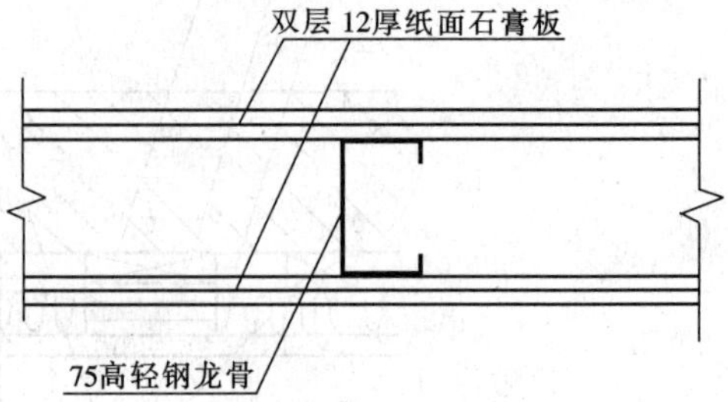

题 24-3-99 图

24-3-100 北方寒冷地区的钢筋混凝土过梁，其断面为L形的用意是（ ）。
A 增加建筑美观　　　　B 增加过梁承载力
C 减少热桥　　　　D 减少混凝土用量
提示：采用L形过梁的用意是将L形挑檐挑出墙外，让建筑更美观。
答案：A

24-3-101 以下有关建筑防爆墙的做法，哪一条是错误的？
A 烧结普通砖、混凝土、钢板等材料做成的墙
B 防爆墙可用做承重墙
C 防爆墙不宜穿墙留洞
D 防爆墙上开设门洞时应设置能自行关闭的防火门
提示：防爆墙不能用作承重墙。
答案：B

（四）楼板、楼地面、底层地面和顶棚构造

24-4-1 (2010) 图为嵌草砖路面构造，以下有关该构造的叙述哪项错误？
A 此路适用于车行道　　　　B 嵌草砖下为30厚砂垫层
C 混凝土立缘石标号为C30　　　　D 嵌草砖可采用透气透水环保砖
提示：嵌草砖路面只能用于停车的车位，不能用于车行道。

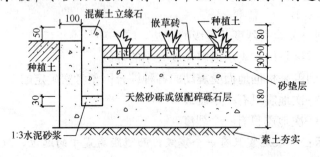

题 24-4-1 图

答案：A

24-4-2 **(2010)** 关于不同功能用房楼地面类型的选择，下列哪项是错误的？
A 洁净车间采用现浇水磨石地面
B 机加工车间采用地砖地面
C 宾馆客房采用铺设地毯地面
D 办公场所采用PVC贴面板地面
提示：从《地面规范》第3.3.1、3.2.3及3.2.1条知A、C、D条正确，又第3.5.4条规定：机加工车间采用地砖地面是不妥的。
答案：B

24-4-3 **(2010)** 下列多层建筑阳台临空栏杆的图示中，其栏杆高度哪项错误？

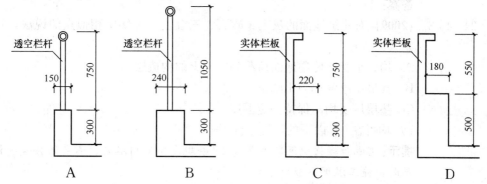

提示：根据《民建通则》第6.6.3条规定，题中多层建筑阳台临空栏杆的图示中，C项不正确（应从可踏面计起，高度为1050mm）。
答案：C

24-4-4 **(2009)** 常用的车行道路面构造，其起尘最小、消声性最好的是下列哪一种？
A 现浇混凝土路面　　　　B 沥青混凝土路面
C 沥青表面处理路面　　　D 沥青贯入式路面
提示：车行道路面均采用沥青混凝土材料，原因是起尘小、消声好。
答案：B

24-4-5 **(2009)** 构造图所示为以下哪种场地？
A 羽毛球场地
B 高尔夫球场地
C 网球场地
D 公园草坪

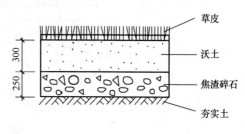

题24-4-5图

提示：分析和查阅有关资料，该图为高尔夫球场地面，图中焦渣碎石是为排水而设。
答案：B

24-4-6 **(2009)** 下列有关顶棚构造的说法，哪条有误？
A 封闭吊顶内不得敷设可燃气体管道

B 顶棚面装修不应采用石棉水泥板、普通玻璃
C 人防工程顶棚严禁抹灰
D 浴堂、泳池顶棚面不应设坡

提示：浴堂、泳池顶棚面应该设置坡度，以便于排除冷凝水。
答案：D

24-4-7 **(2009)** 以下哪项不属于"建筑地面"所包含的内容？
A 底层地面、楼层地面　　　　B 室外散水、明沟
C 踏步、台阶、坡道　　　　　D 屋顶晒台地面、管沟
（注：此题2008年考过）
提示：《地面规范》总则第1.0.2条中不包括屋顶晒台地面、管沟。
答案：D

24-4-8 **(2009)** 对建筑地面的灰土、砂石、三合土三种垫层相似点的说法，错误的是（　　）。
A 均为承受并传递地面荷载到基土上的构造层
B 其最小厚度都为100mm
C 垫层压实均需保持一定湿度
D 均可在0℃以下的环境中施工
提示：《地面验收规范》第3.0.11条规定：采用水泥、石灰的拌合料铺设垫层时，施工温度不应低于5℃。
答案：D

24-4-9 **(2009)** 图示为楼地面变形缝构造，该构造做法主要适用于设置以下哪种缝？
A 高层建筑抗震缝　　　　　　B 多层建筑伸缩缝
C 一般建筑变形缝　　　　　　D 高层与多层之间的沉降缝

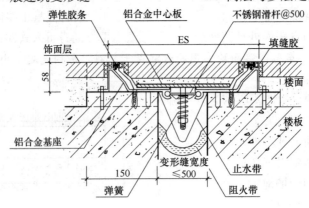

题24-4-9图

（注：此题2008年、2007年均考过）
提示：这样宽的缝隙只有在抗震缝中才可能出现，其中弹簧应为减震弹簧。
答案：A

24-4-10 **(2008)** 某会展中心急于投入使用，在尚未埋设地下管线的通行路段宜采用：
A 现浇混凝土路面　　　　　　B 沥青混凝土路面

C 混凝土预制块铺砌路面 D 泥结碎石路面

提示：混凝土预制块铺砌路面拆装较为方便。

答案：C

24-4-11 **(2008)** 根据车况选择路面面层构造及宜用厚度，下列哪项不对？

A 电瓶车：50厚沥青混凝土路面
B 小轿车：100厚现浇混凝土路面
C 卡车：180厚现浇混凝土路面
D 大轿车：220厚现浇混凝土路面

提示：北京地区标准图08 BJ1-1指出：通行小轿车（<8t）的现浇混凝土路面应为120mm厚。

答案：B

24-4-12 **(2008)** 地面应铺设在基土上，以下哪种填土经分层、夯实、压密后可成为基土？

A 有机物含量控制在8%～10%的土 B 经技术处理的湿陷性黄土
C 淤泥、耕植土 D 冻土、腐殖土

提示：《地面规范》第5.0.4条规定如此。

答案：B

24-4-13 **(2008)** 有关灰土垫层的构造要点，下列哪条有误？

A 灰土拌合料熟化石灰与黏土宜为3∶7的重量比
B 灰土垫层厚度至少100mm
C 黏土不得含有机质
D 灰土需保持一定湿度

提示：灰土拌合料的熟化石灰与黏土3∶7应为体积比。

答案：A

24-4-14 **(2008)** 以下哪种材料做法不适合用于艺术展馆的室外地面面层？

A 天然大理石板材，15厚水泥砂浆结合层
B 花岗岩板材，25厚水泥砂浆结合层
C 陶瓷地砖，5厚沥青胶结料铺设
D 料石或块石，铺设于夯实后60厚的砂垫层上

提示：分析可得，艺术展馆的室外地面面层不应选用天然大理石板材。

答案：A

24-4-15 **(2007)** 常用路面中噪声小且起尘少的是哪一类？

A 现浇混凝土路面 B 沥青混凝土路面
C 预制混凝土路面 D 整齐块石路面

（注：此题2005年、2004年均考过）

提示：沥青混凝土路面起尘少，噪声小，一般城市路面均采用沥青混凝土路面这种做法。

答案：B

24-4-16 **(2007)** 图示为常用人行道的路面结构形式，其①缝隙和②垫层的构造做法，

以下哪个正确？

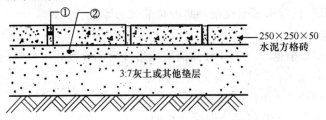

题 24-4-16 图

A ①粗砂填塞缝隙；②粗砂结合层 25mm 厚
B ①M5 水泥砂浆灌缝；②M5 混合砂浆 25mm 厚
C ①M5 水泥砂浆灌缝；②中砂垫层 25mm 厚
D ①细砂填塞缝隙；②M5 混合砂浆 25mm 厚

提示：查找标准图《工程做法》08BJ1—1，正确做法：①为干石灰粗砂扫缝后洒水封缝，②为 1∶6 干硬性水泥砂浆铺砌。

答案：A

24-4-17 **(2007)** 有关预制混凝土块路面构造的要点，下列哪条不对？
A 可用砂铺设
B 缝隙宽度不应大于 6mm
C 用干砂灌缝，洒水使砂沉实
D 找平时，在底部不得支垫碎砖、木片，但可用砂浆填塞

提示：分析并查找相关技术资料所得，预制混凝土路面一般应采用 1∶6 干硬性水泥砂浆砌。

答案：A

24-4-18 **(2007)** 城市住宅的楼面构造中"填充层"厚度主要取决于（　　）。
A 材料选择因素　　　　　B 敷设管线及隔声要求
C 楼板找平所需　　　　　D 厨、卫防水找坡

提示："填充层"曾称为"楼面垫层"，其厚度主要取决于敷设管线及楼层上下的隔声要求。

答案：B

24-4-19 **(2007)** 现浇水磨石地面构造上嵌条分块的最主要的作用是（　　）。
A 控制面层厚度　　　　　B 便于施工、维修
C 以防面层开裂　　　　　D 分块图案美观

提示：现浇水磨石地面构造上用嵌条分块最主要的作用是防止面层开裂，兼有满足美观的要求。

答案：C

24-4-20 **(2007)** 地面混凝土垫层兼面层的强度不应低于（　　）。
A C10　　　B C15　　　C C20　　　D C25
（注：此题 2004 年考过）

提示：《地面规范》第 A.0.1 条表 A.0.1 规定：混凝土垫层兼面层的最小强

度等级应不低于C15。

答案：C

24-4-21 **(2006)** 场地内消防车道的最小转弯半径是多少？

　　A 9m　　　　B 12m　　　　C 15m　　　　D 18m

　　提示：查找相关资料，场地内消防车道的最小转弯半径是9m。

　　答案：A

24-4-22 **(2006)** 下列哪一种地面变形缝不能作为室内混凝土地面的纵向缩缝或横向缩缝？

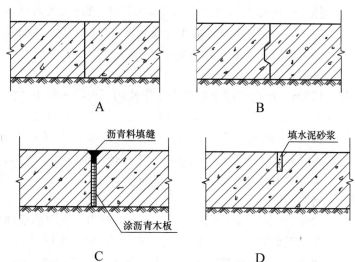

　　提示：《地面规范》第6.0.3条规定：C图是室外地面的伸缝，不能用于室内地面的纵向缩缝和横向缩缝。

　　答案：C

24-4-23 **(2006)** 地下室的直通室外人员出入口地面应高出室外地面不小于多少？

　　A 50mm　　　B 150mm　　　C 300mm　　　D 500mm

　　提示：《地面规范》第3.1.5条规定：建筑物的底层地面标高，应高出室外地面150mm。

　　答案：B

24-4-24 **(2006)** 关于地面垫层最小厚度的规定，以下哪一项是不正确的？

　　A 砂垫层的最小厚度为60mm

　　B 三合土、3∶7灰土垫层的最小厚度为100mm

　　C 混凝土垫层的强度等级为C10时，最小厚度为100mm

　　D 炉渣垫层的最小厚度为80mm

　　提示：根据《地面规范》第4.2.7、4.2.6、4.2.8及4.2.9条知A、B、D正确，又第4.2.2条和4.2.5条规定：混凝土垫层的最小厚度为80mm，强度等级为C15。

　　答案：C

24-4-25 **(2005)** 下列车行道路面类型中，哪一种等级最低（垫层构造相同）？

A 沥青贯入式 B 沥青表面处理
C 预制混凝土方砖 D 沥青混凝土

提示：预制混凝土方砖缝隙多，路面不平整，用于车行道路有颠簸感，因而等级最低，故不适用于车行道路。

答案：C

24-4-26 (2005) 道路边缘铺设的路边石有立式和卧式两种，混凝土预制的立式路边石一般高出道面多少？
A 100mm B 120mm C 150mm D 200mm

提示：查标准图《工程做法》08BJ1—1，立式路边石（道牙）一般高出路面150mm。《城市道路工程设计规范》CJJ 37—2012 第5.5.2条中规定：道路两侧的路缘石外露高度宜为100～150mm。

答案：C

24-4-27 (2005) 地面垫层下的填土不得使用下列哪一种土？
A 砂土 B 粉土 C 黏性土 D 杂填土

提示：《地面规范》第5.0.4条规定：地面垫层以下的填土应选用砂土、粉土、黏性土及其他有效填料，不得使用过湿土、淤泥、腐殖土、冻土、膨胀土以及有机物含量大于8%的杂填土。

答案：D

24-4-28 (2005) 下列哪一种楼地面，不宜设计为幼儿园的活动室、卧室的楼地面？
A 陶瓷地砖 B 木地板 C 橡胶 D 菱苦土

提示：《地面规范》第3.2.4条规定：供儿童活动的场所地面，其面层宜采用木地板、强化复合木地板、塑胶地板等暖性材料。《托儿所、幼儿园建筑设计规范》JGJ 39—2016 第4.3.7条指出：活动室、寝室、多功能活动室等幼儿使用的房间应做暖性、有弹性地面。

答案：A

24-4-29 (2005) 关于铺设在混凝土垫层上的面层分格缝，下列技术措施中哪一项是错误的？
A 沥青类面层、块材面可不设缝
B 细石混凝土面层的分格缝应与垫层的缩缝对齐
C 设隔离层的面层分格缝，可不与垫层的缩缝对齐
D 水磨石面层的分格缝可不与垫层的缩缝对齐

提示：《地面规范》第6.0.8条规定：水磨石面层的分格缝除应与垫层的缩缝对齐外，还应适当缩小间距。

答案：D

24-4-30 (2004) 下列关于混凝土路面伸缩缝构造设计的表述，哪一条是错误的？
A 路面宽度<7m时不设纵向缩缝
B 胀缝间距在低温及冬季施工时为20～30m
C 胀缝内木嵌条的高度应为混凝土厚度的2/3
D 横向缩缝深度宜为混凝土厚度的1/3

提示：《地面规范》第 6.0.5 条规定：胀缝内应填沥青类材料，无木嵌条做法。（注：2013 年版规范第 6.0.3 条的规定亦如此。）
答案：C

24-4-31 **(2004)** 公共建筑中，经常有大量人员走动的楼地面应着重从哪种性能选择面层材料？

A 光滑、耐磨、防水 　　　　B 耐磨、防滑、易清洁
C 耐冲击、防滑、弹性 　　　D 易清洁、暖性、弹性

提示：《地面规范》第 3.2.1 条规定：公共建筑中，经常有大量人员走动的楼地面应选用防滑、耐磨、不易起尘的块材面层（如无釉地砖、大理石、花岗石、水泥花砖等）。
答案：B

24-4-32 **(2004)** 一般民用建筑中地面混凝土垫层的最小厚度可采用（　　）。

A 50mm 　　B 60mm 　　C 70mm 　　D 80mm

提示：《地面规范》第 4.2.2 条规定：建筑地面混凝土垫层的最小厚度应是 80mm。附录中规定：一般民用建筑中地面混凝土垫层的最小厚度为 50mm。
答案：D

24-4-33 下列几种类型的简支钢筋混凝土楼板，当具有同样厚度的保护层时，其耐火极限哪种最差？

A 非预应力圆孔板 　　　　B 预应力圆孔板
C 现浇钢筋混凝土板 　　　D 四边简支的现浇钢筋混凝土板

提示：《防火规范》附录中指出：预应力圆孔板的耐火极限只有 0.85h，故 B 的耐火极限是最低的。
答案：B

24-4-34 以下有关楼地面构造的表述，哪一条是不正确的？

A 一般民用建筑底层地面采用混凝土垫层时，混凝土厚度应不小于 90mm
B 地面垫层如位于季节性水位毛细管作用上升极限高度以内时，垫层上应做防潮层
C 地面如经常有强烈磨损时，其面层可选用细石混凝土及铁屑水泥
D 如室内气温经常处于 0℃ 以下，混凝土垫层应留设变形缝，其间距应不大于 12m

提示：《地面规范》第 4.2.2 条指出：混凝土垫层的厚度不小于 80mm。
答案：A

24-4-35 下列有关室内地面垫层的构造做法，哪条不合要求？

A 灰土垫层应铺设在不受地下水浸湿的基土中，其厚度一般不小于 160mm
B 炉渣垫层粒径不小于 40mm，必须在使用前一天浇水闷透
C 碎（卵）石垫层厚度一般不宜小于 60mm，粒径不大于垫层厚度的 2/3
D 混凝土垫层厚度不小于 60mm，强度等级不低于 C10

提示：《地面规范》表 4.2.6 中规定灰土垫层的厚度为 100mm。

答案：A

24-4-36 下列有关厂区路面的构造厚度和强度等级的要求中哪条有误？
A 现浇混凝土路面厚度不应小于 120mm，强度等级不应小于 C20
B 预制混凝土块路面厚度不应小于 100mm，强度等级不应小于 C25
C 沥青混凝土路面，单层厚度不小于 40mm，双层厚度不小于 60mm
D 路边石强度等级不应小于 C20
提示：查找相关资料，混凝土强度等级应为 C25。
答案：A

24-4-37 混凝土路面横向缩缝的最大间距是（　　）m。
A 10　　　　B 20　　　　C 40　　　　D 6
提示：北京地区标准图《工程做法》（08BJ1—1）中规定，混凝土路面横向缩缝的最大间距是 6m。
答案：D

24-4-38 当建筑底层地面基土经常受水浸湿时，下列地面垫层何者是不适宜的？
A 砂石垫层　　B 碎石垫层　　C 灰土垫层　　D 炉渣垫层
提示：灰土不耐水，不耐潮，故不得选用。
答案：C

24-4-39 下列整体式水磨石楼地面面层的做法中，哪一条正确？
A 水泥与石粒之比一般为 1：1.5～1：2.5
B 石子粒径一般为 4～12mm
C 水磨石面层厚度一般为 10～15mm
D 美术水磨石水泥中掺入矿物的量不宜大于水泥重量的 20%
提示：参见《建筑地面工程施工质量验收规范》GB 50209—2010 第 5.4.9 条，其配合比应为 1：2.5～1：1.5（水泥：石粒）。
答案：A

24-4-40 下列有关室内外混凝土垫层设伸缩变形缝的叙述中，哪条不确切？
A 混凝土垫层铺设在基土上，且气温长期处于 0℃ 以下房间的地面必须设置变形缝
B 室内外混凝土垫层宜设置纵横向缩缝
C 室内混凝土垫层一般应作纵横向伸缩缝
D 纵向缩缝间距一般 3～6m，横向缩缝间距 6～12m，伸缝间距 30m
提示：没有温度变化的房间可以不做伸缩缝。
答案：A

24-4-41 临空高度为 20m 的阳台、外廊栏板最小高度，下述哪一种尺寸是正确的？
A 最小高度为 90cm　　　　B 最小高度为 100cm
C 最小高度为 105cm　　　　D 最小高度为 125cm
提示：《民建通则》第 6.6.3 条规定：临空高度在 24m 以下时阳台、外廊栏板的最小高度为 105cm。
答案：C

24-4-42 图书馆底层书库不宜采用下列哪一种地面面层?
  A 水磨石　　　B 木地板　　　C 塑料地板　　　D 磨光花岗石板
  提示：《地面规范》第 3.2.9 条指出：图书馆不宜选用磨光花岗石板做地面面层。
  答案：D

24-4-43 下列地面面层中哪一种不适合用做较高级餐厅楼地面面层?
  A 水磨石　　　　　　　　　　　B 陶瓷锦砖（马赛克）
  C 防滑地板　　　　　　　　　　D 水泥砂浆
  提示：《地面规范》第 3.2.6 条指出：水泥砂浆面层不宜用于较高级餐厅的楼地面。
  答案：D

24-4-44 幼儿园的活动室、卧室的楼地面应着重从下列哪一项性能选用面层材料?
  A 光滑、耐冲击　　　　　　　　B 暖性、弹性
  C 耐磨、防滑　　　　　　　　　D 耐水、易清洁
  提示：《地面规范》第 3.2.4 条指出：幼儿园的活动室、卧室，其地面面层应采用木地板、塑料等暖性材料。
  答案：B

24-4-45 关于建筑地面排水，下列哪一项要求是错误的?
  A 排水坡面较长时，宜设排水沟
  B 比较光滑的块材面层，地面排泄坡面坡度可采用 0.5%～1.5%
  C 比较粗糙的块材面层，地面排泄坡面坡度可采用 1%～2%
  D 排水沟的纵向坡度不宜小于 1%
  提示：《地面规范》第 6.0.13 条指出：排水沟的纵向坡度不宜小于 0.5%。
  答案：D

24-4-46 下列防水材料，哪一种较适合用做管道较多的卫生间、厨房的楼面防水层?
  A 三毡四油石油沥青纸胎油毡　　B 橡胶改性沥青油毡
  C 聚氯乙烯防水卷材　　　　　　D 聚氨酯防水涂料
  提示：一般均采用刷防水涂料的方法。
  答案：D

24-4-47 混凝土路面车行道的横坡宜为（　　）。
  A 3%～5%　　B 1%～1.5%　　C 2%～2.5%　　D 3%
  提示：北京地区标准图《工程做法》（08BJ1—1）路面部分指出，横坡应为 1%～1.5%。
  答案：B

24-4-48 住宅区内有可能通过小汽车的车行道，采用 C25 混凝土路面，最小厚度是(　　)mm。
  A 80　　　　B 100　　　　C 120　　　　D 180
  提示：北京地区标准图《工程做法》（08BJ1—1）中路面部分指出，最小厚度应为 120mm。

答案：C

24-4-49 居住区内停车场地的预制混凝土方砖路面，以下构造层次哪一条是错误的？

A 495mm×495mm×60mm 预制 C25 混凝土方砖，干石灰焦砂标准，洒水封缝

B 30mm 厚 1∶6 干硬性水泥砂浆

C 300mm 厚 3∶7 灰土

D 路基碾压，压实系数不小于 0.93

提示：北京地区标准图《工程做法》（08BJ1—1）中指出：混凝土方砖的尺寸应为 495mm×495mm×100mm。

答案：A

24-4-50 关于电子计算机房主机房活动地板的构造要求，以下表述中哪一条是不恰当的？

A 活动地板表面应是导静电的，不得暴露金属部分

B 活动地板下仅用于敷设电缆时，其敷设高度为 100mm，用于做空调静压缩时，其敷设高度为 500mm

C 活动地板的金属支架应支承在现浇混凝土基层上，表面应平整不易起灰

D 活动地板应在管线铺设后方可安装

提示：可以查标准图或有关教科书，支架高度一般为 150～360mm。

答案：B

24-4-51 医院 X 射线（管电压为 150kV）治疗室防护设计中，下列楼板构造何者不正确？

A 现浇钢筋混凝土楼板厚度不小于 150mm

B 一般预制多孔空心楼板上铺设 30mm 重晶石混凝土

C 一般楼板上铺设 2.5mm 钢板

D 现浇钢筋混凝土楼板厚度不小于 230mm

提示：查防辐射的有关规定，或《建筑设计资料集7》第 20 页，其中提到管电压为 150kV 时，楼板厚度应不小于 230mm。

答案：A

24-4-52 阳台两侧扶手的端部必须与外墙受力构件用铁件牢固连接，其作用是下列哪一项？

A 结构受力作用，防止阳台板下垂

B 稳定作用，防止阳台栏板倾斜

C 防止阳台扶手与外墙面之间脱离

D 抗震加固措施

提示：防止阳台扶手与外墙面脱离是关键。

答案：C

24-4-53 砌体结构多层房屋，采用预应力钢筋混凝土多孔板作楼板，在内墙角有一根设备立管穿过楼板，要求预留 100mm×100mm 孔洞，在图示 4 个楼板构造方案中哪个是最合理的？

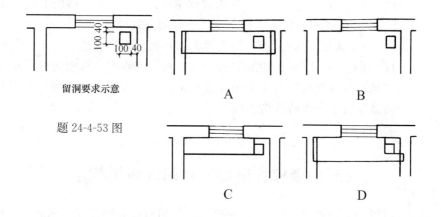

题 24-4-53 图

A 靠墙做 180mm 宽现浇板带
B 直接在预应力钢筋混凝土楼板上打洞
C 从外墙挑出 140mm 长的 2 皮砖填充 140mm 宽空隙
D 在预应力钢筋混凝土预制板一角按留洞尺寸做出缺口
提示：做现浇板带效果最好。
答案：A

24-4-54 下列关于现浇钢筋混凝土楼板的最小厚度，哪一条不正确？
A 单向屋面板 60mm　　　　B 民用建筑楼板 60mm
C 双向板 70mm　　　　　　D 工业建筑楼板 70mm
提示：《混凝土结构设计规范》GB 50010—2010（2015 年版）第 9.1.2 条规定，双向板最小厚度应为 80mm。
答案：C

24-4-55 （如图所示）下述关于弹簧木楼面的构造层次中，哪一道工序不正确？

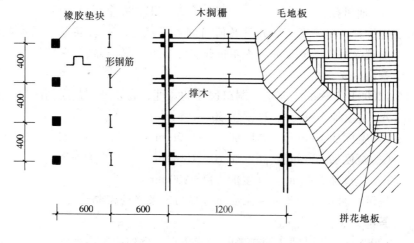

题 24-4-55 图

A 在现浇楼板时预埋 $\phi 6$mm 的 ⊓ 钢筋（中距 400mm×1200mm），楼板找平并准确粘结 25mm×100mm×100mm 橡胶垫块

B 将50mm×70mm木搁栅用镀锌钢丝固定于⌒形钢筋上，并加50mm×50mm撑木，所有木料及木板均经防腐处理
C 在木搁栅上45°斜钉一层毛地板，再钉硬木拼花地板
D 压钉木踢脚板（上留通风洞），再对全部露明木料刨光打磨并油漆

提示：木踢脚板留的是φ6mm通风孔，不是通风洞；踢脚板先刨光，打磨、油漆，钉于墙体的防腐木砖上。

答案：D

（五）楼梯、电梯、台阶和坡道构造

24-5-1 **(2010)** 公共建筑楼梯梯段宽度达到何值时，必须在梯段两侧均设扶手？
A 1200mm B 1400mm C 1600mm D 2100mm

提示：《民建通则》第6.7.2、6.7.6条规定：公共建筑中楼梯的梯段宽度达到1650～2100mm（三股人流）时，应在两侧设置扶手。

答案：D

24-5-2 **(2009)** 关于目前我国自动扶梯倾斜角的说法，不正确的是（ ）。
A 有27.3°、30°、35°三种倾斜角度的自动扶梯
B 条件允许时，宜优先用30°者
C 商场营业厅应选用≤30°者
D 提升高度≥7.2m时，不应采用35°者

提示：《民建通则》第6.8.2条规定：提升高度6.0m时，不应采用35°。

答案：D

24-5-3 **(2009)** 电梯井道内不得有下列哪类开口？
A 层门开口、检修人孔 B 观察窗、扬声器孔
C 通风孔、排烟口   D 安全门、检修门

提示：电梯井壁可以开设层间门洞和通风管洞；两层间站高度超过11m时应设安全门；电梯井道内不得设置观察窗、扬声器孔。

答案：B

24-5-4 **(2009)** 电梯的土建层门洞口尺寸的宽度、高度分别是层门净尺寸各加多少？
A 宽度加100mm，高度加50～70mm
B 宽度加100mm，高度加70～100mm
C 宽度加200mm，高度加70～100mm
D 宽度加200mm，高度加100～200mm

提示：洞口增加的尺寸主要是考虑门套装修的需要。

答案：A

24-5-5 **(2008)** 少儿可到达的楼梯的构造要点，下列哪条不妥？
A 室内楼梯栏杆自踏步前缘量起高度≥0.9m
B 靠梯井一侧水平栏杆长度大于0.5m，则栏杆扶手高度至少要1.05m
C 楼梯栏杆垂直杆件间净距不应大于0.11m

D 为少儿审美需求,其杆件间可置花饰、横格等构件

提示:从《民建通则》第6.7.7及6.7.9条可知A、B、C项正确。杆件间设置花饰、横格等构件对少儿使用的楼梯不太合适。

答案:D

24-5-6 **(2008)** 某星级宾馆有速度>2m/s的载人电梯,则应在电梯井道顶部设置不小于600mm×600mm的孔是下列何种?

A 检修孔　　　　　　　　　B 带百叶进排气孔
C 紧急逃生孔　　　　　　　D 艺术装饰孔

提示:查阅电梯样本,应为检修孔。

答案:A

24-5-7 **(2007)** 以下敬、养老院建筑楼梯的做法中,哪条不对?

A 平台区内不得设踏步
B 楼梯梯段净宽≤1200mm
C 楼梯踏步要平缓,踏步高≤140mm,宽≤300mm
D 不能用扇弧形楼梯踏步

提示:从《老年人建筑设计规范》JGJ 122—99第4.4.2条知A、B项正确。又第4.4.3条规定:踏步宽度应≥300mm,踏步高度为:居住建筑不大于150mm,公共建筑为130mm。(注:《养老设施建筑设计规范》GB 50867—2013第6.2.1条3款规定:踏面宽度宜为320~330mm,踏面高度宜为120~130mm。)

答案:C

24-5-8 **(2007)** 以下电梯机房的设计要点中哪条有误?

A 电梯机房门宽为1.2m
B 电梯机房地面应平整、坚固、防滑且不允许有高差
C 墙顶等围护结构应作保温隔热
D 机房室内应有良好防尘、防潮措施

提示:查电梯样本及分析工程实例,由于设备需要,电梯机房地面允许存在高差。

答案:B

24-5-9 **(2006)** 关于自动扶梯的规定,下列哪项是错误的?

A 自动扶梯的倾斜角应不大于30°
B 扶手带外边至任何障碍物不应小于0.50m
C 相邻平行交叉设置时两梯之间扶手带中心线的水平距离不宜小于0.80m
D 自动扶梯的梯级、垂直净高不应小于2.30m

提示:《民建通则》6.8.2条规定:相邻平行交叉设置时两梯之间扶手带中心线的水平距离不宜小于0.5m。

答案:C

24-5-10 **(2006)** 关于电梯的表述,下列哪项是错误的?

A 电梯井道壁当采用砌体墙时厚度不应小于240mm,采用钢筋混凝土墙时

　　　　　厚度不应小于200mm

　　　　B　电梯机房的门宽不应小于1200mm

　　　　C　在电梯机房内当有两个不同平面的工作平台且高差大于0.5m时，应设楼梯或台阶及不小于0.9m高的安全防护栏杆

　　　　D　不宜在电梯机房顶板上直接设置水箱，当电梯机房顶板为防水混凝土时，可以兼作水箱底板

　　　提示：《民建通则》第6.8.1条规定，电梯机房顶板一般不采用防水混凝土制作，也不可以兼作水箱底板。

　　　答案：D

24-5-11　**(2005)** 关于楼梯宽度的解释，下列哪一项是正确的？

　　　　A　墙面至扶手内侧的距离　　　　B　墙面至扶手外侧的距离
　　　　C　墙面至梯段边的距离　　　　　D　墙面至扶手中心线的距离

　　　提示：《民建通则》第6.7.2条规定：楼梯段的宽度应为墙面至扶手中心线的距离。

　　　答案：D

24-5-12　**(2005)** 住宅共用楼梯井净宽大于多少时，必须采取防止儿童攀滑的措施？

　　　　A　0.06m　　　　B　0.11m　　　　C　0.20m　　　　D　0.25m

　　　提示：《住宅设计规范》GB 50096—2011第6.3.5条指出：楼梯井的净宽度大于0.11m时，必须采取防止儿童攀滑的措施。

　　　答案：B

24-5-13　**(2004)** 关于住宅公共楼梯设计，下列哪一条是错误的？

　　　　A　6层以上的住宅楼梯梯段净宽不应小于1.1m
　　　　B　楼梯踏步宽度不应小于0.26m
　　　　C　楼梯井净宽大于0.2m时，必须采取防止儿童攀滑的措施
　　　　D　楼梯栏杆垂直杆件间净空应不大于0.11m

　　　提示：从《住宅设计规范》GB 50096—2011第6.3.1条知，A项室外楼梯的梯段宽度不应小于1.10m是正确的；从第6.3.2条知B项住宅踏步宽度0.26m是正确的；D项垂直栏杆净距不得大于0.11m是正确的；从第6.3.5条知C项住宅共用楼梯梯井净宽大于0.20m时，必须采取防止儿童攀滑的措施是错误的（应为0.11m）。

　　　答案：C

24-5-14　**(2004)** 住宅公共楼梯的平台净宽应不小于（　　）。

　　　　A　1.1m　　　　B　1.2m　　　　C　1.0m　　　　D　1.3m

　　　提示：《民建通则》第6.7.3条规定：住宅共用楼梯的平台净宽应不小于1.20m。

　　　答案：B

24-5-15　在有关楼梯扶手的规定中，下列叙述何者不正确？

　　　　A　室内楼梯扶手高度自踏步面中心量至扶手顶面不宜小于0.9m

B 室内楼梯扶手平台处长度超过500mm时，其高度不应小于1.05m
C 梯段净宽达三股人流时，应两侧设扶手
D 梯段净宽达四股人流时，应加设中间扶手
提示：《民建通则》第6.7.7条规定，室内楼梯扶手高度应从踏步的前缘线量起，不宜小于0.9m。
答案：A

24-5-16 有儿童经常使用的楼梯，梯井净宽度大于（　　）m时，必须采取安全措施。
A 0.18　　　　B 0.20　　　　C 0.22　　　　D 0.24
提示：《民建通则》第6.7.9条规定，有儿童经常使用的楼梯，其梯井宽度大于0.20m时，应采取安全措施。
答案：B

24-5-17 楼梯从安全和舒适的角度考虑，常用的坡度为（　　）。
A 10°～20°　　B 20°～25°　　C 26°～35°　　D 35°～45°
提示：舒适坡度为1/2，角度为26°34′。
答案：C

24-5-18 室内楼梯梯级的最小宽度×最大高度（280mm×160mm）是指下列哪类建筑？
A 住宅建筑　　　　　　　　B 幼儿园建筑
C 电影院、体育馆建筑　　　D 专用服务楼梯、住宅户内楼梯
提示：《民建通则》第6.7.10条规定：280mm×160mm的楼梯踏步适用于电影院、体育馆建筑。
答案：C

24-5-19 自动扶梯应优先采用的角度是（　　）。
A 27.3°　　　　B 30°　　　　C 32.3°　　　　D 35°
提示：《民建通则》第6.8.2条规定：自动扶梯的倾斜角不应超过30°。
答案：B

24-5-20 坡道既要便于车辆使用，又要便于行人通行，下述有关坡道坡度的叙述何者有误？
A 室内坡道不宜大于1∶8
B 室外坡道不宜大于1∶10
C 无障碍使用的坡道不应大于1∶12
D 坡道的坡度范围应为1∶5～1∶10
提示：《民建通则》关于坡道的规定中没有坡度范围应为1∶5～1∶10的规定。
答案：D

24-5-21 楼梯的宽度根据通行人流股数来定，并不应少于两股人流。一般每股人流的宽度为（　　）m。
A 0.5+(0～0.10)　　　　　B 0.55+(0～0.10)
C 0.5+(0～0.15)　　　　　D 0.55+(0～0.15)

提示：《民建通则》第6.7.2条规定：每股人流的宽度为0.55+(0～0.15)m。
答案：D

24-5-22 自动扶梯穿越楼层时要求楼板留洞局部加宽，保持最小距离（如图），其作用是（　）。
　　A 施工安装和扶梯外装修的最小尺寸
　　B 维修所需的最小尺寸
　　C 行人上下视野所需的尺度
　　D 为防止行人上下时卡住手臂或提包的最小安全距离

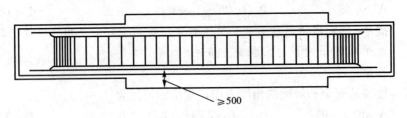

题24-5-22图

提示：《民建通则》第6.8.2条中有距结构面500mm的规定，其作用主要是为了安全。
答案：D

24-5-23 关于楼梯、坡道的坡度范围，下列哪一项是错误的？
　　A 楼梯的坡度 20°～45°
　　B 坡道的坡度 0°～20°
　　C 爬梯的坡度 45°～90°
　　D 新建建筑无障碍坡道的坡度高长比为1/10

提示：《无障碍规范》第3.4.4条中规定：坡度应为1/12。
答案：D

24-5-24 以下有关楼梯设计的表述，哪一条不恰当？
　　A 楼梯段改变方向时，平台扶手处的宽度不应小于梯段净宽并不小于1.20m
　　B 每个梯段的踏步不应超过20级，亦不应少于3级
　　C 楼梯平台上部及下部过道处的净高不应小于2m，梯段净高不应小于2.2m
　　D 儿童经常使用的楼梯，梯井净宽不应大于200mm，栏杆垂直杆件的净距不应大于110mm

提示：《民建通则》第6.7.4条规定，楼梯踏步应不超过18级。
答案：B

24-5-25 下列有关楼梯踏步的最小宽度和最大高度，哪一组是错误的？
　　A 住宅共用楼梯踏步最小宽度250mm，最大高度190mm
　　B 住宅户内楼梯踏步最小宽度220mm，最大高度200mm
　　C 幼儿园楼梯踏步最小宽度260mm，最大高度150mm
　　D 商场公用楼梯踏步最小宽度280mm，最大高度160mm

提示：《民建通则》第6.7.10条和《住宅设计规范》第6.3.2条均规定，住

宅共用楼梯的最小宽度为 260mm，最大高度为 175mm。

答案： A

24-5-26 下列有关北方地区台阶的论述中，哪一项有误？
A 室内外台阶踏步宽度不宜小于 0.30m，踏步高度不宜大于 0.15m
B 室内台阶踏步数不应少于 2 级
C 台阶总高度超过 0.70m 并侧面临空时，应有护栏设施
D 室外台阶不考虑防冻胀问题

提示： 北方地区室外台阶必须考虑防冻胀问题，一般均采用加大灰土厚度的做法。

答案： D

24-5-27 下列各项中哪一项不属于电梯的设备组成部分？
A 轿厢　　　　B 对重　　　　C 起重设备　　　　D 井道

提示： 井道是土建组成部分，不是设备组成。

答案： D

24-5-28 下述有关楼梯、走廊、阳台设计的表述，哪一条是不恰当的？
A 住宅楼梯栏杆的扶手高度应不小于 0.9m，当楼梯水平段长度大于 0.5m 时，其水平扶手高度应不小于 1.15m
B 临空高度在 24m 以下时，栏杆高度不应低于 1.05m
C 高层住宅栏杆高度不应低于 1.10m
D 幼儿园阳台采用栏杆时，其栏杆净距为 0.11m

提示：《民建通则》第 6.7.9 条规定，水平扶手高度不应低于 1.05m。

答案： A

（六）屋 顶 的 构 造

24-6-1 **(2010)** 金属板材屋面檐口挑出墙面的长度不应小于（　　）。
A 120mm　　　B 150mm　　　C 180mm　　　D 200mm

提示：《屋面规范》中第 4.9.15 条规定：金属板檐口挑出墙面的长度不应小于 200mm。

答案： D

24-6-2 **(2010)** 关于屋面的排水坡度，下列哪项是错误的？
A 平屋面采用材料找坡宜为 2%　　　B 平屋面采用结构找坡宜为 3%
C 种植屋面坡度不宜大于 4%　　　D 架空屋面坡度不宜大于 5%

提示：《屋面规范》中第 4.4.9 条规定：架空隔热屋面的坡度不宜大于 5% 是对的；第 4.4.10 条蓄水屋面的坡度不宜大于 0.5% 是对的；第 4.4.6 条倒置式屋面坡度不宜大于 3% 也是对的。《种植屋面工程技术规程》JGJ 155—2007 中规定：种植屋面为平层面时坡度不宜大于 3%，种植屋面为坡屋顶，屋面坡度为 20% 时，应采取防滑措施；屋面坡度大于 50% 时，不宜采用种植屋面。

答案：C

24-6-3 **(2010)** 当屋面基层的变形较大，屋面防水层采用合成高分子卷材时，宜选用下列哪一类卷材？

A 纤维增强类　　　　　　　　B 非硫化橡胶类
C 树脂类　　　　　　　　　　D 硫化橡胶类

（注：本题 2005 年考过）

提示：屋面基层变形较大，应采用抗拉伸较强的防水材料；树脂类材料应是首选。

答案：C

24-6-4 **(2010)** 下图为屋面垂直出入口防水做法的构造简图，图中的标注哪项是错误的？

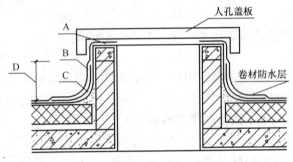

题 24-6-4 图

A 防水收头压在人孔盖板下　　B 泛水卷材面粘贴铝箔保护
C 设附加层　　　　　　　　　D 泛水高度≥250mm

提示：《屋面规范》中第 5.4.9 条规定：泛水卷材面层的铝箔不是现场粘贴的，而是卷材自身带有的。

答案：B

24-6-5 **(2010)** 关于屋面保温层的构造措施，下列哪项是错误的？

A 保温层设置在防水层上部时，保温层的上面应做保护层
B 保温层设置在防水层下部时，保温层的上面应做找平层
C 保温层设置在坡度较大的屋面时应采取防滑构造措施
D 吸湿性保温材料不宜用于封闭式保温层，但经处理后可用于倒置式屋面的保温层

提示：《屋面规范》中第 4.4.2 条规定：保温层干燥有困难时，宜采用排气构造措施。

答案：D

24-6-6 **(2009)** 有关屋面排水的说法，下列哪条有误？

A 宜采用有组织排水
B 不超过三层（≤10m 高）的房屋可采用无组织排水
C 无组织排水的挑檐宽度不宜小于 600mm
D 无组织排水的散水宽度应为其挑檐宽度再加 200mm

提示：平屋顶必须采用有组织排水。坡屋顶采用无组织排水时的挑檐宽度一般取 300mm。

答案：C

24-6-7 (2009) 有关倒置式保温屋面的构造要点，下列哪条有误？
A 保温层应采用吸水率小、不腐烂的憎水材料
B 保温层在防水层上面对其屏蔽防护
C 保温层上方的保护层应尽量轻，避免压坏保温层
D 保温层和保护层之间应干铺一层无纺聚酯纤维布做隔离层

提示：《屋面规范》第 4.4.5 条规定：倒置式屋面保温层上面宜采用块体材料或细石混凝土保护层，而不是越轻越好。

答案：C

24-6-8 (2009) 有关架空隔热屋面的构造规定，以下哪条正确？
A 架空高度越高隔热效果越好
B 屋面宽度大于 6m 时宜设通风屋脊
C 架空板边端距山墙或女儿墙不得小于 250mm
D 架空混凝土板强度至少要 C15，且板内配置钢筋

提示：《屋面规范》第 4.4.9 条规定：架空板与女儿墙的距离不应小于250mm。

答案：C

24-6-9 (2009) 有关平屋面作找坡层的构造要点，不正确的是（　　）。
A 宜用结构找坡
B 尽量用轻质材料找坡
C 可用现制保温层找坡
D 屋面跨度≥12m 时必须结构找坡

提示：一般屋面跨度≥9m 时，应采用结构找坡。

答案：D

24-6-10 (2009) 长度超过（　　）m 的蓄水屋面应做一道横向伸缩缝。
A 30　　　　B 40　　　　C 50　　　　D 60

提示：《屋面规范》第 4.4.10 条规定如此。

答案：B

24-6-11 (2009) 下列四种不同构造的屋面隔热效果最好的是（　　）。
A 种植屋面（土深 300mm）　　B 蓄水屋面（水深 150mm）
C 双层屋面板通风屋面　　　　D 架空板通风屋面

提示：架空板通风屋面可以形成对流，热量很容易被吹走，因而应用较为广泛。

答案：D

24-6-12 (2008) 卷材、涂膜防水层的基层应设找平层，下列构造要点哪条不正确？
A 找平层应设 6m 见方分格缝
B 水泥砂浆找平层宜掺抗裂纤维
C 细石混凝土找平层≥40mm 厚，强度等级 C15
D 水泥砂浆找平层一般厚度为 20mm

提示：《屋面规范》第4.3.2条规定，细石混凝土找平层应为30～35mm厚，强度等级应为C20。

答案：C

13-6-13 **(2008)** 屋面防水隔离层一般不采取以下哪种做法？
A 抹1:3水泥砂浆　　　　　　　B 采用干铺塑料膜
C 铺土工布或卷材　　　　　　　D 铺抹麻刀灰

提示：《屋面规范》第4.7.8条规定，隔离层不得选用铺抹麻刀灰做法。

答案：D

24-6-14 **(2008)** 关于隔离层的设置位置，以下哪条不对？
A 卷材上设置块体材料时设置
B 涂膜防水层上设置水泥砂浆时设置
C 在细石混凝土防水层与结构层之间设置
D 卷材上设置涂膜时设置

提示：《屋面规范》第4.7.8条规定，卷材上设置涂膜时不必设置隔离层。

答案：D

24-6-15 **(2008)** 屋面采用涂膜防水层构造时，设计应注明（　　）。
A 涂膜层厚度　　　　　　　　　B 涂刷的遍数
C 每平方米涂料重量　　　　　　D 涂膜配制组分

提示：《屋面规范》第4.5.6条规定：涂膜防水层应以厚度表示，不得用涂刷遍数表示。

答案：A

24-6-16 **(2008)** 以下哪种情况不宜采用蓄水屋面？
A 炎热地区　　　　　　　　　　B 非地震地区
C 不产生较大振动的建筑物上　　D 防水等级为Ⅰ、Ⅱ级的屋面

提示：《屋面规范》第4.4.10条中没有蓄水屋面不得在Ⅰ、Ⅱ级屋面上防水应用的规定。

答案：D

24-6-17 **(2008)** 图示平瓦屋面檐口中瓦头挑出封檐的长度 a 宜为（　　）。

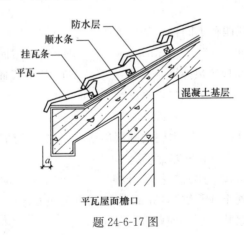

题 24-6-17 图

A 20～30mm   B 35～45mm   C 50～70mm   D 80～100mm

提示：《屋面规范》第 4.8.12 条第 6 款规定，瓦头挑出封檐的长度 a 宜为 50～70mm。

答案：C

24-6-18 **(2007)** 在Ⅰ级屋面防水工程的多道设防中，必须设防一道（   ）。

A APP 改性沥青防水卷材   B SBS 改性沥青防水卷材
C 纸胎沥青毡   D 三元乙丙橡胶防水卷材

（注：此题 2006 年考过）

提示：《屋面规范》第 3.0.1 条规定：Ⅰ级屋面防水工程中必须有一道合成高分子类卷材，如三元乙丙橡胶防水卷材、氯化聚乙烯防水卷材等。（注：2012 年版规范中Ⅰ级屋面防水的两道设防中纸胎沥青油毡不可选用，无其他相关要求。）

答案：D

24-6-19 **(2007)** 屋面排水水方式的要点，下列哪条有误？

A 檐高＜10m 的房屋一般可用无组织排水
B 积灰聚尘的屋面应采用无组织排水
C 无组织排水的屋面挑檐宽度不小于散水宽
D 大门雨棚不应做无组织排水

提示：《地面规范》第 6.0.20 条规定：无组织排水的散水宽度应大于屋面挑檐宽度 200～300mm。

答案：C

24-6-20 **(2007)** 下列哪种保温屋面不是图示卷材防水的构造做法？

A 敞露式保温屋面
B 倒置式保温屋面
C 正置式保温屋面
D 外置式保温屋面

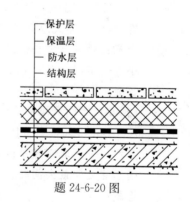

题 24-6-20 图

提示：分析其构造层次，上述做法保温层在上，防水层在下，应属于倒置式保温屋面（敞露式保温屋面、外置式保温屋面不是规范规定的正式叫法），而非正置式保温屋面。

答案：C

24-6-21 **(2006)** 图中所示钢筋混凝土屋顶基层上无保温的防水做法中，哪一种做法没有错误？

提示：B 项，属于刚性防水屋面，水泥砂浆属于隔离层，是正确做法。A 项，属于上人屋面，应采用 1:3 水泥砂浆粘结地砖；C 项合成高分子防水卷材上部可以采用水泥砂浆保护层，但应设置隔离层；D 项合成高分子防水卷材上部可以采用铝箔保护层，由于铝箔厚度只有 0.05mm，无法在现场

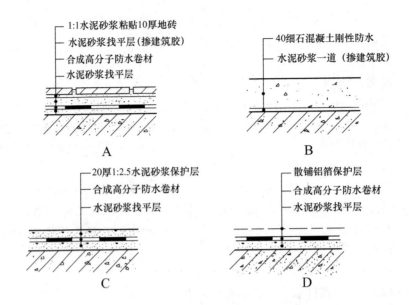

（散铺）施工。（注：2012年版规范已取消了刚性防水的做法。）

答案：B

24-6-22 **(2006)** 下列哪一种保温材料不适于用作倒置式屋面保温层？
A 现喷硬质聚氨酯泡沫塑料
B 发泡（模压）聚苯乙烯泡沫塑料板
C 泡沫玻璃块
D 膨胀（挤压）聚苯乙烯泡沫塑料板

提示：《倒置式屋面规程》第4.3.2条规定：保温层材料中没有发泡（模压）聚苯乙烯泡沫塑料板这种材料。该规范第5.2.5条还规定：保温层的设计最小厚度不得小于25mm。

答案：B

24-6-23 **(2006)** 屋面天沟和檐沟中水落口至分水线的最大距离是多少？
A 10m　　　　B 12m　　　　C 15m　　　　D 20m

提示：查《北京建筑设计细则》，落水口至分水线的最大距离为12m，意即雨水管之间最大间距为24m。

答案：B

24-6-24 **(2006)** 根据《屋面工程技术规范》有关屋面泛水防水构造的条文，下列哪条不符合规范要求？
A 铺贴泛水处的卷材应采用满贴，泛水高≥250mm
B 泛水遇砖墙时，卷材收头可压入砖墙凹槽内固定密封
C 泛水遇混凝土墙时，卷材收头可采用金属压条钉压，密封胶密封
D 泛水宜采取隔热防晒措施，可直接用水泥砂浆抹灰保护

提示：《屋面规范》第4.11.14条规定：屋面泛水的防水层表面宜采用涂刷浅色涂料或浇筑细石混凝土保护。

答案：D

24-6-25 **(2006)** 某高层住宅直通屋面疏散楼梯间的屋面出口处内外结构板面无高差，屋面保温做法为正置式，出口处屋面构造总厚度为250mm，要求出口处屋面泛水构造符合规范规定，试问出口内外踏步数至少应为多少？

A 室内2步，室外1步　　　　　B 室内3步，室外1步
C 室内2步，室外2步　　　　　D 室内4步，室外2步

提示：由于屋面出口处构造总厚度为250mm，油毡泛水应压在门下踏步混凝土板的下面，还考虑到屋面积水不能产生倒灌，应选择室内2步，室外2步的做法。可参看《屋面规范》第4.11.22条的附图。

答案：C

24-6-26 **(2005)** 当屋面防水等级为Ⅱ级，采用二道设防，对卷材厚度选用时，下列论述何者是不正确的？

A 合成高分子防水卷材厚度不应小于1.2mm
B 高聚物改性沥青防水卷材厚度不应小于3mm
C 自粘聚酯胎改性沥青防水卷材厚度不应小于2mm
D 自粘橡胶沥青防水卷材厚度不应小于1.2mm

提示：《屋面规范》第4.5.5条规定：自粘橡胶沥青防水卷材厚度不应小于2.0mm。

答案：D

24-6-27 **(2005)** 倒置式屋面的排水方式，以选择下列何者为宜？

A 无组织排水　　　　　B 檐沟排水
C 天沟排水　　　　　　D 有组织无天沟排水

提示：《倒置式屋面规程》第5.1.7条规定屋面排水应以檐沟、天沟为主。

答案：B

24-6-28 **(2005)** 平面尺寸为90m×90m的金属网架屋面，采用压型金属板保温屋面、双坡排水，选用压型金属板的合理长度宜为下列何值？

A 9m　　　B 15m　　　C 22.5m　　　D 45m

提示：考虑屋面坡度、屋檐处挑出长度和运输的可能，应选择9m的金属板进行拼接。《建筑设计资料集8》第88页中指出：大于9m的板上、下表面钢板会由于温差造成不等值膨胀而翘曲变形，影响使用和外观。

答案：A

24-6-29 **(2005)** 大跨度金属压型板屋面的最小排水坡度可为下列何值？

A 1%　　　B 3%　　　C 5%　　　D 8%

提示：《民建通则》第6.13.2条规定：大跨度金属压型板屋面的排水坡度应为5%～35%之间，最小排水坡度为5%。

答案：C

24-6-30 **(2005)** 倒置式屋面保温层上的保护层构造（自上而下），下列哪一种不宜采用？

A 卵石、聚酯无纺布隔离层　　　B 铺地砖、水泥砂浆结合层
C 整浇配筋细石混凝土　　　　　D 现浇细石素混凝土（设分格缝）

提示：《倒置式屋面规程》第5.2.6条中规定的保护层材料有：卵石、混凝土板块、地砖、瓦材、水泥砂浆、细石混凝土、金属板材、人造草皮、种植植物等，没有整浇配筋细石混凝土的做法。

答案：C

24-6-31 **(2004)** 选用屋面防水等级为Ⅰ级的卷材时，合成高分子卷材和高聚物改性沥青卷材的厚度分别不应小于多少？

A 1.5mm，4mm　　　　　　B 1.5mm，3mm
C 1.2mm，4mm　　　　　　D 1.2mm，3mm

提示：《屋面规范》第4.5.5条屋面防水等级为Ⅰ级时合成高分子卷材和高聚物改性沥青卷材的每道厚度为1.2mm和3.0mm。高聚物改性沥青卷材厚度与是否自粘及胎的种类有关。

答案：D

24-6-32 **(2004)** 倒置式屋面设计时应注意的事项，下列条款中哪一条是不正确的？

A 倒置式屋面的保温隔热层必须采用吸水率低、抗冻融并具有一定抗压强度的绝热材料
B 倒置式屋面的保温隔热层上部必须设置保护层（埋压层）
C 倒置式屋面的防水层如为卷材时可采用松铺工艺
D 倒置式屋面不适用于室内空气湿度常年大于80％的建筑

提示：分析并结合《倒置式屋面规程》的相关规定，倒置式屋面可以用于室内空气湿度常年大于80％的建筑，且不必设置隔汽层。

答案：D

24-6-33 **(2004)** 屋面柔性防水层应设保护层，对保护层的规定中，下列哪一条是不恰当的？

A 浅色涂料保护层应与柔性防水层粘结牢固，厚薄均匀，不得漏涂
B 水泥砂浆保护层的表面应抹平压光，表面分格缝面积宜为3.0m^2
C 块体材料保护层应设分格缝，分格面积不宜大于100m^2，缝宽不宜小于20mm
D 细石混凝土保护应设分格缝，分格面积不大于36m^2

提示：《屋面规范》第4.7.3条指出：水泥砂浆保护层的表面应抹平压光，表面分格缝面积宜为1.00m^2。

答案：B

24-6-34 特别重要建筑的设计使用年限与屋面防水等级应属于下列中哪一组？

A Ⅱ级、2类　　　　　　　B Ⅱ级、3类
C Ⅰ级、4类　　　　　　　D Ⅱ级、4类

提示：查找《民建通则》第3.2.1条，特别重要的建筑的设计使用年限属于4类；查找《屋面规范》第3.0.1条，屋面防水等级属于Ⅰ级。

答案：C

24-6-35 根据屋面排水坡的坡度大小不同可分为平屋顶与坡屋顶两大类，一般公认坡面升高与其投影长度之比 $i<$（　　）时为平屋顶。

A 1:50　　　　　B 1:12　　　　　C 1:10　　　　　D 1:8

提示：《民建通则》第 6.13.2 条规定，平屋顶的排水坡度为 2%～5%（1:50）。

答案：A

24-6-36　下列有关屋面坡度和防水等级的叙述中，哪一条不符合规定？
A 平瓦屋面坡度为不小于 20%，适用于 Ⅱ 级防水
B 玻纤胎沥青瓦屋面坡度为不小于 50%，适用于 Ⅰ 级防水
C 金属板材屋面坡度为不小于 10%，适用于 Ⅱ 级防水
D 卷材防水屋面（材料找坡）坡度宜为 20%，适用于 Ⅰ～Ⅳ 级防水

提示：《屋面规范》第 4.8.1 条及 8.4.13 条指出：玻纤胎沥青瓦坡度为不小于 20%，适用于瓦+防水层 Ⅰ 级防水，瓦+防水垫层 Ⅱ 级防水。

答案：B

24-6-37　在下列有关卷材平屋面坡度的叙述中，哪条不确切？
A 平屋面的排水坡度，结构找坡不应小于 3%，材料找坡宜为 2%
B 卷材屋面坡度不宜超过 35%，否则应采取防止卷材下滑措施
C 天沟、檐沟纵向坡度不应小于 1%，天沟、檐沟应增铺附加层
D 水落口周围直径 500mm 范围内坡度不应小于 5%

提示：《屋面规范》2012 版第 4.1.2 条规定，在坡度较大的屋面粘贴卷材，宜采用机械固定和对固定点进行密封的方法，取消了卷材屋面坡度不宜超过 25%，否则应采取防止下滑措施的规定。

答案：B

24-6-38　在下列有关平屋面的叙述中，哪条不合规定？
A 少雨地区 5m 以下建筑可采用无组织排水
B 一般水落管宜用 φ100 以上内径
C 一般 φ100 水落管的最大集水面积为 200m²
D 屋面檐沟出水口最大间距应不超过 60m

提示：《北京建筑设计细则》规定：有外檐天沟的出水口间距应不超过 24m。

答案：D

24-6-39　下列有关保温隔热屋面的条文中，哪条不合规定？
A 蓄水屋面的坡度不宜大于 2%，可以在地震区建筑物上使用
B 种植屋面的坡度不宜大于 3%，四周应设置围护墙及泄水管、排水管
C 架空隔热屋面坡度不宜大于 5%，不宜在寒冷地区采用
D 倒置式屋面保温层应采用憎水性或吸水率低的保温材料

提示：《屋面规范》第 4.4.10 条规定，蓄水屋面的坡度应为 0.5%，且不宜应用于地震区。

答案：A

24-6-40　有关架空隔热屋面的以下表述中，哪一条是错误的？
A 架空隔热层的高度宜为 400～500mm
B 当屋面宽度大于 10m 时，应设通风屋脊

  C 屋面采用女儿墙时，架空板与女儿墙的距离不宜小于250mm
  D 夏季主导风向稳定的地区，可采用立砌砖带支承的定向通风层。开口面向主导风向。夏季主导风向不稳定的地区，可采用砖墩支承的不定向通风层

提示：《屋面规范》第4.4.9条规定，应为180～300mm。
答案：A

24-6-41 下列有关屋面构造的条文中，哪一条是不确切的？
  A 隔汽层的目的是防止室内水蒸气渗入防水层影响防水效果
  B 隔汽层应用气密性好的单层卷材，但不得空铺
  C 水落管内径不应小于100mm，一根水落管的最大汇水面积宜小于200m²
  D 找平层宜设分格缝，纵横缝不宜大小6m

提示：应为防止水蒸气进入保温层而影响保温效果。
答案：A

24-6-42 建筑物超过（　　）m，如无楼梯通达屋面，应设上屋面的人孔或室外爬梯。
  A 6   B 8   C 10   D 12

提示：《民建通则》第6.13.3条规定为10m。
答案：C

24-6-43 图示架空隔热屋面的通风间层高度h宜为（　　）mm。
  A 250   B 250～400   C 180～300   D 450

提示：《屋面规范》第4.4.9条规定h值应为180～300mm。
答案：C

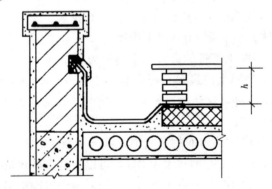

题24-6-43图

24-6-44 保温屋面的保温层和找平层干燥有困难时，宜采用排汽屋面，即设置排汽道与排汽孔。排汽孔以不大于（　　）m² 设置一个为宜。
  A 12   B 24   C 36   D 48

提示：《屋面规范》第4.4.5条规定排汽孔面积应不大于36m²。
答案：C

24-6-45 图示卷材防水屋面结构的连接处，贴在立面上的卷材高度h应不小于

( )mm。

A 150　　　　B 200

C 220　　　　D 250

提示：《屋面规范》第4.11.14条规定，防水层应上卷不少于250mm。

答案： D

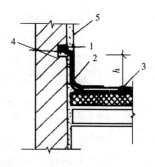

题 24-6-45 图
1—密封材料；2—附加层；
3—防水层；4—水泥钉；
5—防水处理

24-6-46 图示为涂膜防水屋面天沟、檐沟构造，图中何处有误？

A 水落口位置

B 空铺附加层的宽度

C 密封材料的位置

D 砖墙上未留凹槽供附加层收头

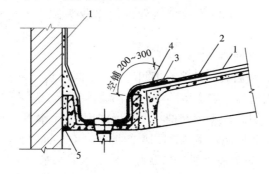

题 24-6-46 图
1—涂膜防水层；2—找平层；3—有胎体增强材料的附加层；4—空铺附加层；5—密封材料

提示：《屋面规范》第4.6.2条指出，密封材料的位置应在天沟板的上部，以保证不漏水。

答案： C

24-6-47 防火梯的宽度规定不小于（　　）mm。

A 500　　　　B 600　　　　C 700　　　　D 800

提示：《防火规范》第6.4.9条规定，室外消防梯的宽度不应小于0.6m。

答案： B

24-6-48 在下列四种保温隔热层的叙述中，哪一条有错误？

A 架空隔热屋面：用实心砖或混凝土薄型制品覆盖在屋面防水层上架起一定高度，空气层为100～300mm

B 蓄水屋面：在屋面防水层上蓄一定高度的水，水深宜为400～500mm

C 种植屋面：在屋面防水层上覆土或铺设锯木、蛭石等松散材料，并种植植物，起到隔热作用

D 倒置式屋面：将憎水性保温材料设置在防水层上的屋面

提示：《屋面规范》第4.4.10条规定蓄水屋面的水深为150～200mm。

答案： B

24-6-49　下列哪一种材料不宜用作高层宾馆的屋面防水材料？
　　　　　A　SBS高聚物改性沥青防水卷材　　B　聚氨酯合成高分子涂料
　　　　　C　细石防水混凝土　　　　　　　　D　三毡四油
　　　　　提示：根据《屋面规范》的相关内容可知，高层宾馆的防水属于Ⅱ级防水，防水层合理使用年限为15年，三毡四油的使用年限只有10年。2012版规范已取消三毡四油的做法。
　　　　　答案：D

24-6-50　下列哪一种材料可以直接铺置在涂膜屋面防水层上做保护层？
　　　　　A　水泥砂浆　　B　水泥花砖　　C　蛭石　　D　细石混凝土
　　　　　提示：《屋面规范》第4.7.1条指出：细砂、云母、蛭石等可以直接在涂膜屋面上做保护层。
　　　　　答案：C

24-6-51　卷材防水平屋面与砖墙交接处的泛水收头做法，下列各项中哪一种是正确的？
　　　　　A　挑出4cm眉砖
　　　　　B　挑出4cm眉砖，抹2cm厚1：2.5水泥砂浆
　　　　　C　不挑出眉砖，墙上留凹槽，上部墙体抹2cm厚1：2.5水泥砂浆
　　　　　D　不挑出眉砖，不留凹槽，上部墙体用1：1水泥砂浆勾缝
　　　　　提示：《屋面规范》第4.11.14条指出，墙上留凹槽，再抹水泥砂浆的做法是正确的。若如墙里侧做保温时，防水卷材应采用水泥钉固定。
　　　　　答案：C

24-6-52　倒置式屋面的优点是：倒铺的保温材料能有效保护屋面防水层，但对保温材料提出了吸湿性低、耐气候强的要求，下述几种材料中，何者不能满足此要求？
　　　　　A　水泥聚苯乙烯泡沫塑料板　　　　B　矿棉板
　　　　　C　珍珠岩烧结砖　　　　　　　　D　矿渣散料
　　　　　提示：矿棉板隔声较好，但保温性能较差。
　　　　　答案：B

24-6-53　下列有关保温隔热屋面的条文中，哪一条不符合规定？
　　　　　A　蓄水屋面坡度不宜大于2%，可以在地震地区建筑物上使用
　　　　　B　种植屋面坡度不宜大于3%，四周应设置围护墙和泄水管、排水管
　　　　　C　架空隔热屋面的坡度不宜大于5%，不宜在寒冷地区使用
　　　　　D　倒置式屋面保温层应采用憎水性或吸水率低的保温材料
　　　　　提示：蓄水屋面的排水坡度的排水坡度不宜大于0.5%，且不宜在地震区建筑物上使用。详见《屋面规范》第4.4.10条所述。
　　　　　答案：A

24-6-54　平屋面天沟纵向坡度的最小限度是（　　）。
　　　　　A　3‰　　　B　5‰　　　C　1%　　　D　2%
　　　　　提示：《屋面规范》第4.2.11条指出天沟的纵向坡度为1%。

答案：C

24-6-55 关于屋面隔汽层，下面的论点中哪一项有误？
A 严寒及寒冷地区的居住建筑设置
B 严寒及寒冷地区建筑的屋面结构冷凝界面内侧实际具有的蒸汽渗透阻小于所需值时设置
C 其他地区室内湿气有可能透过屋面结构层进入保温层时设置
D 隔汽层只在正置式屋面中采用
提示：《屋面规范》第4.4.4条指出：严寒及寒冷地区的所有建筑的屋面结构，符合设置条件时，均应设置。
答案：A

24-6-56 保温屋面隔汽层的作用，下列哪一个说法是正确的？
A 防止顶层顶棚受潮　　　　B 防止屋盖结构板内结露
C 防止室外空气渗透　　　　D 防止屋面保温层结露
提示：隔汽层的主要作用是防止屋面保温层产生结露。
答案：D

24-6-57 平屋面结构找坡的排水坡度宜为（　　）。
A 4%　　　　B 3%　　　　C 2%　　　　D 1%
提示：《屋面规范》第4.3.1条规定，材料找坡宜为2%，结构找坡不应小于3%。
答案：B

24-6-58 大跨度结构采用铝合金薄板屋面，其构造设计采用以下技术措施，哪一条设计不合理？
A 铝合金薄板做成大瓦，铺设在木望板上，在木望板上先干铺一层油毡
B 铝合金大瓦双面刷防腐蚀涂料
C 铝合金瓦之间连通导电，并与避雷带连通
D 大瓦之间的"肋接缝"（如右图）先用镀锌钢螺钉将钢板支脚固定于木望板上，铺大瓦后再在肋上架设盖条

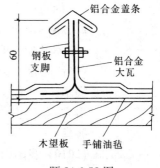

题24-6-58图

提示：查《建筑设计资料集》，不必做钢板支脚而直接在铝合金大瓦上铺盖条。
答案：D

24-6-59 室外消防梯的最下一级均须离地的尺寸为（　　）m。
A 1.5~2　　　B 3　　　C 1~1.5　　　D 2.5~3
提示：《防火规范》第6.4.9条指出：室外消防梯的底部宜从离地面3.00m高处设置。
答案：B

24-6-60 下列有关两根雨水管最大间距的表述，哪条是正确的？
A 平屋面设挑檐作天沟外排水屋面，雨水管间距应不大于24m

143

B 平屋面在女儿墙内做天沟外排水屋面，雨水管间距应不大于24m
C 内排水明装雨水管，其间距应不大于24m
D 内排水暗装雨水管，其间距应不大于24m

提示：据《北京建筑设计细则》第7.2.6条：A项是24m，其余均为15m。

答案：A

24-6-61 倒置式平屋面是指下列哪两个构造层次相互倒置？
A 保温层与找坡层   B 保温层与找平层
C 保温层与防水层   D 找坡层与找平层

提示：《倒置式屋面工程规程》第2.0.1条指出，倒置式屋面是保温层设置在防水层之上的屋面。

答案：C

（七）门窗选型与构造

24-7-1 **(2010)** 有关门窗构造做法，下列叙述何者有误？
A 金属门窗和塑料门窗安装应采用预留洞口的方法施工
B 木门窗与砖石砌体、混凝土或抹灰层接触处，应进行防腐处理并应设置防潮层
C 建筑外门窗的安装必须牢固，在砌体上安装门窗宜用射钉或膨胀螺栓固定
D 木门窗如有允许限值以内的死节及直径较大的虫眼时，应用同一材质的木塞加胶填补

（注：此题2005年考过）

提示：《住宅装修施工规范》第10.1.7条规定：在砌体上安装门窗禁用射钉固定。

答案：C

24-7-2 **(2010)** 我国南方地区建筑物南向窗口的遮阳宜采用下列哪种形式？
Ⅰ.水平式遮阳；Ⅱ.垂直式遮阳；Ⅲ.活动遮阳；Ⅳ.挡板式遮阳
A Ⅰ、Ⅱ   B Ⅰ、Ⅲ   C Ⅱ、Ⅲ   D Ⅰ、Ⅳ

提示：《建筑遮阳工程技术规范》JGJ 237—2011第4.1.4条指出：南向、北向宜采用水平式遮阳或综合式遮阳。活动式遮阳可以根据需要而设。

答案：B

24-7-3 **(2010)** 托儿所、幼儿园建筑门窗的设置，下列哪项是错误的？
A 活动室、寝室、音体活动室应设双扇平开门，其宽度不应小于1.2m
B 幼儿经常出入的门在距地0.7m处，宜加设幼儿专用拉手
C 活动室、音体活动室的窗台距地面高度应大于等于0.9m
D 活动室、音体活动室距地面1.3m内不应设平开窗

提示：《托幼建筑规范》第3.7.3条规定：活动室、音体活动室窗台距地高

度不宜大于0.60m。

答案： C

24-7-4 **(2009)** 有关中、小学教室门的构造要求，以下哪条正确？
A 为了安全，门上方不宜设门亮子
B 多雨潮湿地区宜设门槛
C 除心理咨询室外，教学用房的门扇均宜附设观察窗
D 合班大教室的门洞宽度≥1200mm

提示：《中小学校设计规范》GB 50099—2011 第 5.1.11 条规定如此。

答案： C

24-7-5 **(2009)** 防火窗应采用（　　）。
A 钢化玻璃、塑钢窗框
B 夹丝玻璃、铝合金窗框
C 镶嵌铅丝玻璃、钢窗框
D 夹层玻璃、木板包铁皮窗框

提示：《防火规范》附表 1 中规定如此。

答案： C

24-7-6 **(2009)** 图示为某办公楼外窗立面示意图，由图推理以下哪条有误？
A 此楼不超过 24m 高
B 此窗玻璃厚度为 5mm
C 此窗不位于走道上
D 它不是空腹、实腹钢窗，也不是木窗

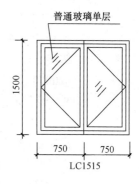

题 24-7-6 图

提示： 平开窗的单扇宽度不应超过 600mm，1500mm 的窗应做成三扇，且窗玻璃厚度应为 4mm。

答案： B

24-7-7 **(2008)** 塑料门窗上安装五金件的正确选择是（　　）。
A 高强度胶粘结牢固
B 直接锤击钉入定位
C 配套专用塑条绑扎
D 螺孔套丝，螺栓固定

提示： 查施工手册，塑料门窗安装五金件均采用螺孔套丝、螺栓固定的施工方法。

答案： D

24-7-8 **(2008)** 下列关于塑钢窗的描述，哪条有误？
A 以聚氯乙烯等树脂为主料，轻质碳酸钙为填料
B 型材内腔衬加钢或铝以增强抗弯曲能力
C 其隔热性、密封性、耐蚀性均好于铝窗
D 上色漆、刷涂料可提高其耐久性

提示： 塑钢窗的表面颜色是料型的固有颜色，没有上色漆、刷涂料提高其耐久性的要求。

答案： D

24-7-9 **(2008)** 铝合金门窗固定后，其与门窗洞四周的缝隙应用软质保温材料嵌塞并分层填实，外表面留槽用密封膏密封，其构造作用，下列描述哪条

不对?

A 防止门、窗框四周形成冷热交换区产生结露
B 有助于防寒、防风、隔声、保温
C 避免框料直接与水泥砂浆等接触，消除碱腐蚀
D 有助于提高抗震性能

提示：铝合金门窗固定后的堵缝是防止锈蚀、防寒保温、避免结露等需求，与提高抗震性能无关。

答案：D

24-7-10 (2007) 以下门窗的开启方向哪个正确？

A 高层建筑外开窗　　　　　B 门跨越变形缝开启
C 宿舍楼进厅外开门　　　　D 外走廊的内侧墙上外开窗

提示：A项，高层建筑考虑风力对窗的影响，一般不选用外开平开窗；B项，平开门不应跨越变形缝开启；D项，外走廊的内侧墙上由于高度问题（底部应保证2.0m）不宜选用外开平开窗；只有C项宿舍楼门厅的门应采用外开平开门或弹簧门。

答案：C

24-7-11 (2007) 关于防火窗的基本构造特征，以下哪条正确？

A 铝合金窗框，钢化玻璃　　B 塑钢窗，夹丝玻璃
C 钢窗框，复合夹层玻璃　　D 铝衬塑料窗，电热玻璃

提示：《防火规范》附表1中规定：防火窗的基本构造应选用钢窗框，复合夹层玻璃（夹丝玻璃）。

答案：C

24-7-12 (2007) 窗台高度低于规定要求的"低窗台"，其安全防护构造措施以下哪条有误？

A 公建窗台高度<0.8m，住宅窗台高度<0.9m时，应设防护栏杆
B 相当于护栏高度的固定窗扇，应有安全横档窗框并用夹层玻璃
C 室内外高差≤0.6m的首层低窗台可不加护栏等
D 楼上低窗台高度<0.5m，防护高度距楼地面≥0.9m

提示：《北京建筑设计细则》第10.2.10条规定：楼层上低窗台高度<0.45m时，防护高度距楼地面≥0.80m（住宅为0.90m）。

答案：D

24-7-13 (2007) 以下保温门构造图中有误，主要问题是（　　）。

A 保温材料欠妥　　　　　　B 钢板厚度不够
C 木材品种未注明　　　　　D 门框、扇间缝隙缺密封条构造

提示：门框与门扇间缝隙缺少橡胶密封条构造。

答案：D

24-7-14 (2006) 关于多层经济适用房（住宅）的外窗设计，下列哪条不合理？

A 平开窗的开启扇，其净宽不宜大于0.6m，净高不宜大于1.4m
B 推拉窗的开启扇，其净宽不宜大于0.9m，净高不宜大于1.5m

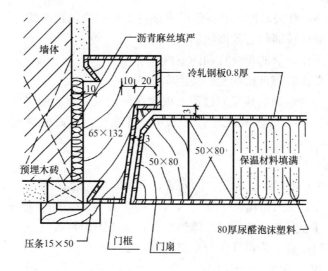

题 24-7-13 图

C 窗的单块玻璃面积不宜大于 $1.8m^2$

D 为了安装窗护栅,底层外窗不宜采用向外平开窗

提示:窗的单块玻璃面积不宜大于 $1.50m^2$。

答案:C

24-7-15 **(2006)** 各类门窗的有关规定,下列哪一项有误?

A 铝合金门窗框与墙体间缝隙应采用水泥砂浆填塞饱满留出 10mm 打胶

B 塑料门窗与墙体固定点间距不应大于 600mm

C 塑料门窗框与墙体间缝隙应采用闭孔弹性材料填嵌

D 在砌体上安装门窗时,严禁用射钉固定

提示:《住宅装修施工规范》第 10.3.2 条规定,铝合金门窗框与墙体间缝隙不应采用水泥砂浆填塞。《铝合金门窗工程技术规范》JGJ 214—2010 第 7.3.2 条中规定:铝合金门窗框与洞口缝隙应采用保温、防潮且无腐蚀性的软质材料填塞密实,亦可使用防水砂浆填塞,但不宜使用海沙成分的砂浆。

答案:A

24-7-16 **(2006)** 下面四个木门框的断面图中,哪个适用于常用弹簧门的中竖框?

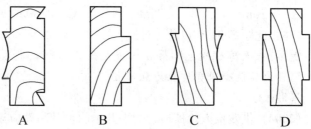

提示:适用于弹簧木门的中竖框料型应是 C 图。

答案：C

24-7-17 **(2006)** 有关门窗玻璃安装的表述，下列哪项是正确的？
A 磨砂玻璃的磨砂面应朝向室外
B 压花玻璃的花纹宜朝向室内
C 单面镀膜玻璃的镀膜层应朝向室内
D 中空玻璃的热反射镀膜玻璃应在最内层，镀膜层应朝向室外
提示：《装修验收规范》第5.6.9条规定：单面镀膜玻璃的镀膜层应朝向室内。
答案：C

24-7-18 **(2006)** 木门窗五金配件的安装，下列哪项是错误的？
A 合页距门窗扇上下端宜取立挺高度的1/10，并应避开上下冒头
B 五金配件安装采用木螺钉拧入，不得锤击钉入
C 门锁宜安装在冒头与立挺的结合处
D 窗拉手距地面高度宜为1.5～1.6m，门拉手距地面高度宜为0.9～1.05m
提示：木门窗五金配件的安装，门锁不宜安装在冒头与立挺的结合处。
答案：C

24-7-19 **(2005)** 有关常用窗的开启，下列叙述何者不妥？
A 中、小学等需儿童擦窗的外窗应采用内开下悬式或距地一定高度的内开窗
B 卫生间窗宜用上悬或下悬
C 平开窗的开启窗，其净宽木宜大于0.8m，净高不宜大于1.4m
D 推拉窗的开启窗，其净宽不宜大于0.9m，净高不宜大于1.5m
提示：查看标准图，平开窗的开启窗，其净宽不宜大于0.60m，净高不宜大于1.50m。
答案：C

24-7-20 **(2005)** 宾馆客房内卫生间的门扇与地面间应留缝，下列何值为宜？
A 3～5mm   B 5～8mm   C 8～15mm   D 20～40mm
提示：门扇下部的缝隙一般不大于5mm。
答案：A

24-7-21 **(2005)** 在无障碍设计的住房中，卫生间门扇开启后最小净宽度应为下列何值？
A 0.70m   B 0.75m   C 0.80m   D 0.85m
（注：此题2004年以前考过）
提示：《无障碍规范》第3.9.2条规定：无障碍设计的住房中，卫生间平开门开启后最小净宽度应为0.80m。
答案：C

24-7-22 **(2004)** 供残疾人轮椅通行的平开木门，其净宽应至少不小于下列何值？
A 0.8m   B 0.9m   C 1.0m   D 1.1m

提示：《无障碍规范》第3.5.3条规定：供残疾人轮椅通行的平开木门，其净宽应不小于0.80m；有条件时，不宜小于0.90m。

答案：A

24-7-23 (2004) 下列木门设计中，何者不妥？

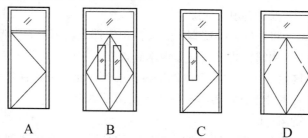

提示：D图为双扇弹簧门，这种门必须在可视高度内装有小玻璃窗，否则容易伤人。

答案：D

24-7-24 (2004) 铝合金窗××平开系列是以下面哪个部位尺寸决定的？

A 框料壁厚　　B 框料宽度　　C 框料厚度　　D 框料截面模量

提示：如铝合金窗88系列中的88为框料厚度（也可称为截面高度）是88mm。

答案：C

24-7-25 (2004) 下列哪一种窗扇的抗风能力最差？

A 铝合金推拉窗　　　　　　B 铝合金外开平开窗
C 塑钢推拉窗　　　　　　　D 塑钢外开平开窗

提示：由于铝合金窗是空心料型，壁厚较薄、稳定性差，采用外开平开方式很难抵挡风力的影响，抗风能力最差。

答案：B

24-7-26 钢窗按窗料断面规格分为以下几个系列，何者正确？

A 25mm　　B 32mm　　C 40mm　　D 50mm

提示：50mm料型过大，但25mm、32mm料型过小，现均已被淘汰。

答案：C

24-7-27 隔声窗玻璃之间的空气层以（　　）mm为宜。

A 20～30　　B 30～50　　C 80～100　　D 200

提示：据标准图及相关资料，隔声窗玻璃之间的空气层宜为80～100mm。

答案：C

24-7-28 在商店橱窗的设计中，下列要点何者有误？

A 橱窗一般采用6mm以上玻璃

B 橱窗窗台宜600mm高

C 为防尘土，橱窗一般不用自然通风

D 为防结露，寒冷地区橱窗应采暖

提示：《商店建筑设计规范》（JGJ 48—2014）第4.1.4条指出：采暖地区的封闭橱窗可不采暖，其内壁应采取保温构造，外表面应采取防雾构造。

答案：D

24-7-29 铝合金门窗外框与墙体的连接应为弹性连接，下列做法何者是正确的？
A 将门窗框卡入洞口，用木楔垫平，软质保温材料填实缝隙
B 将地脚用螺栓与外框连接，再将地脚用膨胀螺栓与墙体连接，用软质保温材料填实缝隙
C 将外框装上铁脚，焊接在预埋件上，用软质保温材料填实缝隙
D 用螺钉将外框与预埋木砖连接，用软质保温材料填实缝隙

提示：焊接不属于弹性连接。此外，铝合金门窗外框与墙体的连接也不能采用木砖连接，因木砖连接只适用于木门窗。

答案：B

24-7-30 铝合金门窗与墙体的连接应为弹性连接，在下述理由中哪些是正确的？
Ⅰ．建筑物在一般振动、沉降变形时不致损坏门窗；Ⅱ．建筑物受热胀冷缩变形时，不致损坏门窗；Ⅲ．让门窗框不直接与混凝土、水泥砂浆接触，以免碱腐蚀；Ⅳ．便于施工与维修
A Ⅰ、Ⅱ、Ⅲ   B Ⅱ、Ⅲ   C Ⅱ、Ⅳ   D Ⅰ

提示：题目中Ⅰ、Ⅱ、Ⅲ理由充分，论述正确。

答案：A

24-7-31 以下关于木质防火门的有关做法，哪一条是错误的？
A 公共建筑一般选用耐火极限为0.9h的防火门
B 防火门两面都有可能被烧时，门扇两面应各设泄气孔一个，位置错开
C 防火门单面包钢板时，钢板应面向室外
D 防火门包钢板最薄用26号镀锌钢板，并可用0.5mm厚普通钢板代替

提示：查施工手册和厂家样本，26号镀锌钢板的厚度约为1mm，故不可用0.5mm的普通钢板代替。

答案：D

24-7-32 防火卷帘门的洞口宽度与高度分别不宜大于（　　）m。
A 宽度3.00，高度3.60   B 宽度3.60，高度3.90
C 宽度4.20，高度4.50   D 宽度4.50，高度4.80

提示：从北京地区标准图《工程做法》88J4（一）内装修中可以找到防火卷帘门的最大宽度为4.50m，最大高度为4.80m。

答案：D

24-7-33 门窗洞口与门窗实际尺寸之间的预留缝隙大小，下述各项中哪个不是决定因素？
A 门窗本身幅面大小
B 外墙抹灰或贴面材料种类
C 有无假框
D 门窗种类：木门窗、钢门窗或铝合金门窗

提示：门窗种类不同、外墙饰面不同、有无假框均能导致缝隙大小的不同，只有门窗幅面大小与预留缝隙大小无关。

答案： A

24-7-34 门设置贴脸板的主要作用是下列哪一项？
A 在墙体转角起护角作用
B 掩盖门框和墙面抹灰之间的裂缝
C 作为加固件，加强门框与墙体之间的连接
D 隔声
提示： 贴脸板的主要作用是盖缝。
答案： B

24-7-35 门顶弹簧为噪声较小的单向开启闭门器，但它不适合安装在下列哪一种门上？
A 高级办公楼的办公室门　　B 公共建筑的厕所、盥洗室门
C 幼儿园活动室门　　D 公共建筑疏散防火门
提示： 门顶弹簧不适合装在幼儿园活动室的门上，原因是容易碰伤幼儿。
答案： C

24-7-36 关于铝合金门窗的横向和竖向组合，下列措施中哪一项是错误的？
A 应采用套插，搭接形成曲面组合
B 搭接长度宜为 10mm
C 搭接处用密封膏密封
D 在保证质量的前提下，可采用平面同平面组合
提示： 从有关施工手册中查到，铝合金门窗不可采用平面同平面的组合方式。
答案： D

24-7-37 下列几种玻璃中哪一种玻璃不宜用于公共建筑的天窗？
A 平板玻璃　　B 夹丝玻璃　　C 夹层玻璃　　D 钢化玻璃
提示： 公共建筑的天窗必须采用安全玻璃，平板玻璃不属于安全玻璃。
答案： A

24-7-38 图示四种铝合金门窗框与墙体的连接方式中，哪一项是错的？

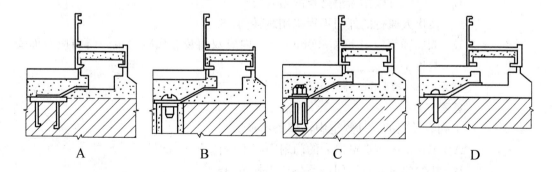

A　　B　　C　　D

提示： 分析上述图形，A 种做法已经焊牢，不属于弹性连接做法。
答案： A

24-7-39 下列木材中，哪一种不宜用于建筑木门窗？

A 红松　　　　B 黄松　　　　C 白松　　　　D 马尾松

提示：由于马尾松有纹理不匀、多松脂、干燥时有翘裂、不耐腐、易受白蚁侵蚀等缺点，故不宜用做门窗材料。

答案：D

24-7-40　铝合金门窗的外框应弹性连接牢固，下列方式中哪一种是错误的？

A 用连接件焊接连接，适用于钢结构

B 用预埋件焊接、射钉连接，适用于钢筋混凝土结构

C 砖墙结构宜用射钉连接

D 用膨胀螺栓连接适用于钢筋混凝土结构和砖石结构

提示：《装修验收规范》第5.1.11条规定，在砌体上安装门窗严禁用射钉固定。《住宅装修施工规范》第10.1.7条有相同要求。

答案：C

24-7-41　铝合金门窗外框和墙体的缝隙，一般采用玻璃棉条等材料分层填塞，缝隙外表留5～8mm深的槽口，填嵌密封材料。这样做的主要目的是下列哪一项？

A 防火　　　　B 防虫　　　　C 防扭转　　　　D 防热桥

提示：分析其原因应是防热桥产生。

答案：D

24-7-42　关于普通木门窗的表述，哪一条是不恰当的？

A 平开木窗每扇宽度不应大于600mm，每扇高度不应大于1500mm

B 木窗开启扇采用3mm厚玻璃时，每块玻璃面积不得大于$0.55m^2$

C 夹板门表面平整美观，可在建筑中用于外门及内门

D 内开窗的下冒头应设披水条

提示：夹板门只用于内门，不适合用于外门。

答案：C

24-7-43　下列关于外门的表述，哪一条是错误的？

A 采暖建筑中人流较多的外门应设门斗或用旋转门代替门斗

B 旋转门可以作为消防疏散出入口

C 残疾人通行的外门不得采用旋转门

D 双向弹簧门扇下缘300mm范围内应双面装金属踢脚板，门扇应双面安装推手

提示：旋转门不能作为消防疏散出入口。

答案：B

24-7-44　下列有关门的设计规定中，哪条不确切？

A 体育馆内运动员出入的门扇净高不得低于2.2m

B 托幼建筑儿童用门，不得选用弹簧门

C 会场、观众厅的疏散门只准向外开启，开足时净宽不应小于1.4m

D 供残疾人通行的门不得采用旋转门，但可采用弹簧门

提示：供残疾人通行的门只能采用单向开启的方式。

答案：D

24-7-45 下列有关木门窗的规定中，哪条不合要求？
A 门窗框及厚度大于50mm的门窗扇应采用双榫连接
B 木门窗制品应采用窑干法干燥的木材，含水率不得大于18％
C 木门窗制成后，应立即刷一遍底油，以防受潮变形
D 门窗拉手应位于高度中点以下
提示：其含水率不得大于12％。
答案：B

24-7-46 下列有关钢门窗框固定的方式中，哪条是正确的？
A 门窗框固定在砖墙洞口内，用高强度等级水泥砂浆卡住
B 直接用射钉与砖墙固定
C 墙上预埋铁件与框料焊接
D 墙上预埋铁件与钢门窗框的铁脚焊接
提示：查有关施工手册或标准图。
答案：D

24-7-47 以下关于普通木门窗的表述，哪一条是不恰当的？
A 平开木窗每扇宽度不应大于0.60m，高度不应大于1.20m
B 木窗开启扇采用3mm厚玻璃时，每块玻璃面积不得大于0.80m^2
C 内开窗扇的下冒头应设披水条
D 夹板门表面平整美观，可在建筑内门中采用
提示：查《建筑专业设计技术措施》（中国建筑工业出版社），每块玻璃最大面积为0.55m^2。
答案：B

24-7-48 三扇外开木窗采用以下构造，哪一种擦窗有困难？
A 中间扇外开，两边扇外开
B 中间扇立转，两边扇不采取特殊做法
C 中间扇固定，两边扇采用长脚铰链内开
D 中间扇内开，两边扇外开
提示：C项做法是常见做法，但擦窗难度较大。
答案：C

24-7-49 下列有关各种材料窗上玻璃固定构造的表述，哪一种是错误的？
A 木窗用钉子加油灰固定
B 钢窗用钢弹簧卡加油灰固定
C 铝合金窗用聚氨酯胶条固定
D 隐框玻璃幕墙上用硅酮胶粘结
提示：《铝合金门窗工程技术规范》JGJ 214—2010第3.3.1条规定，应采用硫化橡胶类材料或热塑性弹性体材料固定。
答案：C

24-7-50 关于建筑外门的以下表述中，哪一条是错误的？
A 采暖建筑人流较多的外门应设门斗，也可设旋转门代替门斗
B 旋转门不仅可以隔绝室内外气流，而且还可以作为消防疏散的出入口

C 供残疾人通行的门不得采用旋转门，也不宜采用弹簧门，门扇开启的净宽不得小于0.80m

D 双向弹簧门扇下缘0.30m范围内应双面装金属踢脚板，门扇应双面安装推手

提示：旋转门不能作为消防出口。

答案：B

24-7-51 以下哪一种不属于钢门窗五金？
A 铰链　　　B 撑头　　　C 执手　　　D 插销

提示：钢门窗中无插销。

答案：D

24-7-52 防风雨门窗的接缝不需要达到的要求是（　　）。
A 减弱风力
B 改变风向
C 排除渗水
D 利用毛细作用，使浸入的雨水排除流出

提示：防风雨门窗不存在改变风向的功能。

答案：B

24-7-53 窗帘盒的深度一般为（　　）。
A 80～100mm　　　　　　B 100～120mm
C 120～200mm　　　　　 D 200～250mm

提示：由北京地区内装修标准图集（88J4—1）可以查得120～200mm应用最多。

答案：C

24-7-54 贴脸板的主要作用是（　　）。
A 掩盖门框和墙面抹灰之间的缝隙　　B 加强门框与墙之间的连接
C 防火　　　　　　　　　　　　　　D 防水

提示：贴脸板的作用是盖缝，兼起美观作用。

答案：A

（八）建筑工业化的有关问题

24-8-1 **(2010)** 某框架结构建筑的内隔墙采用轻质条板隔墙，下列技术措施中哪项是错误的？
A 用做住宅户内分室隔墙时，墙厚不宜小于90mm
B 120mm厚条板隔墙接板安装高度不应大于4.2m
C 条板隔墙安装长度大于8m时，应采取防裂措施
D 条板隔墙用于卫生间时，墙面应做防水处理，高度不宜低于1.8m

提示：《轻质条板隔墙规程》第4.2.6条规定：条板隔墙安装长度大于6m时，应采取防裂措施。

答案：C

24-8-2 (2007) 关于小型砌块墙的设计要点，下列哪条有误？
A 墙长大于5m或大型门窗洞口两边应同梁或楼板拉结或加构造柱
B 墙高大于4m应在墙高的中部加设圈梁或钢筋混凝土带
C 窗间墙宽度不宜小于600mm
D 墙与柱子交接处，柱子凿毛并用高标号砂浆砌筑固结
提示：《抗震规范》第13.3.5条指出：砌体隔墙与柱子交接处宜脱开或柔性连接，若采取柱子凿毛并用高强度等级砂浆砌筑固结的做法不但会损伤结构，施工也相当麻烦。
答案：D

24-8-3 (2004) 对钢筋混凝土结构中的砌体填充墙，下述抗震措施中何者不正确？
A 砌体的砂浆强度等级不应低于M5，墙顶应与框架梁密切结合
B 填充墙应沿框架柱全高每隔500mm设2ϕ6拉筋，拉筋伸入墙内的长度不小于500mm
C 墙长大于5m时，墙顶与梁宜有拉结，墙长超过层高2倍时，设构造柱
D 墙高超过4m时，墙体半高宜设置与柱连接通长的钢筋混凝土水平系梁
提示：《抗震规范》第13.3.4条规定：填充墙应沿框架柱全高每隔500～600mm设2ϕ6拉筋，6、7度时宜为墙全长贯通，8、9度时应为墙全长贯通。
答案：B

24-8-4 在8度设防区多层钢筋混凝土框架建筑中，建筑物高度在18m时，防震缝的缝宽为（　　）mm。
A 50　　　　B 70　　　　C 100　　　　D 120
提示：《抗震规范》第6.1.4条第1款规定：15m高时，缝宽为100mm，8度设防时，高度每增加3m，缝宽加大20mm，因此18m高建筑应取120mm。
答案：D

24-8-5 在装配式墙板节点构造（如图）中，垂直空腔的作用主要是下述哪一项？
A 利用空腔保温，避免节点冷桥
B 提供墙板温度变形的余地
C 调整施工装配误差
D 切断毛细管水通路，避免雨水渗入
提示：有关建筑构造方面的书籍或教材中指出：垂直空腔的作用主要在于防水。

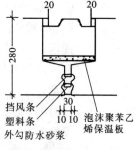

题24-8-5图

答案：D

24-8-6 图中所示的装配式墙板节点构造中，水平空腔的作用主要是（　　）。
A 利用空腔保温，避免节点产生热桥
B 提供墙板温度变形的余地

C 调整施工装配误差
D 切断毛细管水通路,避免雨水渗入

提示:从有关建筑构造的教材中查找,其作用是防水。

答案:D

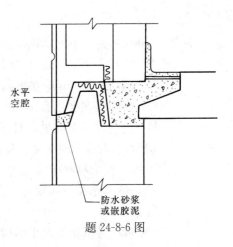

题 24-8-6 图

(九) 建筑装饰装修构造

24-9-1 (2010) 安装轻钢龙骨纸面石膏板隔墙时,下列叙述哪项是错误的?

A 石膏板宜竖向铺设,长边接缝应安装在竖龙骨上
B 龙骨两侧的石膏板接缝应错开,不得在同一根龙骨上接缝
C 石膏板应采用自攻螺钉固定
D 石膏板与周围墙或柱应挨紧不留缝隙

提示:《住宅装修施工规范》第 9.3.5 条规定:石膏板与周围墙或柱应留有 3mm 的槽口,以便进行防开裂处理。

答案:D

24-9-2 (2010) 轻钢龙骨吊顶中固定板材的次龙骨间距一般不得大于多少?

A 300mm B 400mm C 500mm D 600mm

提示:《住宅装修施工规范》第 8.3.1 条规定:固定石膏板的次龙骨间距不得大于 600mm。

答案:D

24-9-3 (2010) 关于吊顶的设备安装做法,下列哪项是错误的?

A 筒灯可以固定在吊顶上
B 轻型灯具可安装在主龙骨或附加龙骨上
C 电扇宜固定在吊顶的主龙骨上
D 吊顶内的风道、水管应吊挂在结构主体上

提示:《装修验收规范》第 6.1.12 条规定:电扇不应吊在主龙骨上,轻型灯具可以吊在附加龙骨上。

答案:C

24-9-4 (2010) 某 20 层的办公楼,办公室的室内装修用料如下,其中哪项是错误的?

A 楼地面:贴地板砖   B 内墙面:涂刷涂料
C 顶棚:轻钢龙骨纸面石膏板吊顶 D 踢脚板:木踢脚板

提示:《内部装修防火规范》第 3.3.1 条中规定:20 层的办公楼属于一类高层建筑,其装修标准为:楼地面应为 B_1 级;内墙面应为 B_1 级;顶棚应为 A 级;踢脚板与地面要求相同,应为 B_1 级。木踢脚板属于 B_2 级产品,选用是

不对的。

答案：D

24-9-5 **(2010)** 下列哪项不是安全玻璃？
　　A　半钢化玻璃　　　　　　　　B　钢化玻璃
　　C　半钢化夹层玻璃　　　　　　D　钢化夹层玻璃
提示：《建筑玻璃规程》第7.1.1条及条文说明规定：安全玻璃包括钢化玻璃和夹层玻璃，以及由它们构成的复合产品。半钢化玻璃不属于安全玻璃。

答案：A

24-9-6 **(2010)** 下列门窗玻璃的安装要求中，哪项是错误的？
　　A　单块玻璃大于1.5m² 对应使用安全玻璃
　　B　玻璃不应直接接触金属型材
　　C　磨砂玻璃的磨砂面应朝向室内
　　D　中空玻璃的单面镀膜玻璃应在内层，镀膜层应朝向室外
提示：《装修验收规范》第5.6.9条规定：门窗玻璃中采用中空镀膜玻璃时，单面镀膜玻璃应在最外层，镀膜层应朝向室内。

答案：D

24-9-7 **(2010)** 墙面抹灰层的总厚度一般不宜超过多少？
　　A　35mm　　　B　30mm　　　C　25mm　　　D　20mm
提示：《住宅装修施工规范》第7.3.3条规定：抹灰层的总厚度不宜超过35mm，当超过时应采取加强措施。

答案：A

24-9-8 **(2010)** 安装在轻钢龙骨上的纸面石膏板，可作为燃烧性能为哪一级的装饰材料使用？
　　A　A级　　　B　B_1级　　　C　B_2级　　　D　B_3级
提示：《内部装修防火规范》第2.0.4条规定：安装在轻钢龙骨上的纸面石膏板的燃烧性能均属于A级。

答案：A

24-9-9 **(2010)** 有排水要求的部位，其抹灰工程滴水线（槽）的构造做法，下列哪项是错误的？
　　A　滴水线（槽）应整齐顺直　　　B　滴水线应内高而外低
　　C　滴水槽的宽度不应小于6mm　　D　滴水槽的深度不应小于10mm
提示：《装修验收规范》第4.2.10条规定：滴水槽的宽度和深度均不应小于10mm。

答案：C

24-9-10 **(2010)** 关于涂饰工程的基层处理，下列哪项不符合要求？
　　A　新建筑物的混凝土或抹灰基层在涂饰涂料前应涂刷抗碱封闭底漆
　　B　混凝土或抹灰基层涂刷溶剂型涂料时，含水率不得大于10%
　　C　基层腻子应平整、坚实、牢固，无粉化、起皮和裂缝
　　D　厨房、卫生间墙面必须使用耐水腻子

提示：《住宅装修施工规范》第13.1.4条规定：混凝土或抹灰基层涂刷溶剂性涂料时，含水率不应大于8%。

答案：B

24-9-11 **(2009)** 下列玻璃顶棚构造的说法，哪条正确？

A 其顶棚面层的玻璃宜选用钢化玻璃

B 顶棚离地高于5m时不应采用夹层玻璃

C 顶棚距地小于3m时，可用厚度≥5mm的压花玻璃

D 玻璃顶棚若兼有人工采光要求时，应采用冷光源

提示：《北京建筑设计细则》中规定：顶棚面层的玻璃必须选用安全玻璃，钢化玻璃是安全玻璃的一种。但顶棚离地高度大于5m时应采用钢化夹层玻璃。压花玻璃经常用于窗玻璃；玻璃顶棚兼有人工采光要求时，可以采用冷光源（荧光灯）（冷光源指的是物体发光时，光源的温度比环境温度低）和一般光源（白炽灯）。

答案：A

24-9-12 **(2009)** 内墙表面装修局部采用多孔或泡沫状塑料时，其厚度以及占内墙面积的最大限值为（　　）。

A 厚10mm，占1/15　　　　B 厚15mm，占1/10

C 厚20mm，占1/8　　　　 D 厚25mm，占1/6

提示：《内部装修防火规范》第3.1.1条规定：内墙表面装修局部采用多孔或泡沫状塑料时，其厚度不应大于15mm，面积不得超过该房间顶棚或墙面的10%。

答案：B

24-9-13 **(2009)** 某餐饮店的厨房顶棚构造可用下列哪一种？

A 纸面石膏板(安装在钢龙骨上)吊顶

B 矿棉装饰吸声板顶棚

C 岩棉装饰板顶棚

D 铝箔、玻璃钢复合板吊顶

提示：《内部装修防火规范》第3.2.3条规定：建筑内部的厨房，其顶棚应选用A级装修材料。安装在钢龙骨上的纸面石膏板属于A级材料。铝箔、玻璃钢复合板、矿棉装饰吸声板、岩棉装饰板均属于B_1级材料。

答案：A

24-9-14 **(2009)** 关于U形50系列轻钢龙骨上人吊顶的构造要点与性能，以下哪条错误？

A 用薄壁镀锌钢带压制成主龙骨高50mm

B 结构底板用$\phi 8 \sim \phi 10$钢筋作吊杆，吊住主龙骨

C 吊点距离为900～1200mm

D 主龙骨可承担1000N的检修荷载

提示：查标准图，50系列U形轻钢龙骨吊顶属于不经常上人的吊顶，主龙骨只能承担800N的检修荷载。

答案：D

24-9-15 **(2009)** 有关普通住宅室内墙、柱、门洞口的阳角构造要求,以下哪条有误?
A 要做1:2水泥砂浆护角 B 护角高度同层高
C 护角厚度同室内抹灰厚度 D 护角每侧宽度≥50mm
(注:此题2005年、2004年均考过)
提示:《住宅装修施工规范》第7.1.4条规定:护角高度不能与层高相同,一般取2000mm高。
答案:B

24-9-16 **(2009)** 水泥砂浆不得涂抹在( )。
A 加气混凝土表面 B 硅酸盐砌块墙面
C 石灰砂浆层上 D 混凝土大板底
提示:查相关施工手册可知,水泥砂浆不得涂抹在石灰砂浆层上。
答案:C

24-9-17 **(2009)** 木结构与砖石、混凝土结构等相接面处抹灰的构造要求,以下哪条不正确( )。
A 应铺钉金属网
B 金属网要绷紧牢固
C 基体表面应干净湿润
D 金属网与各基体搭接宽度不小于50mm
提示:查相关施工手册可知,金属网与各基体搭接宽度应不小于100mm。
答案:D

24-9-18 **(2009)** 顶棚裱糊聚氯乙烯塑料壁纸(PVC)时,不正确的做法是( )。
A 先用1:1的建筑胶粘剂涂刷基层
B 壁纸用水湿润数分钟
C 裱糊顶棚时仅在其基层表面涂刷胶粘剂
D 裱好后赶压气泡、擦净
提示:《住宅装修施工规范》第12.3.5条指出:裱糊顶棚时基层和壁纸背面均应涂刷胶粘剂。
答案:C

24-9-19 **(2009)** 有关室内墙面干挂石材的构造做法,以下哪条正确?
A 每块石板独立吊挂互不传力
B 干作业,但局部难挂处可用1:1水泥砂浆灌筑
C 吊挂件可用铜、铝合金等金属制品
D 干挂吊装工序一般技工即可操作完成
提示:每块石板的荷载均有金属件独立吊挂互不传力是对的。干挂石材属于干作业,不能与湿挂法混用;吊挂件不能采用铜、铝合金等金属制品,必须采用型钢;干挂吊装工序应由专业技工操作。
答案:A

24-9-20 **(2008)** 观众厅顶棚设计检修用马道的构造要点,以下哪条正确?
A 顶棚马道净空不低于1.6m B 马道应设栏杆,其高度≥0.9m

  C　天棚内马道可不设照明　　　　D　允许马道栏杆悬挂轻型器物
  提示：《北京建筑设计细则》第 6.4 条规定，马道栏杆的高度为 0.9m。
  答案：B

24-9-21　**(2008)** 从消防考虑，以下吊顶设计构造的表述哪条不对？
  A　可燃气体管道不得设在封闭吊顶内
  B　顶棚不宜设置散发大量热能的灯具
  C　灯饰材料可低于吊顶燃烧等级
  D　顶棚灯具的高温部位应采取隔热、散热等防火保护措施
  提示：《内部装修防火规范》第 3.1.1 条规定：吊顶的灯饰材料的燃烧性能不应低于吊顶的燃烧等级。
  答案：C

24-9-22　**(2008)** 纸面石膏板吊顶的次龙骨间距一般不大于 600mm，但在下列哪种状况时应改其间距为 300mm 左右？
  A　地震设防区域　　　　　　　B　南方潮湿地区
  C　上人检修吊顶　　　　　　　D　顶棚管道密布
  提示：《住宅装修施工规范》第 8.3.1 条规定，南方潮湿地区次龙骨间距为 300～400mm。
  答案：B

24-9-23　**(2008)** 以下人防工程顶棚做法哪个不对？
  A　1:2 水泥砂浆抹灰压光　　　B　钢筋混凝土结构板底刮腻子
  C　清水板底喷涂料　　　　　　D　结构板底刷素水泥浆
  提示：《人防地下室规范》第 3.9.3 条规定，防空地下室的顶板不应抹灰。
  答案：A

24-9-24　**(2008)** 某小歌厅营业面积 101m^2，其顶棚装修可用以下哪种材料？
  A　纸面石膏板（安装于钢龙骨上）　　B　矿棉装饰吸声板
  C　水泥刨花板　　　　　　　　　　　D　铝塑板
  提示：《内部装修防火规范》表 3.2.1 中规定，101m^2 的小歌厅顶棚装修应选用 A 级材料，上述材料只有纸面石膏板（安装于钢龙骨上）符合要求。
  答案：A

24-9-25　**(2008)** 下列关于屋面玻璃的规定中，何者有误？
  A　屋面玻璃必须使用安全玻璃
  B　当最高端离地>5m 时，必须使用夹层玻璃
  C　用中空玻璃时，安全玻璃应使用在内侧
  D　两边支承的玻璃，应支承在玻璃的短边
  提示：《建筑玻璃规程》第 8.2.1 条规定，两边支承的屋面玻璃或雨篷玻璃，应支承在玻璃的长边。
  答案：D

24-9-26　**(2008)** 铝塑复合板幕墙指的是在两层铝合金板中夹有低密度聚乙烯芯板的板材，有关其性能的叙述，下列哪条不对？

A 板材强度高 B 便于截剪摺边
C 耐久性差 D 表面不易变形

提示：分析并查相关资料所得，铝塑复合板的耐久性是该项材料的一项基本指标，由于其耐久性很强，才被广大建筑设计人员作为幕墙材料使用。

答案：C

24-9-27 **(2008)** 水磨石、水刷石、干粘石均属于（　　）。
A 高级抹灰　B 装饰抹灰　　C 中级抹灰　D 普通抹灰

提示：查找相关施工手册，水磨石、水刷石、干粘石均属于装饰抹灰。

答案：B

24-9-28 **(2008)** 外墙安装天然石材的常用方法，不正确的是（　　）。
A 拴挂法（铜丝绑扎、水泥砂浆灌缝）
B 干挂法（钢龙骨固定、金属挂卡件）
C 高强水泥砂浆固定法
D 树脂胶粘结法

提示：查相关施工手册，外墙安装天然石材时不得采用高强水泥砂浆固定法。

答案：C

24-9-29 **(2008)** 在加气混凝土墙上铺贴装饰面砖时，其基层构造做法不正确的是（　　）。
A 适当喷湿墙面
B TG胶质水泥砂浆底面刮糙至6mm厚
C 刷素水泥浆一道
D 石灰砂浆结合层9～12mm厚

提示：查建筑构造标准图，应采用6～10mm厚1：2水泥砂浆进行铺贴。

答案：D

24-9-30 **(2008)** 墙面安装人造石材时，以下哪一种情况不能使用粘法？
A 600mm×600mm板材厚度为15mm　B 粘贴高度≤3m
C 非地震区的建筑物墙面　　　　　　D 仅用于室内墙面的装修

提示：查施工手册或标准图，只有板材厚度在8～12mm时才可以采用粘贴法。

答案：A

24-9-31 **(2007)** 采用嵌顶式灯具的顶棚，下列设计应注意的要点哪条有误？
A 尽量不选置散发大量热能的灯具
B 灯具高温部位应采取隔热散热等防火措施
C 灯饰所用材料不应低于吊顶燃烧等级
D 顶棚内若空间小、设施又多，宜设排风设施

提示：顶棚内设施多，散热也会多，对空间小的顶棚应采取通风设施。

答案：D

24-9-32 **(2007)** 游泳馆、公共浴室的顶棚面应设较大坡度，其主要原因是（　　）。

A 顶棚内各种管道本身放坡所需　　B 使顶棚面凝结水顺坡沿墙面流下
C 使潮气集中在上部高处有利排气　D 使大空间与结构起拱一致
提示：游泳馆、公共浴室的顶棚面应设较大坡度，以使顶棚表面凝结水顺坡沿墙面流下。
答案：B

24-9-33 **(2007)** 下列吊顶面板中不宜用于潮湿房间的是（　　）。
A 水泥纤维压力板　　　　　B 无纸面石膏板
C 铝合金装饰板　　　　　　D 聚氯乙烯塑料天花板
（注：此题 2004 年考过）
提示：无纸面石膏板容易吸潮、脱落。
答案：B

24-9-34 **(2007)** 下列哪一种吊顶不能用于高层一类建筑内？
A 轻钢龙骨纸面石膏板吊顶　　B 轻钢龙骨矿棉装饰吸声板吊顶
C 轻钢龙骨铝合金条板吊顶　　D 轻钢龙骨水泥纤维压力板吊顶
提示：《内部装修防火规范》第 3.3.1 条规定：一类高层建筑的顶棚装修应选用 A 级装修材料，轻钢龙骨矿棉装饰吸声板吊顶应属于 B_1 级材料。
答案：B

24-9-35 **(2007)** 扫毛灰墙面是有仿石效果的装饰性抹灰墙面，以下叙述中哪条不对？
A 面层用白水泥、石膏、砂子按 1:1:6 配成混合砂浆
B 抹后用扫帚扫出犹如天然石材的剁斧纹理
C 扫毛抹灰厚度 20mm 左右
D 要仿石材分块，分格木条嵌缝约 15mm 宽，6mm 深
提示：查施工手册和相关标准图，混合砂浆一般采用普通水泥配制，而不用白水泥。
答案：A

24-9-36 **(2007)** 天然石材用"拴挂法"安装并在板材与墙体间用砂浆灌缝的构造中，以下哪条有误？
A 一般用 1:2.5 水泥砂浆灌缝
B 砂浆层厚 30mm 左右
C 每次灌浆高度不宜超过一块石材高，并 ≤600mm
D 待下层砂浆初凝后，再灌注上层
提示：《住宅装修施工规范》中规定："拴挂法"又称为"湿挂法"，石材拴挂安装后的灌浆高度应为 150~200mm，且为板材高度的 1/3。
答案：C

24-9-37 **(2006)** 室内隔断起着分隔室内空间的作用，下列哪种玻璃不得用于室内玻璃隔断？
A 普通浮法玻璃　B 夹层玻璃　　C 钢化玻璃　　D 防火玻璃
提示：《建筑玻璃规程》第 7.2.2、7.2.3 条规定：室内隔断必须采用安全玻璃，有框时应采用 5mm 的钢化玻璃或不小于 6.38mm 的夹层玻璃；无框时

应采用不小于10mm的钢化玻璃。普通浮法玻璃不是安全玻璃，因而不得用于室内玻璃隔断。

答案：A

24-9-38 (2006) 采用直径为6mm或8mm钢筋增强的技术措施砌筑室内玻璃砖隔断，下列表述中哪条是错误的？

A 当隔断高度超过1.5m时，应在垂直方向上每2层空心玻璃砖水平布1根钢筋

B 当隔断长度超过15m时，应在水平方向上每3个缝垂直布1根钢筋

C 当高度和长度同时超过1.5m时，应在垂直方向上每2层空心玻璃砖水平布2根钢筋，在水平方向上每3个缝至少垂直布1根钢筋

D 用钢筋增强的室内玻璃砖隔断的高度不得超过6m

提示：查阅有关施工手册可知，用钢筋增强的室内玻璃砖隔断最大应用高度为4m。

答案：D

24-9-39 (2006) 吊顶设计中，下列哪项做法要求是错误的？

A 电扇不得与吊顶龙骨联结，应另设吊钩

B 重型灯具应吊在主龙骨或附加龙骨上

C 烟感器、温感器可以固定在饰面材料上

D 上人吊顶的吊杆可采用$\phi 8 \sim \phi 10$钢筋

提示：《住宅装修施工规范》第8.1.4条及标准图中指出：重型灯具不得吊在主龙骨或附加龙骨上，必须与结构连接。

答案：B

24-9-40 (2006) 轻钢龙骨吊顶的吊杆距主龙骨端部距离不得超过下列何值？

A 300mm   B 400mm   C 500mm   D 600mm

提示：《住宅装修施工规范》第8.3.1条规定如此，吊杆距主龙骨多于300mm时，容易造成端部下垂。

答案：A

24-9-41 (2006) 住宅纸面石膏板轻钢龙骨吊顶安装时，下列哪项是不正确的？

A 主龙骨吊点间距应小于1.2m

B 按房间短向跨度的1‰～3‰起拱

C 次龙骨间距不得大于900mm

D 潮湿地区和场所的次龙骨间距宜为300～400mm

提示：《住宅装修施工规范》第8.3.1条及标准图规定：次龙骨间距不得大于600mm。

答案：C

24-9-42 (2006) 住宅强化复合地板属无粘结铺设，关于该地板的工程做法，下列哪条是错误的？

A 基层上应满铺软泡沫塑料防潮层

B 板与板之间采用企口缝用胶粘合

C 房间长度或宽度超过 12m 时，应在适当位置设置伸缩缝

D 安装第一排板时，凹槽面靠墙，并与墙之间留 8～10mm 的缝隙

提示：《住宅装修施工规范》第 14.3.3 条指出：房间长度或宽度超过 8m 时，强化复合木地板应在适当位置设置伸缩缝。

答案：D

24-9-43 **(2006)** 某商场建筑设计任务书中要求设无框玻璃外门。应采用下列哪种玻璃？

A 厚度不小于 10mm 的钢化玻璃

B 厚度不小于 6mm 的单片防火玻璃

C 单片厚度不小于 6mm 的中空玻璃

D 厚度不小于 12mm 的普通退火玻璃

提示：《建筑玻璃规程》第 7.1.1 条规定：无框玻璃外门应选用厚度不小于 12mm 的钢化玻璃。

答案：A

24-9-44 **(2006)** 当室内采光屋面玻璃顶距地面高度超过 5m 时，应使用下列哪种玻璃？

A 普通退火玻璃　B 钢化玻璃　C 夹丝玻璃　D 夹层玻璃

提示：《建筑玻璃规程》第 7.2.7 条指出：当室内饰面玻璃最高点离楼地面高度在 3m 或 3m 以上时，应使用夹层玻璃。

答案：D

24-9-45 **(2005)** 在轻钢龙骨石膏板隔墙中，要提高其限制高度，下列措施中，哪一种效果最差？

A 增大龙骨规格　　　　　　B 缩小龙骨间距

C 在空腹中填充轻质材料　　D 增加石膏板厚度

提示：依据《住宅装修施工规范》的规定分析：增大龙骨规格，缩小龙骨间距和增加石膏板厚度均对提高隔墙高度有明显作用。但在龙骨间填充轻质材料只能提高墙体隔声效果，不能提高隔墙高度。

答案：C

24-9-46 **(2005)** 下列哪一种材料不能作为吊顶罩面板？

A 纸面石膏板　B 水泥石棉板　　C 铝合金条板　D 矿棉吸声板

提示：上述 4 种材料中，A、C、D 均可以用于吊顶罩面板。水泥石棉板由于材质、色泽、质感等原因，不能作为吊顶罩面板，一般多用于室外工程中。

答案：B

24-9-47 **(2005)** 当轻钢龙骨吊顶的吊杆长度大于 1.5m 时，应当采取下列哪项加强措施？

A 增加龙骨的吊点　　　　　B 加粗吊杆

C 设置反支撑　　　　　　　D 加大龙骨

提示：《装修验收规范》第 6.1.11 条及标准图均规定吊杆长度大于 1.50m

时应设置反向支撑。
答案：C

24-9-48 **(2005)** 封闭的吊顶内不能安装哪一种管道？
A 通风管道　　B 电气管道　　C 给排水管道　　D 可燃气管道
提示：水平走向的燃气管道不能安装在封闭的吊顶内。
答案：D

24-9-49 **(2005)** 涂饰工程基层处理的下列规定中，哪一条是错误的？
A 新建筑物的混凝土或抹灰基层在涂饰涂料前，应涂刷抗碱封闭底漆
B 混凝土或抹灰基层涂刷溶剂型涂料时，含水率不得大于12%
C 基层腻子应平整、坚实，无粉化和裂缝
D 厨房、卫生间墙面必须使用耐水腻子
提示：《建筑涂饰工程施工及验收规程》JGJ/T 29—2003 第4.0.1条中规定，混凝土或抹灰基层涂刷溶剂型涂料时，含水率不得大于8%。
答案：B

24-9-50 **(2005)** 外墙饰面砖工程中采用的陶瓷砖，在Ⅱ类气候区吸水率不应大于多少？
A 1%　　　　B 2%　　　　C 3%　　　　D 6%
提示：《外墙饰面砖工程施工及验收规程》JGJ 126—2015 第3.1.4条中规定，Ⅱ类气候区吸水率不应大于6%。
答案：D

24-9-51 **(2005)** 对于壁纸、壁布施工的下列规定中，哪一条是错误的？
A 环境温度应≥5℃　　　　　　　B 房间湿度>85%不得施工
C 混凝土及抹灰基层的含水率应≤15%　　D 木基层的含水率应≤12%
提示：查施工手册，混凝土及抹灰基层的含水率应为≤8%。
答案：C

24-9-52 **(2004)** 在夏热冬冷地区的公建玻璃屋顶设计中，其玻璃的选型以何者为最佳？
A 热反射镀膜夹层玻璃
B 低辐射镀膜夹层玻璃
C 外层为热反射镀膜钢化玻璃，内层为透明夹层玻璃的中空玻璃
D 外层为透明夹层玻璃，内层为钢化玻璃的中空玻璃
提示：夏热冬冷地区应以隔热为主。公共建筑屋顶应选用安全玻璃，中空玻璃是安全玻璃的一种，为反射热量应将热反射镀膜钢化玻璃放在外层较为合理。
答案：C

24-9-53 **(2004)** 当设计采光玻璃屋顶采用钢化夹层玻璃时，其夹层胶片的厚度应不小于（　　）。
A 0.38mm　　B 0.76mm　　C 1.14mm　　D 1.52mm
提示：《建筑玻璃规程》第8.2.2条指出：屋面玻璃或雨篷玻璃必须使用夹

层玻璃或夹层中空玻璃，其胶片厚度不应小于0.76mm。

答案：B

24-9-54 (2004) 下列石膏板轻质隔墙固定方法中，哪一条是错误的？
A 石膏板与轻钢龙骨用自攻螺丝固定
B 石膏板与石膏龙骨用粘结剂粘结
C 石膏板接缝处，贴50mm宽玻璃纤带，表面腻子刮平
D 石膏板轻质隔墙阳角处，贴80mm宽玻璃纤带，表面腻子刮平

提示：《装修验收规范》第4.2.4条规定：采用加强网时，加强网与各基体的搭接宽度不应小于100mm。

答案：C

24-9-55 (2004) 下列关于吊顶龙骨安装的说明中，哪一条是错误的？
A 吊杆距龙骨端距离不得大于300mm
B 龙骨接头应错开布置，不得在同一直线上，相邻接头距离不应小于300mm
C 龙骨起拱高度应不小于房间短向跨度的1/200
D 吊扇、风扇和风口可与上人吊顶的吊杆及龙骨连接

提示：《住宅装修施工规范》第8.1.4条规定：重型灯具、电扇及其他重型设备严禁安装在吊顶龙骨上。

答案：D

24-9-56 (2004) 石材中所含的放射性物质按行业标准《天然石材产品放射性防护分类控制标准》（JC 518）的规定可分为"A、B、C"三类产品，如用于旅馆门厅内墙饰面的磨光石板材，下列哪类产品可以使用？
A "A、B"类产品   B "A、C"类产品
C "B、C"类产品   D "C"类产品

提示：规范名称已更名为《建筑材料放射性核素限量》GB 6566—2010。该规范第3.1条规定："A"类产品的适用范围不受限制；"B"类产品不可以用于Ⅰ类民用建筑的内饰面，但可以用于Ⅱ类民用建筑的内饰面和其他建筑的内饰面；"C"类产品只能用于建筑物及室外其他用途。经过分析，旅馆、招待所等一般民用建筑应属于Ⅱ类民用建筑，故可以选用"A、B类"产品。

答案：A

24-9-57 (2004) 有关装饰装修裱糊工程的质量要求，下列表述何者不对？
A 壁纸、墙布表面应平整，不得有裂缝及斑污，斜视时应无胶痕
B 壁纸、墙布与各种装饰线、设备线盒应交接严密
C 壁纸、墙布边缘应平直整齐，不得有纸毛、飞刺
D 壁纸、墙布阴角处搭接应背光，阳角处应无接缝

提示：查施工手册，壁纸、墙布阴角处搭接应顺光，阳角处应无接缝。

答案：D

24-9-58 (2004) 有关外墙饰面砖工程的技术要求表述中，下面哪一组正确？
Ⅰ．外墙饰面砖粘贴应设置伸缩缝

Ⅱ．面砖接缝的宽度不应小于3mm，不得采用密缝，缝深不宜大于3mm，也可采用平缝

Ⅲ．墙面阴阳角处宜采用异型角砖，阳角处也可采用边缘加工成45°的面砖对接

A Ⅰ、Ⅱ　　　　B Ⅱ、Ⅲ　　　　C Ⅰ、Ⅲ　　　　D Ⅰ、Ⅱ、Ⅲ

提示：《外墙饰面砖工程施工及验收规程》JGJ 126—2015 第4.0.3条指出：外墙饰面砖粘贴时应设置伸缩缝。伸缩缝间距不宜大于6m，缝宽宜为20mm。第4.0.6条指出：饰面砖接缝的宽度不应小于5mm，缝深不宜大于3mm，也可为平缝。第4.0.6条指出：墙面阴阳角处宜采用异型角砖。

答案：C

24-9-59　建筑吊顶的吊杆距主龙骨端部距离不得超过（　　）mm。

A 300　　　　B 400　　　　C 500　　　　D 600

提示：《装修验收规范》第6.1.1条指出：主龙骨端部悬挑尺寸不得大于300mm。

答案：A

24-9-60　关于条木地板，下列技术措施哪一项是错误的？

A 侧面带有企口的木板宽度不应大于120mm，厚度应符合设计要求

B 面层下毛地板、木搁栅、垫木等要作防腐处理

C 木板面层与墙面紧贴，并用木踢脚板封盖

D 木搁栅与墙之间宜留出30mm的缝隙

提示：《住宅装修施工规范》第14.3.2条指出：木地板及地板与墙之间应留8~10mm的缝隙。

答案：C

24-9-61　关于纸面石膏板隔墙的石膏板铺设方向，下列哪一种说法是错误的？

A 一般隔墙的石膏板宜竖向铺设

B 曲墙面的石膏板宜横向铺设

C 隔墙石膏板竖向铺设的防火性能比横向铺设好

D 横向铺设有利隔声

提示：有关施工手册中没有这样的说法。

答案：D

24-9-62　关于抹灰工程，下列哪一项要求是错误的？

A 凡外墙窗台、窗楣、雨篷、阳台、压顶和突出腰线等，上面均应做流水坡度，下面均应做滴水线或滴水槽

B 室内墙面、柱面和门洞口的阳角，宜用1：2水泥砂浆做护角，高度不应低于2m

C 木结构与砖石结构、混凝土结构等相接处基体表面的抹灰，应先铺钉金属网，并绷紧牢固。金属网与各基体搭接宽度不应小于100mm

D 防空地下室顶棚应在板底抹1：2.5水泥砂浆，15mm厚

提示：《人防地下室规范》第3.9.3条明确指出，防空地下室的顶板不应抹

灰，而应采用喷涂料的做法。

答案：D

24-9-63 外墙釉面砖、无釉面砖的吸水率不得大于（　　）。

　　A　5%　　　　B　10%　　　　C　15%　　　　D　18%

提示：查有关施工手册，外墙釉面砖、无釉面砖的吸水率不得大于10%。

答案：B

24-9-64 下列四个部位，哪个部位选用的建筑用料是正确的？

　　A　外墙面砖接缝用水泥浆或水泥砂浆勾缝

　　B　室内卫生间墙裙釉面砖接缝用石膏灰嵌缝

　　C　餐厅彩色水磨石地面的颜料掺入量宜为水泥重量的3%～6%，颜料宜采用酸性颜料

　　D　勒脚采用干粘石

提示：查有关施工手册，为防止雨水渗入墙体，外墙面砖接缝必须采用水泥浆或水泥砂浆勾缝。

答案：A

24-9-65 下列防水涂料中哪一种不能用于清水池内壁做防水层？

　　A　硅橡胶防水涂料　　　　　　B　焦油聚氨酯防水涂料

　　C　CB型丙烯酸酯弹性防水涂料　D　水乳型SBS改性沥青防水涂料

提示：焦油聚氨酯防水涂料有严重污染，属于被淘汰的材料。

答案：B

24-9-66 有关轻钢龙骨石膏板吊顶的构造，哪一条不正确？

　　A　轻钢龙骨按断面类型分U形及T形两类

　　B　板材安装方式分活动式及固定式两类

　　C　重型大龙骨能承受120kg集中荷载，中型大龙骨能承受80kg集中荷载，轻型大龙骨不能承受上人检修荷载，在重型、中型大龙骨上均能安装永久性检修马道

　　D　大龙骨通过垂直吊挂件与吊杆连接，重型、中型大龙骨应采用 $\phi 8$ 钢筋吊杆，轻型大龙骨可采用 $\phi 6$ 钢筋吊杆

提示：查北京地区"内装修——吊顶"标准图集（88J4—×1）（1999年版），大龙骨只能承受80kg的集中荷载，不可以安装永久性检修马道。

答案：C

24-9-67 有关U形轻钢龙骨吊顶的构造，下列各条中哪一条是不恰当的？

　　A　大龙骨间距一般不宜大于1200mm，吊杆间距一般不宜大于1200mm

　　B　中小龙骨的间距应考虑吊顶板材的规格及构造方式，一般为400～600mm

　　C　大、中、小龙骨之间的连接可采用点焊连接

　　D　大面积的吊顶除按常规布置吊点及龙骨外，需每隔12m在大龙骨上部焊接横卧大龙骨一道

提示：查北京地区"内装修——吊顶"标准图集（88J4—×1）（1999年版），只有

大龙骨可以焊接。

答案：C

24-9-68 关于轻钢龙骨吊顶的板材安装构造，以下哪一条不恰当？

A U形轻钢龙骨吊顶安装纸面石膏板，可以采用镀锌自攻螺钉固定于龙骨上，其钉距应不大于200mm

B T形龙骨上安装矿棉板可以另加铝合金压条用镀锌自攻螺钉固定于龙骨上，其钉距应不大于200mm

C 金属条板的安装可卡在留有暗装卡口的金属龙骨上

D 双层板的安装可用自攻螺钉将石膏板基层固定于龙骨上，再用专用胶粘剂将矿棉吸声板粘结于基层板上

提示：矿棉板可以直接摆放在T形龙骨上。

答案：B

24-9-69 下列有关使用水泥砂浆结合层铺设陶瓷地砖的构造要求，其中哪一条不恰当？

A 水泥砂浆结合层应采用干硬性水泥砂浆

B 水泥砂浆结合层的体积比应为1∶2

C 水泥砂浆结合层的厚度应为20～25mm

D 地砖的缝隙宽度，采用密缝时不大于1mm，采用勾缝时为5～10mm

提示：《地面规范》附录A.0.2指出：陶瓷地砖的水泥砂浆结合层的厚度为10～30mm。

答案：C

24-9-70 下列关于墙面粉刷底层抹灰材料的选择，哪条有误？

A 砖墙、砌块墙选用石灰砂浆底层

B 混凝土墙选用混合砂浆或水泥砂浆底层

C 加气混凝土砌块墙选用水泥砂浆底层

D 有防水、防潮要求的砖墙选用水泥砂浆底层

提示：查有关施工手册，应采用水泥混合砂浆或聚合物水泥砂浆。

答案：C

24-9-71 下列楼地面板块面层间安装缝隙的最大限度何种不正确？

A 大理石、磨光花岗石不应大于1.5mm

B 水泥花砖不应大于2mm

C 预制水磨石不应大于2mm

D 拼花木地板不应大于0.3mm

提示：查有关施工手册，大理石、花岗石的安装缝隙应为1.0mm。

答案：A

24-9-72 下列四组抹灰中哪条适用于硅酸盐砌块、加气混凝土块表面？

A 水泥砂浆或水泥混合砂浆

B 水泥砂浆或聚合物水泥砂浆

C 水泥混合砂浆或聚合物水泥砂浆

D 麻刀石灰砂浆或纸筋石灰砂浆

提示：北京地区标准图《工程做法》（08BJ1—1）指出，上述两种墙体应以抹水泥砂浆为主。

答案：B

24-9-73 在一般抹灰中，下列各部位的规定控制总厚度值哪条不对？
A 现浇混凝土板顶棚抹灰厚度 15mm
B 预制混凝土板顶棚抹灰厚度 18mm
C 内墙中级抹灰厚度 20mm
D 外墙一般抹灰厚度 25mm

提示：查有关施工手册，一般抹灰的控制厚度应为 20mm。

答案：D

24-9-74 抹灰用水泥砂浆中掺入高分子聚合物的作用是（   ）。
A 提高砂浆强度　　　　　　　B 改善砂浆的和易性
C 增加砂浆的粘结强度　　　　D 增加砂浆的保水性能

提示：在水泥砂浆中掺入高分子聚合物的作用是增加砂浆的粘结强度。

答案：C

24-9-75 在墙面镶贴釉面砖的水泥砂浆中掺加一定量的建筑胶，可改善砂浆的和易性和保水性，并有一定的缓凝作用，从而有利于提高施工质量，但掺量过多，则会造成砂浆强度下降，并增加成本。其适宜的掺量为水泥重量的（   ）。
A 1%～1.5%　　B 2%～3%　　　C 3.5%～4%　　D 5%

提示：查相关施工手册，镶贴釉面砖的聚合物水泥砂浆，其建筑胶的掺量应为 2%～3%。

答案：B

24-9-76 下列对常用吊顶装修材料燃烧性能等级的描述，哪一项是正确的？
A 水泥刨花板为 A 级
B 岩棉装饰板为 A 级
C 玻璃板为 B_1 级
D 矿棉装饰吸声板、难燃胶合板为 B_1 级

提示：据《内部装修防火规范》附录 B，玻璃制品应为 A 级，岩棉装饰板与水泥刨花板均应为 B_1 级，只有矿棉装饰吸声板、难燃胶合板为 B_1 级是正确的。

答案：D

24-9-77 下列有关轻钢龙骨纸面石膏板隔墙的叙述中，何者不正确？
A 主龙骨断面 50m×50m×0.63m，间距 450mm，12mm 厚双面纸面石膏板隔墙的限高可达 3m
B 主龙骨断面 75m×50m×0.63m，间距 450mm，12mm 厚双面纸面石膏板隔墙的限高可达 3.8m
C 主龙骨断面 100m×50m×0.63m，间距 450mm，12mm 厚双面纸面石膏板隔墙的限高可达 6.6m
D 卫生间隔墙（防潮石膏板），龙骨间距应加密至 300mm

提示：查有关标准图，其高度应为 4.5m。

答案：C

24-9-78 采用轻钢龙骨石膏板制作半径为 1000mm 的曲面隔墙，下述构造方法哪一种是正确的？

A 先将沿地龙骨、沿顶龙骨切割成 V 形缺口后弯曲成要求的弧度，竖向龙骨按 150mm 左右间距安装。石膏板在曲面一端固定后，轻轻弯曲安装完成曲面

B 龙骨构造同 A，但石膏板切割成 300mm 宽竖条安装成曲面

C 沿地龙骨、沿顶龙骨采用加热撅弯成要求弧度，其他构造同 A

D 龙骨构造同 C，但石膏板切割成 300mm 宽竖条安装成曲面

提示：查有关施工手册。

答案：A

24-9-79 轻钢龙骨纸面石膏板隔墙，当其表面为一般装修时，其水平变形标准应≤（　　）。

A $H_0/60$　　　　B $H_0/120$　　　　C $H_0/240$　　　　D $H_0/360$

提示：北京地区标准图 88J2（六）墙身——轻钢龙骨石膏板中规定：轻钢龙骨纸面石膏板隔墙的水平变形值为 $H_0/120$。

答案：B

24-9-80 有关轻钢龙骨石膏板隔墙的构造，下述各条中哪一条是错误的？

A 轻钢龙骨石膏板隔墙的龙骨，是由沿地龙骨、沿顶龙骨、加强龙骨、横撑龙骨及配件所组成

B 沿地、沿顶龙骨可以用射钉或膨胀螺栓固定于地面和顶面

C 纸面石膏板采用射钉固定于龙骨上。射钉间距不大于 200mm

D 厨房、卫生间等有防水要求的房间隔墙，应采用防水型石膏板

提示：查有关施工手册，应采用自攻螺钉。

答案：C

24-9-81 下列关于对涂料工程基层含水率的要求，哪一条不符合规范要求？

A 混凝土表面施涂溶剂型涂料时，基层含水率不得大于 8%

B 抹灰面施除溶剂涂料时，基层含水率不得大于 8%

C 木料制品表面涂刷涂料时，含水率不得大于 12%

D 抹灰面施涂水性和乳酸涂料时，基层含水率不得大于 12%

提示：《装修验收规范》第 10.1.5 条规定：基层含水率不得大于 8%。

答案：D

24-9-82 下列关于在木制品表面涂刷涂料遍数的要求，哪项有误？

A 高级溶剂性混色涂料刷三遍涂料

B 中级溶剂性混色涂料刷四遍涂料

C 高级清漆刷五遍清漆

D 中级清漆刷三遍清漆

提示：查有关施工手册，应刮一遍腻子，刷三遍涂料。

答案：B

24-9-83 下列关于建筑内部装修材料燃烧性能等级的要求，哪一项可以采用A级顶棚和B_1级墙面？
A 设有中央空调系统高层饭店的客房
B 建筑物内上下层相连通的中庭、自动扶梯的连通部位
C 商场的地下营业厅
D 消防水泵房、空调机房、排烟机房、配电室

提示：《内部装修防火规范》表3.3.1规定，高层饭店中的客房必须满足题目要求。

答案：A

24-9-84 下列有关轻钢龙骨吊顶构造的叙述中，哪条与规定不符？
A 轻钢大龙骨可点焊，中、小龙骨不可焊接
B 大龙骨吊杆轻型用 $\phi 8$，重型用 $\phi 12$
C 一般轻型灯具可直接吊挂在附加大中龙骨上
D 重型吊顶大龙骨能承受检修用80kg集中荷载

提示：重型大龙骨用 $\phi 10$，查找北京地区标准图"内装修—吊顶"（88J4—×1）（1999年版）。

答案：B

（十）高层建筑及老年人建筑和无障碍设计的构造措施

24-10-1 (2010) 玻璃幕墙开启部分的开启角度应不大于（　　）。
A 10°　　　B 15°　　　C 20°　　　D 30°
（注：本题2004年以前考过）

提示：《玻璃幕墙规范》第4.1.5条规定，开启部分的开启角度不宜大于30°，开启距离不宜大于300mm。

答案：D

24-10-2 (2010) 玻璃幕墙采用中空玻璃，其气体层的最小厚度为（　　）。
A 6mm　　　B 9mm　　　C 12mm　　　D 15mm
（注：此题2009年、2006年均考过。）

提示：《玻璃幕墙规范》第3.4.3条规定：玻璃幕墙采用中空玻璃，其气体层的最小厚度为9mm。

答案：B

24-10-3 (2010) 在海边及严重酸雨地区，当采用铝合金幕墙选用的铝合金板材表面进行氟碳树脂处理时，要求其涂层厚度应大于（　　）。
A 15μm　　　B 25μm　　　C 30μm　　　D 40μm
（注：此题2005年、2004年及2004年以前均考过）

提示：《金属石材幕墙规程》第3.3.9条规定：在海边地区当采用铝合金幕墙选用的铝合金板材表面进行氟碳树脂处理时，其涂层厚度应大于40μm。

答案：D

24-10-4 **(2010)** 采用玻璃肋支承的点支承玻璃幕墙，其玻璃肋应该用（　　）。
A　钢化夹层玻璃　　B　钢化玻璃　　　C　安全玻璃　　D　有机玻璃
（注：此题 2009 年、2008 年、2007 年均考过）
提示：《玻璃幕墙规范》第 4.4.3 条规定：采用玻璃肋支承的点支承玻璃幕墙，其玻璃肋应采用钢化夹层玻璃。
答案：A

24-10-5 **(2010)** 一地处夏热冬冷地区宾馆西南向客房拟采用玻璃及铝板混合幕墙，从节能考虑应优先选择下列何种幕墙？
A　热反射中空玻璃幕墙　　　　B　低辐射中空玻璃幕墙
C　开敞式外通风幕墙　　　　　D　封闭式内通风幕墙
（注：本题 2005 年考过）
提示：夏热冬冷地区的节能应考虑遮阳与保温并重的做法。《全国民用建筑工程设计技术规范》（规划·建筑·景观）第 5.5.2 条中指出：有保温和遮阳要求的幕墙应采用镀膜中空玻璃，热反射中空玻璃幕墙应该是首选。
答案：A

24-10-6 **(2010)** 幕墙用中空玻璃的空气层具保温、隔热、减噪等作用，下列有关空气层的构造做法说明，哪项错误？

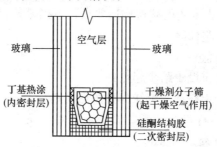

题 24-10-6 图

A　空气层宽度常在 9～15mm 之间
B　空气层要干燥干净
C　空气层内若充以惰性气体效果更好
D　空气层应下堵上通，保持空气对流
提示：《玻璃幕墙规范》第 3.4.3 条规定："空气层宽度常在 9～15mm 之间"，"空气层要干燥干净"，"空气层内若充以惰性气体效果更好"均是对的。没有"空气层应下堵上通，保持空气对流"的要求。
答案：D

24-10-7 **(2010)** 有关玻璃幕墙的设计要求，下列哪项是错误的？
A　幕墙的开启面积宜小于等于 15% 幕墙面积
B　幕墙的开启部分宜为中悬式结构
C　幕墙开启部分的密封材料宜采用氯丁橡胶或硅橡胶制品

D 幕墙的不同材料接触处，应设置绝缘垫片或采取其他防腐措施

提示：《玻璃幕墙规范》第4.4.3条和4.4.7条规定：幕墙开启部分的密封材料宜采用氯丁橡胶或硅橡胶制品，幕墙的不同材料接触处，应设置绝缘垫片或采取其他防腐措施。幕墙的开启面积宜小于等于15%幕墙面积，是通常做法。幕墙的开启部分应为上悬式结构，B项是错误的。

答案：B

24-10-8 **(2010)** 下列哪种类型的门不能作为供残疾人使用的门？
A 自动门　　B 旋转门　　C 推拉门　　D 平开门

提示：《无障碍规范》第3.5.3条规定：供残疾人使用的门应采用推拉门、折叠门或平开门，不应采用旋转门。

答案：B

24-10-9 **(2010)** 用于石材幕墙的光面石材，最小板厚和单块板材最大面积分别是（　　）。
A 20mm，1.2m²　　　　　　　　B 25mm，1.5m²
C 20mm，1.6m²　　　　　　　　D 25mm，1.8m²

提示：《金属石材幕墙规范》中第5.5.1条及3.4.2条规定，石板的最小厚度和最大面积分别为25mm，1.5m²。

答案：B

24-10-10 **(2009)** 残疾人专用的楼梯构造要求，下列哪条有误？
A 应采用直跑梯段
B 应设有休息平台
C 提示盲道应设于踏步起点处
D 不应采用无踢面、突缘为直角形的踏步

提示：《无障碍规范》第3.6.1条规定：提示盲道应设于踏步起点或终点250~300mm处。

答案：C

24-10-11 **(2010)** 幕墙的金属材料与其他金属或水泥砂浆混凝土接触处，应设置绝缘垫片或作涂料处理，其作用是（　　）。
A 连接稳妥　　B 幕墙美观　　C 安装位移　　D 防止腐蚀

提示：《玻璃幕墙规范》第4.3.8条指出：设置绝缘垫片的作用是防止金属材料锈蚀。

答案：D

24-10-12 **(2009)** 单层铝板幕墙经下列哪一种方法进行表面处理后，表面均匀度、质感及耐久性均较好？
A 阳极氧化　　B 氟碳漆喷涂　　C 粉末喷涂　　D 电泳涂漆复合膜

提示：《金属石材幕墙规范》第3.3.9条规定：经氟碳树脂喷涂处理后，表面均匀度、质感及耐久性均较好。

答案：B

24-10-13 **(2009)** 全玻幕墙依靠胶缝传力，其胶缝厚度不应小于6mm并应选用（　　）。

A 硅酮结构密封胶　　　　　　　B 硅酮建筑密封胶
C 弹性强力密封胶　　　　　　　D 丁基热熔密封胶

提示：《玻璃幕墙规范》第7.4.1条规定：全玻璃幕墙依靠胶缝传力必须采用硅酮结构密封胶。

答案：A

24-10-14　**(2009)** 幕墙的保温材料通常与金属板、石板结合在一起但却与主体结构外表面有50mm以上的距离，其主要作用是（　　）。

A 保温　　　　B 隔热　　　　C 隔声　　　　D 通气

提示：《金属石材幕墙规范》第4.3.4条规定：保温材料通常与金属板、石板结合在一起但却与主体结构外表面有50mm以上的距离，其主要作用是通气。

答案：D

24-10-15　**(2009)** 无窗槛墙的玻璃幕墙，应在每层楼板外沿设置耐火极限不低于多少小时，高度不低于多少米的不燃烧实体裙墙或防火玻璃裙墙？

A 耐火极限不低于0.9h，裙墙不低于0.9m
B 耐火极限不低于1.0h，裙墙不低于0.8m
C 耐火极限不低于1.2h，裙墙不低于0.6m
D 耐火极限不低于1.5h，裙墙不低于1.0m

提示：《玻璃幕墙规范》第4.4.10条规定：无窗槛墙的玻璃幕墙应在每层楼板外沿设置耐火极限不低于1.0h，墙裙不低于0.8m的不燃烧实体裙墙或防火玻璃裙墙。

答案：B

24-10-16　**(2009)** 铝塑复合板幕墙即两层铝合金板中夹有低密度聚乙烯芯板，其性能中不包括以下哪项？

A 板材强度高　　B 便于截剪摺边　　C 耐久性差　　D 表面不易变形

提示：铝塑复合板装饰效果好、耐久性很强，因而应用较广。

答案：C

24-10-17　**(2008)** 用于玻璃幕墙的铝合金材料的表面处理方法，下列哪条有误？

A 热浸镀锌　　B 阳极氧化　　C 粉末喷涂　　D 氟碳喷涂

提示：《玻璃幕墙规范》第3.2.2条指出，铝合金材料的表面处理无热浸镀锌的做法。

答案：A

24-10-18　**(2008)** 为防腐蚀，幕墙用铝合金材料与其他材料接触处一般应设置绝缘垫片或隔离材料，但与以下哪种材料接触时可以不设置？

A 水泥砂浆　　　　　　　　　　B 玻璃、胶条
C 混凝土构件　　　　　　　　　D 铝合金以外的金属

提示：《玻璃幕墙规范》第4.3.7条指出，对玻璃、胶条无设置绝缘垫片或隔离材料的要求。

答案：B

24-10-19　**(2008)** 关于全玻幕墙的构造要点，下列哪条有错？

A 其板面不得与其他刚性材料直接接触
B 板面与装修面或结构面之间的空隙不小于8mm
C 面板玻璃厚度不小于10mm，玻璃肋截面厚度不小于12mm
D 采用胶缝传力的全玻幕墙必须用弹性密封胶嵌缝

提示：《玻璃幕墙规范》第7.4.1条规定，采用胶缝传力的全玻幕墙必须采用硅酮结构密封胶。

答案：D

24-10-20 **(2008)** 有关金属幕墙的规定中，下列哪条不正确？
A 幕墙的钢框架结构应设温度变形缝
B 单元幕墙应设计有泄水孔
C 幕墙层间防火带必须采用厚度＞1mm的耐热钢板或铝板
D 幕墙结构应自上而下安装防雷装置，并与主结构防雷装置连接

提示：《金属石材幕墙规范》第4.4.1条规定，幕墙层间防火带必须采用厚度＞1.5mm的耐热钢板，不得选用铝板。

答案：C

24-10-21 **(2007)** 以下哪一项幕墙类型不是按幕面材料进行分类的？
A 玻璃幕墙　　B 金属幕墙　　C 石材幕墙　　D 墙板式幕墙

提示：墙板式幕墙不属于按幕面材料分类的构造做法。

答案：D

24-10-22 **(2007)** 铝塑复合板幕墙即两层铝合金板中夹有低密度聚乙烯芯板，有关其性能的叙述，下列哪条不对？
A 材料强度高　B 便于截剪摺边　C 价格比单板低　D 耐久不易变形

提示：铝塑复合板的性能中便于裁剪摺边是不正确的。

答案：B

24-10-23 右图为幕墙中空玻璃的构造，将其与240mm墙有关性能相比，以下哪条正确？（单位：mm）
A 绝热性好，隔声性好
B 绝热性差，隔声性好
C 绝热性好，隔声性差
D 绝热性差，隔声性差

提示：镜面热反射玻璃有利于反射热，干燥空气间层有利于隔声和绝热，其性能远高于240mm墙。

题24-10-23图

答案：A

24-10-24 **(2007)** 为防腐蚀，幕墙金属材料与其他材料接触处一般应设置绝缘垫片或隔离材料，但与以下哪种材料接触时可以不设置？
A 水泥砂浆　　　　　　　B 玻璃、胶条
C 混凝土构件　　　　　　D 铝合金以外的金属

提示：幕墙金属材料与玻璃、胶条等接触时不需设置绝缘垫片或隔离材料。

答案：B

24-10-25 **(2007)** 为便于玻璃幕墙的维护与清洁，高度超过多少米宜设置清洗设备？

A 10m　　　　B 20m　　　　C 30m　　　　D 40m

提示：《玻璃幕墙规范》第4.1.6条规定：幕墙高度达到或超过40m时宜设置清洗设备。

答案：D

24-10-26 **(2006)** 关于不同位置供轮椅通行的坡道的最大坡度，以下哪条表述是错误的？

A 建筑物出入口室外的场地坡度不应大于1∶20

B 无台阶、只设坡道的建筑物出入口最大坡度为1∶15

C 室外通路不应大于1∶20

D 室内走道不应大于1∶12

提示：综合《无障碍规范》第3.4.4条和其他相关技术资料的规定：无台阶、只设坡道的建筑出入口的最大坡度应为1∶20。

答案：B

24-10-27 **(2006)** 金属幕墙在楼层之间应设一道防火隔层，下列选出的经防腐处理的防火隔层材料中，哪一项是正确的？

A 厚度不小于3mm的铝板　　　B 厚度不小于3mm的铝塑复合板

C 厚度不小于5mm的蜂窝铝板　D 厚度不小于1.5mm的耐热钢板

提示：《金属石材幕墙规程》第4.4.1条规定：金属幕墙在楼层之间应设一道防火隔层，应采用厚度不小于1.50mm的耐热钢板。

答案：D

24-10-28 **(2006)** 关于玻璃幕墙构造要求的表述，下列哪一项是错误的？

A 幕墙玻璃之间拼接胶缝宽度不宜小于5mm

B 幕墙玻璃表面周边与建筑内外装饰物之间的缝隙，不宜小于5mm

C 全玻璃墙的板面与装饰面，或结构面之间的空隙，不应小于8mm

D 构件式幕墙的立柱与横梁连接处可设置柔性垫片或预留1～2mm的间隙

提示：《玻璃幕墙规范》第8.1.2条规定，幕墙玻璃之间拼接胶缝宽度不宜小于10mm。

答案：A

24-10-29 **(2006)** 关于玻璃幕墙开启门窗的安装，下列哪条是正确的？

A 窗、门框固定螺丝的间距应≤500mm

B 窗、门框固定螺丝与端部距离应≤300mm

C 开启窗的开启角度宜≤30°

D 开启窗开启距离宜≤750mm

提示：《玻璃幕墙规范》第4.1.5条规定：C项，开启窗的开启角度宜≤30°是正确的；D项，开启窗开启距离宜为≤300mm。其他相关资料表明：A项，窗、门框固定螺丝的间距应为≤600mm；B项，窗、门框固定螺丝的间距应为150～200mm。
答案：C

24-10-30 **(2006)** 关于玻璃幕墙的防火构造规定，下列哪一项是错误的？
A 玻璃幕墙与各层楼板、隔墙外沿的缝隙，当采用岩棉或矿棉封堵时，其厚度不应小于60mm
B 无窗槛墙的玻璃幕墙的楼板外沿实体裙墙高度，可计入钢筋混凝土楼板厚度或边梁高度
C 同一块幕墙玻璃单元不宜跨越两个防火分区
D 当建筑要求防火分区间设置通透隔断时，可采用防火玻璃

提示：按《玻璃幕墙规范》第4.4.11条规定，B项，无窗槛墙的玻璃幕墙的楼板外沿设置的不燃烧实体裙墙，不可以计入钢筋混凝土楼板厚度或边梁高度。

答案：B

24-10-31 **(2006)** 下列玻璃幕墙采用的玻璃品种中哪项有错误？
A 点支承玻璃幕墙面板玻璃应采用钢化玻璃
B 采用玻璃肋支承的点支承玻璃幕墙，其玻璃肋应采用钢化夹层玻璃
C 应采用反射比大于0.30的幕墙玻璃
D 有防火要求的幕墙玻璃，应根据防火等级要求，采用单片防火玻璃

提示：《玻璃幕墙规范》第4.2.9条规定：幕墙玻璃应采用反射比不大于0.30的幕墙玻璃。

答案：C

24-10-32 **(2006)** 下列玻璃幕墙的密封材料使用及胶缝设计，哪一项是错误的？
A 采用胶缝传力的全玻幕墙，胶缝应采用硅酮建筑密封胶
B 玻璃幕墙的开启扇的周边缝隙宜采用氯丁橡胶、三元乙丙橡胶或硅橡胶材料的密封条
C 幕墙玻璃之间的拼接胶缝宽度应能满足玻璃和胶的变形要求，并不宜小于10mm
D 除全玻幕墙外，不应在现场打注硅酮结构密封胶

提示：《玻璃幕墙规范》第7.4.1条规定：采用胶缝传力的全玻幕墙，胶缝应采用硅酮结构密封胶。

答案：A

24-10-33 **(2005)** 铝合金明框玻璃幕墙铝型材的表面处理有：Ⅰ电泳涂漆、Ⅱ粉末喷涂、Ⅲ阳极氧化、Ⅳ氟碳漆喷涂四种，其耐久程度按由高到低的顺序排列应为下列哪一组？
A Ⅱ、Ⅳ、Ⅰ、Ⅲ B Ⅱ、Ⅳ、Ⅲ、Ⅰ
C Ⅳ、Ⅱ、Ⅰ、Ⅲ D Ⅳ、Ⅱ、Ⅲ、Ⅰ

提示：《铝合金门窗工程技术规范》JGJ 214—2010 第3.1.3条规定：铝合金明框玻璃幕墙铝型材的表面处理四种方式的排序为：氟碳漆喷涂、粉末喷涂、电泳涂漆和阳极氧化。排序为Ⅳ、Ⅱ、Ⅰ、Ⅲ。

答案：C

24-10-34 在全玻幕墙设计中，下列规定哪一条是错误的？
A 下端支承全玻幕墙的玻璃厚度为 12mm 时，最大高度可达 5m
B 全玻幕墙的板面不得与其他刚性材料直接接触，板面与刚性材料面之间的空隙不应小于 8mm，且应采用密封胶密封
C 全玻幕墙的面板厚度不宜小于 10mm
D 全玻幕墙玻璃肋的截面厚度不应小于 12mm，截面高度不应小于 100mm
提示：据《玻璃幕墙规范》第 7.1.1 条，下端支承全玻幕墙的玻璃厚度为 12mm 时，最大高度可达 4m。
答案：A

24-10-35 (2005) 点支承玻璃幕墙设计的下列规定中，哪一条是错误的？
A 点支承玻璃幕墙的面板玻璃应采用钢化玻璃
B 采用浮头式连接的幕墙玻璃厚度不应小于 6mm
C 采用沉头式连接的幕墙玻璃厚度不应小于 8mm
D 面板玻璃之间的空隙宽度不应小于 8mm 且应采用硅酮结构密封胶嵌缝
提示：据《玻璃幕墙规范》第 7.1.1 条，面板玻璃之间的空隙宽度不应小于 10mm 且应采用硅酮建筑密封胶密封。
答案：D

24-10-36 (2005) 铝板幕墙设计中，铝板与保温材料在下列构造中以何者为最佳？
A 保温材料紧贴铝板内侧与主体结构外表面留有 50mm 空气层
B 保温材料紧贴主体结构外侧与铝板内表面留有 50mm 空气层
C 保温材料置于主体结构与铝板之间两侧均不留空气层
D 保温材料置于主体结构与铝板之间两侧各留 50mm 空气层
提示：《金属石材幕墙规范》第 4.3.4 条规定：保温材料紧贴铝板内侧与主体结构外表面留有 50mm 空气层为最佳。
答案：A

24-10-37 (2005) 钢销式石材幕墙结构设计的下列规定中，哪一条不符合规范要求？
A 不得用于 8 度抗震设防的建筑
B 幕墙高度不宜大于 24m
C 石板面积不宜大于 1.0m²
D 钢销连接板的截面尺寸不宜小于 40mm×4mm
提示：《金属石材幕墙规程》第 5.5.2 条规定：幕墙高度不宜大于 20m。
答案：D

24-10-38 (2004) 对耐久年限要求高的高层建筑铝合金幕墙应优先选用下列哪一种板材？
A 普通型铝塑复合板   B 防火型铝塑复合板
C 铝合金单板   D 铝合金蜂窝板
提示：对耐久年限要求高的高层建筑铝合金幕墙应优先选用铝合金单板。
答案：C

24-10-39 **(2004)** 当玻璃幕墙采用热反射镀膜玻璃时允许使用下列哪一组?
Ⅰ．在线热喷涂镀膜玻璃；　　　Ⅱ．化学凝胶镀膜玻璃；
Ⅲ．真空蒸着镀膜玻璃；　　　　Ⅳ．真空磁控阴极溅射镀膜玻璃
A　Ⅰ、Ⅱ　　　　　　　　　　B　Ⅰ、Ⅲ
C　Ⅰ、Ⅳ　　　　　　　　　　D　Ⅲ、Ⅳ

提示：《玻璃幕墙规范》第3.4.2条指出：玻璃幕墙采用阳光控制镀膜玻璃时，离线法生产的镀膜玻璃应采用真空磁控溅射法生产工艺；在线法生产的镀膜玻璃应采用热喷涂法生产工艺。

答案：C

24-10-40 **(2004)** 玻璃幕墙的龙骨立柱与横梁接触处的正确处理方式是下列哪项?
A　焊死　　　　B　铆牢　　　　C　柔性垫片　　　D　自由伸缩

提示：《玻璃幕墙规范》第6.3.11条规定：应采用角码、螺钉或螺栓等柔性垫片与立柱连接。

答案：C

24-10-41 **(2004)** 在下列四种玻璃幕墙构造中，哪一种不适合于镀膜玻璃?
A　明框结构　　B　隐框结构　　C　半隐框结构　　D　驳爪点式结构

提示：《玻璃幕墙规范》第4.4.3条规定：驳爪点式结构（点支承玻璃幕墙）应选用钢化玻璃。前三者均为框式玻璃幕墙，可以选用镀膜玻璃。

答案：D

24-10-42 **(2004)** 对立柱散装式玻璃幕墙，下列描述哪一条是错误的?
A　竖直玻璃幕墙的立柱是竖向杆件，在重力荷载作用下呈受压状态
B　立柱与结构混凝土主体的连接，应通过预埋件实现，预埋件必须在混凝土浇灌前埋入
C　膨胀螺栓是后置连接件，只在不得已时作为辅助、补救措施并应通过试验决定其承载力
D　幕墙横梁与立柱的连接应采用螺栓，并要适应横梁温度变形的要求

提示：《玻璃幕墙规范》第6.3.12条规定：立柱与主体结构之间每个受力连接的连接螺栓不应少于2个，且连接螺栓直径不宜小于10mm。

答案：B

24-10-43 **(2004)** 用于幕墙中的石材，下列规定哪一条是错误的?
A　石材宜选用火成岩，石材吸水率应小于0.8%
B　石材中的含放射性物质应符合行业标准的规定
C　石板的弯曲强度不应小于8.0MPa
D　石板的厚度不应小于20mm

提示：《金属石材幕墙规程》第5.5.1条规定石板的厚度不应小于25mm。

答案：D

24-10-44 **(2004)** 在钢销式石材幕墙设计中，下列规定哪一条是错误的?
A　钢销式石材幕墙只能在抗震设防7度以下地区使用
B　钢销式石材幕墙高度不宜大于20m，石板面积不宜大于1.0m^2

C 钢销和连接板应采用不锈钢

D 连接板截面尺寸不宜小于 40mm×4mm，钢销直径不应小于 4mm

提示：《金属石材幕墙规程》第 6.3.2 条规定钢销直径应为 5～6mm。

答案：D

24-10-45 无障碍卫生间厕所小隔间内（门向外开），供停放轮椅的最小尺寸是（   ）。

A 0.80m×0.80m　　　　B 1.20m×0.80m

C 1.20m×1.20m　　　　D 1.20m×1.50m

提示：《无障碍规范》第 3.9.2 条指出：供轮椅停放的最小尺寸为 0.80m×0.80m。

答案：A

24-10-46 供拄杖者及视力残疾者使用的楼梯应符合有关规定，下述各项中何者有误？

A 梯段净宽不宜小于 1.2m

B 不宜采用弧形楼梯

C 梯段两侧应在 0.9m 高度处设扶手

D 楼梯起点及终点处的扶手，应水平延伸 0.5m 以上

提示：《无障碍规范》第 3.8.2 条提到：扶手应外延不小于 0.3m。

答案：D

24-10-47 下列有关无障碍设施的规定中，哪条不正确？

A 供残疾人通行的门不得采用旋转门，不宜采用弹簧门

B 门扇开启净宽不得小于 0.8m

C 入口处擦鞋垫厚度和卫生间室内外地坪面高差不得大于 40mm

D 供残疾人使用的门厅、过厅及走道等地面坡道宽不应小于 0.9m

提示：《建筑专业设计技术措施》（中国建筑工业出版社）中指出：入口处擦鞋垫及卫生间室内外地面高差应为 20mm。

答案：C

24-10-48 关于玻璃幕墙设计，下列各项中哪一项要求是错误的？

A 玻璃幕墙宜采用半钢化玻璃、钢化玻璃或夹层玻璃，有保温要求的玻璃幕墙宜采用中空玻璃

B 竖直玻璃幕墙的立柱应悬挂在主体结构上，并使立柱处于受拉状态

C 当楼面外缘无实体窗下墙时，应设置防撞栏杆

D 玻璃幕墙下可直接设置出入口、通路

提示：《玻璃幕墙规范》的安全规定中指出，玻璃幕墙不得直接设置出入口、通路，必须采取安全措施，如雨罩等。

答案：D

24-10-49 下列玻璃幕墙的性能要求，哪一组未列入国家行业标准《玻璃幕墙工程技术规范》JGJ 102—2003？

A 平面内变形性能、风压变形性能、耐撞击性能

B 保温性能、隔声性能

C 玻璃反射性能、玻璃透光性能
D 雨水渗漏性能、空气渗透性能

提示：查找《玻璃幕墙规范》第 4.2.2 条，有对玻璃反射性能、玻璃透光性能的要求。

答案：C

24-10-50 下列有关玻璃幕墙构造要求的表述，哪一条是不恰当的？

A 当玻璃幕墙在楼面外缘无实体窗下墙时，应设置防护栏杆
B 玻璃幕墙与每层楼板、隔墙处的缝隙应采用不燃材料填充
C 玻璃幕墙的铝合金材料与钢板连接件连接时，应加设一层铝合金垫片
D 隐框玻璃幕墙的玻璃拼缝宽度不宜小于 10mm

提示：查《玻璃幕墙规范》，无 C 项要求。

答案：C

24-10-51 右图所示地面块材主要供残疾人何种用途？

A 防滑块材　　B 拐弯块材
C 停步块材　　D 导向块材

提示：查《无障碍规范》第 3.2.2 条，D 应为行进盲道块材。

答案：D

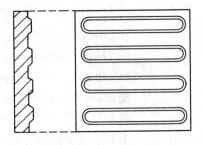

题 24-10-51 图

24-10-52 明框玻璃幕墙、半隐框玻璃幕墙、隐框玻璃幕墙不宜采用下述哪种玻璃？

A 中空玻璃　　B 夹层玻璃　　C 单片玻璃　　D 半钢化玻璃

提示：《玻璃幕墙规范》第 6.1.1 条指出，半钢化玻璃不宜用于框支承玻璃幕墙。

答案：D

有关规范、标准及参考资料的简称、全称对照表

一、规范、规程

序号	规范、标准名称	编号	简称
1	民用建筑设计通则	GB 50352—2005	《民建通则》
2	无障碍设计规范	GB 50763—2012	《无障碍规范》
3	建筑设计防火规范	GB 50016—2014	《防火规范》
4	建筑内部装修设计防火规范	GB 50222—95（2001年版）	《内部装修防火规范》
5	建筑抗震设计规范	GB 50011—2010（2016年版）	《抗震规范》
6	砌体结构设计规范	GB 50003—2011	《砌体规范》
7	民用建筑隔声设计规范	GBJ 50118—2010	《隔声规范》
8	建筑地面设计规范	GB 50037—2013	《地面规范》
9	屋面工程技术规范	GB 50345—2012	《屋面规范》
10	地下工程防水技术规范	GB 50108—2008	《地下防水规范》
11	玻璃幕墙工程技术规范	JGJ 102—2003	《玻璃幕墙规范》
12	金属与石材幕墙工程技术规范	JGJ 133—2001	《金属石材幕墙规范》
13	住宅装饰装修工程施工规范	GB 50327—2001	《住宅装修施工规范》
14	倒置式屋面工程技术规程	JGJ 230—2010	《倒置式屋面规程》
15	建筑装饰装修工程质量验收规范	GB 50210—2001	《装修验收规范》
16	混凝土小型空心砌块建筑技术规程	JGJ/T 14—2011	《小型空心砌块规程》
17	建筑玻璃应用技术规程	JGJ 113—2015	《建筑玻璃规程》
18	蒸压加气混凝土建筑应用技术规程	JGJ/T 17—2008	《蒸压加气混凝土规程》
19	外墙外保温工程技术规程	JGJ 144—2004	《外墙外保温规程》
20	建筑轻质条板隔墙技术规程	JGJ/T 157—2014	《轻质条板隔墙规程》

二、参考资料

序号	书名	出版单位及出版时间	简称
1	建筑设计资料集（第2版）第8辑	中国建筑工业出版社，1994	《建筑设计资料集8》
2	北京市建筑设计技术细则（建筑专业）	北京市建筑设计院，2005	《北京建筑设计细则》

建筑材料与构造

2014年试题

1. 五千年前就开始用砖砌筑拱券的地方是（　　）。
   A 东欧　　　　　　B 南非　　　　　　C 西亚　　　　　　D 北美

2. 下列材料中，不属于有机材料的是（　　）。
   A 沥青、天然漆　　　　　　　　　　B 石棉、菱苦土
   C 橡胶、玻璃钢　　　　　　　　　　D 塑料、硬杂木

3. 下列材料密度由小到大的正确顺序是（　　）。
   A 硬杂木、水泥、石灰岩　　　　　　B 水泥、硬杂木、石灰岩
   C 石灰岩、硬杂木、水泥　　　　　　D 硬杂木、石灰岩、水泥

4. 关于大理石的说法中，错误的是（　　）。
   A 云南大理盛产此石故以其命名　　　B 大理石由石灰岩或白云岩变质而成
   C 耐碱性差，耐磨性好于花岗岩　　　D 耐酸性差，抗风化性能不及花岗岩

5. 关于材料孔隙率的说法，正确的是（　　）。
   A 孔隙率反映材料的致密程度　　　　B 孔隙率也可以称为空隙率
   C 孔隙率大小与材料强度无关　　　　D 烧结砖的孔隙率比混凝土小

6. 材料在力（荷载）的作用下抵抗破坏的能力称为（　　）。
   A 密度　　　　　　B 硬度　　　　　　C 强度　　　　　　D 刚度

7. 一般测定混凝土硬度用（　　）。
   A 刻划法　　　　　B 压入法　　　　　C 钻孔法　　　　　D 射击法

8. 下列材料的绝热性能由好到差的排列，正确的是（　　）。
   A 木、砖、石、钢、铜　　　　　　　B 砖、石、木、铜、钢
   C 石、木、砖、钢、铜　　　　　　　D 木、石、铜、砖、钢

9. 材料的热导率（导热系数）小于下列哪一数值，可称为绝热材料？
   A 230W/(m·K)　　　　　　　　　　B 23W/(m·K)
   C 2.3W/(m·K)　　　　　　　　　　D 0.23W/(m·K)

10. 我国按照不同的安全防护类别，将防盗门产品分（　　）。
    A 高档型、普通型两种　　　　　　　B 优质品、一等品、合格品三种
    C 甲级、乙级、丙级、丁级四种　　　D A类、B类、C类、D类、E类五种

11. 举世闻名的赵州桥、埃及金字塔、印度泰姬陵主要采用的建材是（　　）。
    A 砖瓦　　　　　　B 陶瓷　　　　　　C 石材　　　　　　D 钢铁

12. 某工程要求使用快硬混凝土，应优先选用的水泥是（　　）。
    A 矿渣水泥　　　　B 火山灰水泥　　　C 粉煤灰水泥　　　D 硅酸盐水泥

13. 普通黏土砖的缺点不包括（　　）。
    A 尺寸较小，不利于机械化施工　　　B 取土毁田，不利于自然生态
    C 烧制耗热，不利于节能环保　　　　D 强度不大，不利于坚固耐久

14. 蒸压灰砂砖适用于( )。
    A 长期温度大于200℃的建、构筑物
    B 多层混合结构建筑的承重墙体
    C 有酸性介质会侵蚀的建筑部位
    D 受水冲泡的建筑勒脚、水池、地沟

15. 下列哪种颜色的烧结普通砖的三氧化二铁含量最高?
    A 深红   B 红   C 浅红   D 黄

16. 曾用于砌筑小型建筑拱形屋盖的烧结空心砖是( )。

17. 建筑物在长期受热超过50℃时,不应采用( )。
    A 砖结构   B 木结构   C 钢结构   D 混凝土结构

18. 关于木材力学性质的结论,错误的是( )。
    A 顺纹抗压强度较高,为30～70MPa
    B 顺纹抗拉强度最高,能达到顺纹抗压强度的三倍
    C 抗弯强度可达顺纹抗压强度的二倍
    D 顺纹剪切强度相当于顺纹抗压强度

19. 将钢材加热到723～910℃或更高温度后,在空气中冷却的热处理方法称为( )。
    A 正火   B 退火   C 回火   D 淬火

20. 制作金属吊顶面板不应采用( )。
    A 热镀锌钢板   B 不锈钢板   C 镀铝锌钢板   D 碳素钢板

21. 建筑钢材的机械性能不包括( )。
    A 强度、硬度   B 冷弯性能、伸长率
    C 冲击韧性、耐磨性   D 耐燃性、耐蚀性

22. 七层及超过七层的建筑物外墙上不应采用( )。
    A 推拉窗   B 上悬窗   C 内平开窗   D 外平开窗

23. 关于建筑用生石灰的说法,错误的是( )。
    A 由石灰岩煅烧而成   B 常用立窑烧制,温度达1100度
    C 呈粉状,体积比原来的石灰岩略大 D 主要成分是氧化钙

24. 北方某社区建设室外网球场,其面层材料不宜选择( )。
    A 聚氨酯类   B 丙烯酸类
    C 天然草皮类   D 水泥沥青类

25. 水玻璃在建筑工程中的应用,错误的是( )。
   A 配制耐酸混凝土　　　　　　　　　　B 涂在石膏制品表面上使其防水耐久
   C 配制耐热砂浆　　　　　　　　　　　D 用作灌浆材料加固地基

26. 蒸压粉煤灰砖(优等品)不得用于( )。
   A 建筑物的墙体　　　　　　　　　　　B 受急冷急热的部位
   C 受冻融和干湿交替作用处　　　　　　D 工业建筑的基础

27. 下列无机多孔制品中,抗压强度最大且可钉、可锯、可刨的是( )。
   A 泡沫混凝土　　B 加气混凝土　　C 泡沫玻璃　　D 微孔硅酸钙

28. 下列混凝土砖铺设方式,其力学性能最优的是( )。
   A 竖条型　　　　B 人字形　　　　C 正方形　　　D 横条形

29. 石油沥青在外力作用时产生变形而不破坏的性能称为塑性,表示沥青塑性的是( )。
   A 延度　　　　　B 软度　　　　　C 韧度　　　　D 硬度

30. 关于胶粘剂的说法,错误的是( )。
   A 不少动植物胶是传统的胶粘剂　　　　B 目前采用的胶粘剂多为合成树脂
   C 结构胶粘剂多为热塑性树脂　　　　　D 环氧树脂胶粘剂俗称"万能胶"

31. 既耐严寒又耐高温的优质嵌缝材料是( )。
   A 聚氯乙烯胶泥　　　　　　　　　　　B 硅橡胶
   C 聚硫橡胶　　　　　　　　　　　　　D 丙烯酸酯密封膏

32. 化纤地毯按其成分应属于( )。
   A 树脂制品　　　B 纺织制品　　　C 家装制品　　D 塑料制品

33. 玻璃长期受水作用会水解成碱和硅酸的现象称为( )。
   A 玻璃的水化　　B 玻璃的风化　　C 玻璃的老化　　D 玻璃的分化

34. 关于玻化砖的说法,错误的是( )。
   A 是一种无釉瓷质墙地砖　　　　　　　B 砖面分平面型和浮雕型
   C 硬度较高,吸水率较低　　　　　　　D 抗冻性差,不宜用于室外

35. 下列哪组不是玻璃的主要原料( )。
   A 石灰石、长石　　　　　　　　　　　B 白云石、纯碱
   C 菱苦土、石膏　　　　　　　　　　　D 石英砂、芒硝

36. 关于织物复合工艺壁纸的说法,错误的是( )。
   A 将丝棉、毛、麻等纤维复合于纸基制成
   B 适用于高级装饰但价格不低
   C 可用于豪华浴室且容易清洗
   D 色彩柔和、透气调湿、无毒无味

37. 下列哪类建筑物内可用金属面聚苯乙烯泡沫夹芯板(B_2级)做隔断( )。
   A 建筑面积10000m^2的车站、码头
   B 营业面积160m^2的餐饮建筑内
   C 高级住宅内
   D 省级展览馆

38. 关于吸声材料的说法,错误的是( )。

A 以吸声系数表示其吸声效能
B 吸声效能与声波方向有关
C 吸声效能与声波频率有关
D 多孔材料越厚高频吸声效能越好

39. 下列油漆中不属于防锈漆的是( )。
    A 锌铬黄漆　　　B 醇酸清漆　　　C 沥青清漆　　　D 红丹底漆

40. 建筑材料的阻燃性能分为3大类,正确的是( )。
    A 耐燃、阻燃、易燃　　　　　　　B 阻燃、耐燃、可燃
    C 非燃、阻燃、可燃　　　　　　　D 不燃、难燃、可燃

41. 按材料的隔声性能,蒸压加气混凝土砌块墙(100厚,10厚双面抹灰)可用于( )。
    A 二级住宅分户墙　　　　　　　　B 普通旅馆客房与走廊之间的隔墙
    C 学校阅览室与教室之间的隔墙　　D 一级医院病房隔墙

42. 石材放射性 I_r 大于2.8,不可用于( )。
    A 隔离带界界碑　　　　　　　　　B 峡谷
    C 避风港海堤　　　　　　　　　　D 观景休憩台

43. 普通的8层办公楼所用外墙涂料使用年限要求值为( )。
    A 3～4年　　　B 5～7年　　　C 8～15年　　　D 20～30年

44. 防火玻璃采光顶应当首选( )。
    A 夹层防火玻璃　　　　　　　　　B 复合型防火玻璃
    C 灌注型防火玻璃　　　　　　　　D 薄涂型防火玻璃

45. 绿色建筑的根本物质基础是( )。
    A 绿色环境　　　B 绿色建材　　　C 绿色技术　　　D 绿色生态

46. 关于绿色建材发展方向的说法,错误的是( )。
    A 高能耗生产过程　　　　　　　　B 高新科技含量
    C 高附加值产品　　　　　　　　　D 循环可再生利用

47. 关于泡沫铝的说法,错误的是( )。
    A 其发明研制至今已逾百年
    B 是一种新型可回收再生的多孔轻质材料
    C 孔隙率最大可达98%
    D 具有吸声、耐火、电磁屏蔽、不老化等优点

48. 是一种绿色环保、广泛用于室内装饰,俗称"会呼吸"的墙纸的是( )。
    A 复合纸壁纸　　　　　　　　　　B 纯无纺纸壁纸
    C 布基PVC壁纸　　　　　　　　　D 无纺丝复合壁纸

49. 关于新型绿色环保纳米抗菌涂料的说法,错误的是( )。
    A 耐沾污、耐老化　　　　　　　　B 抑制霉菌生长
    C 抗紫外辐射性能强　　　　　　　D 耐低温性能较差

50. 兼具雨水收集作用的路面铺装首选( )。
    A 采用透水性地面砖　　　　　　　B 采用透水性沥青混凝土
    C 烧结透水砖　　　　　　　　　　D 砂基透水砖

51. 关于透水路面的做法，错误的是下面哪一项？
    A 采用透水性地面砖
    B 采用透水性混凝土块状面层
    C 采用灰土夯实垫层
    D 采用砂石级配垫层

52. 关于"刮泥槽"的说法，错误的是哪一项？
    A 常用于人流量大的建筑出入口平台
    B 其刮齿法应垂直人流方向
    C 刮齿常用扁钢制作
    D 刮齿间距一般为30～40mm

53. 对住宅建筑进行绿色建筑评价时，属于"节地与室外环境"指标控制项内容的是哪一项？
    A 建筑场地选址无含氡土壤的威胁
    B 重复利用尚可使用的旧建筑
    C 合理选用废弃场地进行建设
    D 合理开发利用地下空间

54. 下列哪一种地下室防水做法应设置"抗压层"？
    A 背水面涂料防水
    B 迎水面涂料防水
    C 水泥砂浆内防水
    D 沥青卷材外防水

55. 下列防水卷材单层最小厚度的要求，数值最大的是哪一项？
    A 三元乙丙橡胶卷材
    B 自粘聚合物改性沥青（有胎体）防水卷材
    C 弹性体改性沥青防水卷材
    D 高分子自粘胶膜防水卷材

56. 关于有地下室的建筑四周散水及防水收头处理的说法，正确的是哪一项？
    A 露明散水宽度宜为600mm，散水坡度宜为3%
    B 采用混凝土散水时，应沿外墙上翻至高出室外地坪60mm处
    C 地下室防水层收头设在室外地坪以上500mm处
    D 地下室防水层收头以上再做300mm高防水砂浆

57. 地下工程防水混凝土结构施工时，如固定模板用的螺栓必须穿过混凝土结构，应选用哪一种做法？
    A 钢制止水环
    B 橡胶止水条
    C 硅酮密封胶
    D 遇水膨胀条

58. 下列地下工程变形缝的替代措施不包括哪一项？
    A 诱导缝
    B 加强带
    C 后浇带
    D 止水带

59. 关于地下工程混凝土结构变形缝的说法，错误的是哪一项？
    A 变形缝处混凝土结构的厚度不应小于300mm
    B 其最大允许沉降差值不应大于30mm
    C 用于沉降的变形缝宽度宜为20～30mm

D 用于伸缩的变形缝的宽度宜大于30mm

60. 在外墙夹芯保温技术中，关于小型混凝土空心砌块EPS板夹芯墙体构造，以下说法哪一项是错误的？

A 内页、外页墙分别为190mm厚、90mm厚混凝土空心砌块

B 内页、外页墙在圈梁部位按一定的间距用钢筋混凝土挑梁连接

C 内页墙与EPS板之间设空气层

D 可用于寒冷地区和严寒地区

61. 关于集热蓄热墙的说法，错误的是哪一项？

A 应设置防止夏季室内过热的排气孔

B 其组成材料应有较小的热容和导热系数

C 其向阳面外侧应安装玻璃透明材料

D 宜利用建筑结构构件作为集热蓄热体

62. 对集热蓄热墙系统的效率影响最小的是哪一项？

A 集热蓄热墙的蓄热能力　　　　　B 是否设置通风口

C 外墙面的玻璃性能　　　　　　　D 空气层的体积

63. 关于EPS板薄抹灰外墙外保温系统的做法，错误的是哪一项？

A EPS板宽度不宜大于1200mm，高度不宜大于600mm

B 粘贴时粘胶剂面不得小于EPS板面积的40%

C 门窗洞口四角处用EPS板交错拼接

D 门窗四角和阴阳角应设局部加强网

64. 下列哪一种材料不能用作倒置式屋面的保温层？

A 闭孔泡沫玻璃　　　　　　　　　B 水泥珍珠岩板

C 挤塑聚苯板　　　　　　　　　　D 硬质聚氨酯泡沫板

65. 从生态、环保发展趋势看，哪一种屋面隔热方式最优？

A 架空屋面　　　　　　　　　　　B 蓄水屋面

C 种植屋面　　　　　　　　　　　D 块瓦屋面

66. 下列哪一种屋面的排水坡度最大？

A 结构找坡的平屋面　　　　　　　B 种植土屋面

C 压型钢板　　　　　　　　　　　D 波形瓦

67. 关于屋面保温隔热系统适用范围的说法，错误的是哪一项？

A 倒置式屋面不适用于既有建筑的节能改造

B 聚氨酯喷涂屋面适用于坡度较平缓的工程

C 架空隔热屋面不适用于严寒、寒冷地区

D 种植屋面适用于夏热冬冷、夏热冬暖地区

68. 屋面防水等级为Ⅱ级的建筑是什么？

A 对防水有特殊建筑要求的建筑　　B 重要建筑

C 高层建筑　　　　　　　　　　　D 一般建筑

69. 下列非高层建筑内部的不燃烧体隔墙的耐火极限，允许低于2h的是哪一项？

A 使用丙类液体的厂房　　　　　　B 工厂宿舍的公用厨房

  C 疏散走道两侧的隔墙   D 剧院后台的辅助用房

70. 旅馆建筑有活动隔断的会议室、多用途大厅,其活动隔断的空气声计权隔声量,不应低于下列哪一项数值?
  A 35dB   B 30dB   C 25dB   D 20dB

71. 下列不燃烧体隔墙耐火极限最高的是哪一种做法?
  A 加气混凝土砌块墙,75mm 厚
  B 石膏珍珠岩空心条板,双层中空(60+50+60)mm
  C 轻钢龙骨纸面石膏板,双层中空(2×12、2×12)mm,中空填矿棉
  D 轻钢龙骨防火石膏板(内掺玻璃纤维),双层中空(2×12、2×12)mm,中空填40mm 岩棉

72. 某三级耐火等级的疗养院的吊顶,不应使用下列哪一种材料?
  A 石棉水泥板   B 纤维石膏板
  C 水泥刨花板   D 水泥蛭石板

73. 关于吊顶的做法,错误的是哪一项?
  A 不上人的轻型吊顶采用射钉与顶板连接
  B 大型公共浴室顶棚面设计坡度排放凝结水
  C 吊顶内的上、下水管道做保温隔汽处理
  D 室内潮湿气体透过吊顶内空间收集排放

74. 关于玻璃吊顶的做法,错误的是哪一项?
  A 点支撑方式的驳接头采用不锈钢   B 玻璃与龙骨之间设置衬垫
  C 采用中空玻璃   D 吊杆采用钢筋或型钢

75. 楼梯靠墙扶手与墙面之间的净距应大于哪个尺寸?
  A 30mm   B 40mm   C 50mm   D 60mm

76. 下列哪一项不是室外楼梯作为疏散楼梯必须具备的条件?
  A 楼梯的净宽度不应小于0.9m   B 楼梯的倾斜度不大于45°
  C 疏散门应采用甲级防火门   D 疏散门不应正对楼梯段

77. 下列部位应设置甲级防火门的是哪一项?
  A 防烟楼梯的首层扩大的防烟前室与其他走道和房间之间的门
  B 消防电梯机房与相邻机房之间的门
  C 高层厂房通向封闭楼梯间的门
  D 首层扩大的封闭楼梯间的走道和房间之间的门

78. 下列哪一项做法符合电梯机房的规定?
  A 其围护结构应保温隔热   B 将其顶板用作水箱底板
  C 在其内设置雨水管   D 机房贴邻普通病房

79. 下列对老年公寓共用楼梯的要求中,哪一项尺寸是正确的?
  A 梯段的有效宽度不应小于1.10m   B 休息平台的进深不应小于1.30m
  C 踏步宽度不应小于0.30m   D 踏步高度不应大于0.16m

80. 图书馆建筑书库内工作人员专用楼梯净宽度最小值及坡度最大值是哪一项?
  A 0.70m,60°   B 0.90m,50°   C 0.80m,45°   D 0.90m,40°

81. 关于隐框玻璃幕墙工程的技术要求，错误的是哪一项？
    A 其玻璃与铝型材的粘结必须使用中性硅酮结构密封胶
    B 非承重胶缝应采用硅酮建筑密封胶
    C 组装配件应在加工厂组装
    D 硅酮结构密封胶可在现场打注
82. 用于点支撑玻璃幕墙的玻璃肋，应采用哪一种材料？
    A 钢化玻璃   B 夹胶玻璃   C 钢化夹层玻璃   D 夹丝玻璃
83. 夏热冬冷地区的玻璃幕墙应优先选用哪一种材料？
    A 普通双层玻璃   B 单层镀膜玻璃
    C 低辐射中空玻璃（LOW-E）   D 热反射中空玻璃
84. 玻璃遮阳系数是指通过实际玻璃窗的太阳能与通过标准窗玻璃的太阳能之比，这里所指标准窗玻璃厚度应该是？
    A 3mm   B 4mm   C 5mm   D 6mm
85. 旋转门的允许偏差最小的是哪一项？
    A 门扇正、侧面垂直度   B 门扇对角线长度差
    C 相邻扇高度差   D 扇与地面间的缝隙
86. 目前广泛采用制造中空玻璃的密封胶是哪一项？
    A 硅酮密封胶   B 聚氨酯密封胶   C 聚硫密封胶   D 丁基密封胶
87. 以下铰链图应用在什么门上？

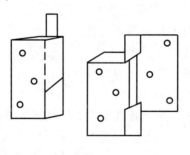

题 87 图

    A 偏心门   B 弹簧门   C 自关门   D 推拉门
88. 关于防火门窗设置的要求，正确的是哪一项？
    A 舞台上部的观众厅闷顶之间的隔墙上的门应采用甲级防火门
    B 剧院后台的辅助用房隔墙上的门窗应采用甲级防火门窗
    C 多层建筑内的消防控制室与其他部位的隔墙上的门应采用甲级防火门
    D 高层建筑内自动灭火系统的设备室与其他部位隔墙上的门应采用甲级防火门
89. 下列哪一项性能不属于建筑外墙门窗安装工程质量复验的内容？
    A 空气渗透性能   B 抗风压性能   C 雨水渗透性能   D 平面变形性能
90. 下列哪一项不是防火玻璃耐火极限的五个等级值之一？
    A 1.50h   B 2.00h   C 2.50h   D 3.00h
91. 按医药工业洁净厂房设计要求，下列对配药室室内构造缝所采用的密闭措施，错误

是哪一项？
A 密封胶嵌缝　　　　　　　　　　B 木压条压缝
C 纤维布贴缝　　　　　　　　　　D 加穿墙套管并封胶

92. 下列对防空地下室装修设计要求，错误的是哪一项？
A 消毒室顶棚不应抹灰　　　　　　B 洗消间顶棚不应抹灰
C 防毒通道墙面不应抹灰　　　　　D 扩散室地面应平整光洁

93. 下列矿棉吸声板平面吊顶做法，最具立体感的是哪一项？
A 复合粘贴　　B 明架　　C 暗架　　D 跌落

94. 四角支撑式防静电机房活动地板的构造组成不含以下哪一项？
A 地板　　B 可调支架　　C 横梁　　D 缓冲垫

95. 玻璃花格在砌筑围墙、漏窗时一般采用什么砂浆？
A 白灰麻刀　　B 青灰　　C 纸筋灰　　D 水泥砂浆

96. 下列哪一项不属于混凝土后浇缝的形式？
A 阶梯缝　　B V形缝　　C 平直缝　　D 企口缝

97. 在建筑变形缝装置里配置止水带，一般采用哪一种做法？
A 三元乙丙橡胶　　B 热塑性橡胶　　C EPDM　　D PVC（塑料）

98. 关于地面混凝土垫层假缝的说法，错误的是哪一项？
A 常用于纵向缩缝　　　　　　　　B 宽度宜为5～20mm
C 高度宜为垫层厚度的1/3　　　　　D 缝内应填水泥砂浆

99. 关于后浇带混凝土的说法，错误的是哪一项？
A 应在两侧混凝土浇筑完毕六周后再浇筑
B 其强度应高于两侧混凝土强度
C 其施工温度应低于两侧混凝土施工温度
D 应优先选用补偿收缩混凝土

100. 下列地下工程防水措施，哪一种可应用于所有防水等级的变形缝？
A 外墙防水涂料　　　　　　　　　B 外墙防水卷材
C 防水密封材料　　　　　　　　　D 中埋式止水带

2014年试题的提示及参考答案

1. **提示**：拱券之于古代西方建筑的作用就像斗栱之于中国建筑。在古爱琴海文明时期（公元前3000～前1400年）的建筑就有拱券的应用。古爱琴海属于西亚。
   答案：C

2. **提示**：建筑材料按照其化学成分分为有机材料、无机材料和复合材料。其中有机材料又分为植物材料（包括木材、竹材等）、沥青材料和高分子材料（包括树脂、橡胶、粘结剂等）。A中的天然漆属于天然树脂基材料，C中的玻璃钢是玻璃纤维增强树脂材料，D中塑料的主要成分为树脂。而B中的石棉和菱苦土为无机材料，不属于有机材料。
   答案：B

3. 提示：硬杂木是指密度和硬度都较高的一类木材，常见的有柞木、水曲柳、白蜡木、桦木、榆木等，平均密度约为 0.7g/cm³；石灰岩的密度约为 2.7g/cm³；水泥的密度约为 3.1g/cm³，所以三种材料的密度由小到大的顺序为硬杂木、石灰岩、水泥。
   答案：D

4. 提示：因为我国云南大理盛产此石，故以大理石命名。大理石是以石灰岩或白云岩变质而成的变质岩。因为石灰岩或白云岩的主要成分为碳酸钙，所以有很好的耐碱性，但是耐酸性差，在酸性介质（如硫酸等）作用下会发生化学反应，所以其抵抗大气环境作用的抗风化性能差。花岗岩的主要矿物为石英，其耐磨性和抗风化性能比大理石好。
   答案：C

5. 提示：孔隙率是指材料中孔隙体积占其总体积的百分率；孔隙率越大，说明材料中的孔隙越多，密实程度越低，表观密度越小，强度越低。比较而言，烧结砖表观密度约为 1700kg/m³，混凝土的表观密度约为 2400kg/m³，所以烧结砖的孔隙率大于混凝土。空隙率是指材料在堆积状态下，材料间空隙占总体积的百分率，即孔隙率不同于空隙率。
   答案：A

6. 提示：材料抵抗外力（荷载）作用的能力称为强度。
   答案：C

7. 提示：硬度是指材料抵抗局部塑性变形的能力，或指材料表面上不大的体积内抵抗变形或破裂的能力，即硬度是指材料抵抗硬物压入或划伤的能力。根据不同的实验方法，硬度值的物理意义有所不同。如压入法的硬度值是材料表面抵抗另一物体压入时引起的塑性变形能力；刻划法硬度值表示材料局部抵抗破裂的能力。一般采用压入法测定混凝土的硬度。
   答案：B

8. 提示：材料的组成成分对其绝热性能的影响为：非金属材料好于金属材料，有机材料好于无机材料；此外，材料的绝热性能与孔隙率有关，孔隙率越大，绝热性能越好。木的孔隙率最大，所以木的绝热性能最好；砖的孔隙率大于石，所以砖的绝热性能好于石；金属材料铜和钢的绝热性能最差。
   答案：A

9. 提示：导热系数小于 0.23 W/(m·K) 的材料可称为绝热材料。
   答案：D

10. 提示：国家标准将防盗门安全防护级别分为甲、乙、丙、丁四个级别，其中甲级防盗效果最好。
    答案：C

11. 提示：举世闻名的赵州桥、埃及金字塔、印度泰姬陵主要使用的建筑材料是石材。
    答案：C

12. 提示：配制快硬混凝土需要水泥具有凝结硬化快、早期强度高的特点。与其他三种水泥相比，硅酸盐水泥凝结硬化快，早期强度高。
    答案：D

13. 提示：普通黏土砖的强度较高，且具有良好的耐久性。
    答案：D

14. 提示：蒸压灰砂砖是以石灰和砂子等加水拌和，经压制成型、蒸压养护而成。因为蒸压灰砂砖的主要组成为水化硅酸钙、氢氧化钙和碳酸钙等，所以不得用于长期经受200℃高温、急冷急热或有酸性介质侵蚀的建筑部位，也不能用于有流水冲刷之处。所以蒸压灰砂砖适用于多层混合结构建筑的承重墙体。
    答案：B

15. 提示：三氧化二铁为红棕色，烧结砖中三氧化二铁含量越高，其颜色越红；所以深红色烧结砖中三氧化二铁的含量最高。
    答案：A

16. 提示：用于砌筑小型建筑拱形屋盖的为烧结砖中的拱壳砖，该砖为异型空心砖。四种烧结空心砖中D为拱壳砖。
    答案：D

17. 提示：木材使用温度长期超过50℃时，强度会因木材缓慢炭化而明显下降，所以在长期受热超过50℃的建筑物中，不应使用木结构。
    答案：B

18. 提示：顺纹方向是指木材纤维的生长方向，所以在木材的各种强度中，顺纹抗拉强度最大，是顺纹抗压强度的三倍；其次是抗弯强度，是顺纹抗压强度的二倍；而顺纹剪切强度很低，远小于顺纹抗压强度。
    答案：D

19. 提示：将钢材加热到723～910℃或更高温度后，在空气中冷却的热处理方法称为正火。退火是指将钢材加热到一定温度，保持一定时间，然后缓慢冷却的热处理方法。回火是将工件淬硬后加热到Ac1以下的某一温度，保温一段时间，然后冷却到室温的热处理工艺。淬火是将钢材加热到某一适当温度并保持一段时间，随即浸入淬冷介质中快速冷却的热处理工艺。
    答案：A

20. 提示：制作金属吊顶面板的材料要考虑抗腐蚀性。碳素钢板表面没有作防锈处理，其他三种钢板都有较好的抗腐蚀性能；所以不应采用碳素钢板。
    答案：D

21. 提示：建筑钢材的机械性能有：强度、塑性（伸长率）、冲击韧性、硬度、冷弯性能、耐磨性等。耐燃性和耐蚀性不属于钢材的机械性能。
    答案：D

22. 提示：七层及超过七层的建筑物外墙上不应采用外平开窗，可以采用推拉窗、内平开窗或外翻窗。
    答案：D

23. 提示：生石灰是由天然石灰岩煅烧而成；可以采用立窑或回转窑煅烧，温度达1100度；煅烧后，石灰岩中的碳酸钙分解，形成氧化钙；所以生石灰的主要成分是氧化钙，呈块状。
    答案：C

24. **提示**：聚氨酯类涂料可用于室外网球场。丙烯酸作为国际网球联合会指定的网球场面层材料之一（丙烯酸、草场、红土场），相对于草场和红土场，在全球的使用范围上更具有明显优势，当今全球各大比赛均以丙烯酸面层网球场为主。草地网球场是历史最悠久、最传统的一种场地，但是天然草皮受季节影响，不适用于北方室外使用。沥青水泥网球场是以水泥作底，在其上铺沥青，压实后再涂粗糙涂料于表面而成。美国网球公开赛即采用此种球场。

    答案：C

25. **提示**：水玻璃具有良好的耐酸性、耐热性，所以可用于配制耐酸、耐热砂浆和混凝土。水玻璃粘结力强，硬化析出的硅酸凝胶可以堵塞毛细孔而提高抗渗性，故既可作为灌浆材料加固地面，也可涂刷在黏土砖及混凝土制品表面（石膏制品除外，因其反应后产生硫酸钠，在制品表面孔隙中结晶而体积膨胀导致破坏），以提高抗风化能力。

    答案：B

26. **提示**：因为蒸压粉煤灰砖的主要组成为水化硅酸钙、氢氧化钙等，所以不得用于长期经受200℃高温、急冷急热或有酸性介质侵蚀的建筑部位，也不能用于有流水冲刷之处。

    答案：B

27. **提示**：加气混凝土抗压强度最大且可钉、可锯、可刨。

    答案：B

28. **提示**：不同排列方式铺设的混凝土路面砖不仅装饰效果不同，而且其力学性能也有所区别，其中联锁型铺设方式具有更强的抵抗冲击荷载、抗扭剪切的能力。四种铺设方式中，人字形方式为联锁型铺设方式，力学性能最优。

    答案：B

29. **提示**：延度是表示石油沥青塑性的指标。

    答案：A

30. **提示**：传统的胶粘剂多为动植物胶，如骨胶、松香等。目前采用的胶粘剂多为合成树脂，如环氧树脂、酚醛树脂、丁苯橡胶等；其中环氧树脂胶粘剂俗称"万能胶"。结构胶对强度、耐热、耐油和耐水等有较高要求，常用的有环氧树脂类、聚氨酯类、有机硅类、聚酰胺类等热固性树脂，聚丙烯酸酯类、聚甲基丙烯酸酯类等热塑性树脂。

    答案：C

31. **提示**：聚氯乙烯胶泥具有良好的粘结性、防水性、耐热、耐寒、耐腐蚀和耐老化性。硅橡胶是指主链由硅和氧原子交替构成，硅原子上通常连有两个有机基团的橡胶；硅橡胶不仅耐低温性能良好，耐热性能也很突出。聚硫橡胶是由二卤代烷与碱金属或碱土金属的多硫化物缩聚而得的合成橡胶，具有优异的耐油和耐溶剂性，但强度不高，耐老化性能不佳。丙烯酸酯密封膏通常为水乳型，有良好的抗紫外线性能和延伸性，耐水性一般。比较而言，硅橡胶的耐寒和耐高温性能最好。

    答案：B

32. **提示**：化纤地毯按其用途，属于家装制品；按其制作方式，属于纺织制品。化纤地毯的主要成分为各种合成树脂，所以按其成分，应属于树脂制品。

    答案：A

33. 提示：玻璃长期受水作用水解成碱和硅酸的现象称为风化；风化使玻璃变得脆弱，透光率降低，产生裂缝和鳞片状剥落的现象。

    答案：B

34. 提示：玻化砖是一种无釉瓷质墙地砖；质地坚硬，吸水率较低；抗冻性好，可用于室外。玻化砖的砖面分平面型和浮雕型。

    答案：D

35. 提示：玻璃是以石英砂、纯碱、芒硝、长石、石灰石或白云石等为原料，在1500～1600℃烧融形成的玻璃熔体在金属锡液表面急冷而成。所以菱苦土和石膏不是玻璃的主要原料。

    答案：C

36. 提示：织物复合工艺壁纸是将丝绸、毛、麻等纤维复合在纸基上制成，色泽柔和、透气调湿、无毒无味，适用于高级装饰，但价格较贵，且不易清洗，不适用于浴室等潮湿环境中。

    答案：C

37. 提示：建筑面积10000m²的车站、码头隔墙材料的燃烧性能等级要求为B_2级，营业面积160m²的餐饮建筑内隔墙材料的燃烧性能等级要求为B_1级，高级住宅内隔墙材料的燃烧性能等级要求为B_1级，省级展览馆隔墙材料的燃烧性能等级要求为B_1级。而金属面聚苯乙烯泡沫夹芯板的燃烧性能为B_2级，所以只能用于建筑面积10000m²的车站、码头的隔墙。

    答案：A

38. 提示：以吸声系数表示吸声材料的效能，吸声系数与声波的频率和入射方向有关，通常以125、250、500、1000、2000、4000Hz六个频率的平均吸声系数作为吸声效能的指标，六个频率的平均吸声系数大于0.2的材料为吸声材料。吸声材料多为多孔材料，增加厚度，可提高低频的吸声效果，但对高频没有多大影响。

    答案：D

39. 提示：锌铬黄漆是以环氧树脂、锌铬黄等防锈颜料和助剂配成漆基，以混合胺树脂为固化剂的油漆，具有优良的防锈功能。醇酸清漆是由酚醛树脂或改性的酚醛树脂与干性植物油经熬炼后，再加入催干剂和溶剂而成，具有较好的耐久性、耐水性和耐酸性，不是防锈漆。沥青清漆是以煤焦油沥青以及煤焦油为主要原料，加入稀释剂、改性剂、催干剂等有机溶剂组成，广泛用于水下钢结构和水泥构件的防腐、防渗漏，以及地下管道的内外壁防腐。红丹底漆是用红丹与干性油混合而成的油漆，附着力强，防锈性和耐水性好。

    答案：B

40. 提示：建筑材料的燃烧性能分为不燃、难燃和可燃3大类。

    答案：D

41. 提示：二级住宅分户墙的隔声要求大于等于45dB，学校阅览室与教室之间隔墙的隔声要求大于等于50dB，一级医院病房隔墙的隔声要求大于等于45dB，普通旅馆客房与走廊之间隔墙的隔声要求大于等于30dB。而蒸压加气混凝土砌块墙（100厚，10厚双面抹灰）的隔声能力为41 dB，所以可用于普通旅馆客房与走廊之间的隔墙。

答案：B

42. 提示：$I_r<1.3$ 为 A 类石材，其使用范围不受限制。$I_r<1.9$ 为 B 类石材，不可用于Ⅰ类民用建筑的内饰面，但可用于Ⅰ类民用建筑的外饰面及其他建筑物的内、外饰面。$I_r<2.8$ 为 C 类石材，只可用于建筑物的外饰面及室外其他用途。$I_r>2.8$ 的石材为其他类石材，只能用于路基、涵洞、水坝、海堤和深埋地下的管道工程等远离人们生活的场所，所以 D 类石材不可用于观景休憩台。

    答案：D

43. 提示：普通的 8 层办公楼所用外墙涂料使用年限要求值为 8~15 年。

    答案：C

44. 提示：玻璃采光顶应采用安全玻璃，宜采用夹丝玻璃或夹层玻璃。四种防火玻璃中，夹层防火玻璃不仅具有防火性能，还具有安全性能，所以防火玻璃采光顶应当首选夹层防火玻璃。

    答案：A

45. 提示：绿色建材是绿色建筑的根本物质基础。

    答案：B

46. 提示：高能耗生产过程不符合绿色建材的发展方向。

    答案：A

47. 提示：泡沫铝是在纯铝或铝合金中加入添加剂后，经过发泡工艺制作而成，同时兼有金属和气泡特征。它密度小、高吸收冲击能力强、耐高温、防火性能强、抗腐蚀、隔声降噪、导热率低、电磁屏蔽性高、耐候性强，是一种新型可回收再生的多孔轻质材料，孔隙率最大可达 98%。

    答案：A

48. 提示：无纺丝复合壁纸采用天然纤维无纺工艺制成，不发霉发黄，透气性好，是一种绿色环保、广泛用于室内装饰的"会呼吸"的壁纸。

    答案：D

49. 提示：新型绿色环保纳米抗菌涂料利用纳米级的抗菌剂可以很好地抑制霉菌生长，且具有耐沾污、耐老化、耐低温性能好，抗紫外辐射性能高的特点。

    答案：D

50. 提示：砂基透水砖是通过"破坏水的表面张力"的透水原理，有效解决传统透水材料通过孔隙透水易被灰尘堵塞及"透水与强度"、"透水与保水"相矛盾的技术难题，常温下免烧结成型，以沙漠中风积沙为原料生产出的一种新型生态环保材料。所以兼具雨水收集作用的路面铺装首选砂基透水砖。

    答案：D

51. 提示：考虑到透水及遇水变形的因素，采用灰土夯实垫层是不正确的。

    答案：C

52. 提示："刮泥槽"通常指的是锯齿形坡道。锯齿形坡道的作用是防滑，刮齿间距一般为 70mm 左右。

    答案：D

53. 提示：《绿色建筑评价标准》GB/T 50378—2014 规定：在"节地与室外环境"章节的

控制项第 4.1.2 条中指出：场地应无洪涝、滑坡、泥石流等自然灾害的威胁，无危险化学品、易燃易爆危险源的威胁，无电磁辐射、含氡土壤等危害。

答案：A

54. 提示：《地下工程防水技术规范》GB 50108—2008 第 4.3.7 条规定：沥青卷材在阴阳角等特殊部位应增做卷材加强层，宽度宜为 300～500mm。

答案：D

55. 提示：《地下工程防水技术规范》GB 50108—2008 第 4.3.6 条规定：三元乙丙橡胶卷材的最小厚度为 1.5mm；自粘聚合物改性沥青（有胎体）防水卷材的最小厚度为 3mm；弹性体改性沥青防水卷材的最小厚度为 4mm；高分子自粘胶膜防水卷材的最小厚度为 1.2mm。故 C 项最厚。

答案：C

56. 提示：《建筑地面设计规范》GB 50037—2013 指出：露明散水宽度宜为 600～1000mm，散水坡度宜为 3%～5%，(A) 项不准确。采用混凝土散水时，无散水应沿外墙上翻至高出室外地坪 60mm 的规定，(B) 项不准确。《地下工程防水技术规范》GB 50108—2008 规定：附建式地下室防水层收头设在室外地坪以上 500mm，(C) 项是准确的。地下室防水层收头以上再做 300mm 高的防水砂浆，规范无此项要求，(D) 项不准确。

答案：C

57. 提示：《地下工程防水技术规范》GB 50108—2008 第 4.1.28 条规定：用于固定模板的螺栓必须穿过混凝土结构时，可采用工具式螺栓或螺栓加堵头，螺栓上应加焊（金属）方形止水环。

答案：A

58. 提示：《地下工程防水技术规范》GB 50108—2008 第 5.1.2 条规定：用于伸缩的变形缝可以采用后浇带、加强带、诱导缝等替代措施。

答案：D

59. 提示：《地下工程防水技术规范》GB 50108—2008 第 5.1.3 条规定：A 项变形缝（沉降缝）处混凝土结构的厚度不应小于 300mm。第 5.1.4 条规定：B 项用于沉降的变形缝最大允许沉降差值不应大于 30mm。第 5.1.5 条规定：C 项变形缝（沉降缝）的宽度宜为 20～30mm。

第 5.1.2、5.1.3 条规定：用于伸缩的变形缝宜少设……用于伸缩的变形缝的宽度应等于沉降缝的宽度……，D 项错误，故选 D。

答案：D

60. 提示：查找《小型空心砌块墙体结构构造》(02SG614) 可知，内页墙与 EPS 板之间设空气层是不对的。

答案：C

61. 提示：集热蓄热墙多用于被动式太阳房，一般在我国北方地区的建筑中采用，集热蓄热墙有实体式、花格式等形式。实体式集热蓄热墙，一般是利用建筑物的南墙制作，材料应选用热容大、导热系数也大的材料制作。在墙体的上部及下部各预留通风口，并在墙体的外表面涂敷吸热材料（多采用涂黑的方法），以增加集热效果；此外，还应在南向墙体的正前方加做玻璃墙（或大玻璃窗），与墙体形成空气间层（玻璃墙也应预留上、下通风口）。

冬季白天利用集热蓄热墙体的导热和空气间层中的空气对流换热，利用通风口向室内传递热量；夜间则关闭通风口，利用集热蓄热墙的热惰性和空气间层的热阻来减少室内的热损失。夏季可以通过调节玻璃墙上的外风口和北墙（或屋顶）上的调节窗，利用"烟囱效应"实现自然通风降温和墙体冷却。

集热蓄热墙的厚度，严寒地区宜为370mm，寒冷地区宜为240mm；空气间层宜为50~100mm；通风口宜为墙体面积的1%~2%。集热墙应具有较大的蓄热能力。

答案：B

62. 提示：对集热蓄热墙系统的效率影响最小的是空气层的体积。
答案：D

63. 提示：《外墙外保温工程技术规程》JGJ 144—2004 第 6.1.9 条规定门窗洞口四角处 EPS 板不得拼接。
答案：C

64. 提示：《屋面工程技术规范》GB 50345—2012 第 4.4.6 条规定：倒置式屋面的保温层应选用吸水率低且长期浸水不变质的保温材料。水泥珍珠岩板不符合上述要求。
答案：B

65. 提示：种植屋面既生态又环保，但这种做法不适用严寒和寒冷地区。
答案：C

66. 提示：《民用建筑设计通则》GB 50352—2005 第 6.13.2 条规定：结构找坡的平屋面的排水坡度不应小于3%，种植土屋面的排水坡度是1%~3%，压型钢板的排水坡度是5%~35%，波形瓦的排水坡度是10%~50%；结论是波形瓦屋面的排水坡度最大。
答案：D

67. 提示：分析并结合《屋面工程技术规范》GB 50345—2012 的规定：(A)项，考虑施工因素，倒置式屋面不适用于既有建筑的节能改造是对的；(B)项，规范规定聚氨酯喷涂屋面适用于正常坡度的工程，当坡度大于25%时，应选用成膜时间较短的材料，此项是不正确的；(C)项，规范规定架空隔热层不宜在严寒、寒冷地区采用是正确的；(D)项种植屋面适用于夏热冬冷、夏热冬暖地区是正确的。
答案：B

68. 提示：《屋面工程技术规范》GB 50345—2012 第 3.0.5 条规定：屋面防水等级为Ⅱ级的建筑是一般建筑，只做一道防水设防。
答案：D

69. 提示：《建筑设计防火规范》GB 50016—2014 第 6.2.3 条规定：(A)项，使用丙类液体的厂房；(B)项，工厂宿舍的公用厨房；(D)项，剧院后台的辅助用房，耐火极限均为 2.0h。第 5.1.1 条规定：疏散走道两侧的隔墙的耐火极限为 1.0h，故答案是 C。
答案：C

70. 提示：《民用建筑隔声设计标准》GB 50118—2010 第 7.2.2 条规定：旅馆建筑有活动

隔断的会议室、多用途大厅，其活动隔断的空气声计权隔声量不应低于35dB。

答案：A

71. 提示：《建筑设计防火规范》GB 50016—2014 附录中规定：(A)项加气混凝土砌块墙，75mm 厚的耐火极限约2.50h；(B)项石膏珍珠岩空心条板双层中空（60＋50＋60）mm 的耐火极限是3.75h；(C)项轻钢龙骨纸面石膏板，双层中空（2×12、2×12）mm，中空填矿棉的耐火极限是1.50h；(D)项轻钢龙骨防火石膏板（内掺玻璃纤维），双层中空（2×12、2×12）mm，中空填40mm岩棉的耐火极限是1.00h。故B项最高。

答案：B

72. 提示：《建筑设计防火规范》GB 50016—2014 第5.1.2条规定：三级耐火等级的疗养院的吊顶耐火极限是0.15h。虽然题中4种材料的耐火极限均达到0.15h，但石棉水泥板的装饰效果较差，不应在三级耐火等级疗养院的吊顶中采用。

答案：A

73. 提示：室内潮湿气体透过吊顶内空间收集排放是不正确的，可以通过抽风机、开窗等手段进行排放。

答案：D

74. 提示：玻璃吊顶的玻璃应采用安全玻璃，可以采用钢化玻璃或夹层玻璃。中空玻璃是在两层普通玻璃中间设有6～9mm 空气层的玻璃，这种玻璃不是安全玻璃。

答案：C

75. 提示：查看北京地区建筑设计标准图《楼梯》可得。

答案：C

76. 提示：《建筑设计防火规范》GB 50016—2014 第6.4.5条规定：通向室外楼梯的疏散门宜采用乙级防火门，并应向疏散方向开启。

答案：C

77. 提示：《建筑设计防火规范》GB 50016—2014 第6.4.3条规定：(A)项防烟楼梯的首层扩大的防烟前室与其他走道和房间之间的门应设置乙级防火门；第7.3.6条规定：(B)项消防电梯机房与相邻机房之间的门应设置甲级防火门；第3.7.6条规定：(C)项高层厂房通向封闭楼梯间的门和(D)项首层扩大的封闭楼梯间的走道和房间之间的门均应采用乙级防火门，并应向疏散方向开启。

答案：B

78. 提示：《民用建筑设计通则》GB 50352—2005 第6.8.1条规定：机房应为专用的房间，其围护结构应保温隔热。

答案：A

79. 提示：《老年人居住建筑设计标准》GB/T 50340—2003 第4.4.1条规定：(A)项公用楼梯梯段的有效宽度不应小于1.20m；(B)项休息平台的进深应大于梯段的有效宽度。第4.4.6条规定：(C)项踏步宽度不应小于0.30m；(D)项踏步高度不应大于0.15m，不宜小于0.13m。(C)完全正确。

答案：C

80. 提示：《图书馆建筑设计规范》JGJ 38—2015 第4.2.9条规定：书库内的工作人员专

用楼梯的梯段净宽不宜小于0.80m,坡度不应大于45°,并应采取防滑措施。

答案：C

81. 提示：《玻璃幕墙工程技术规范》JGJ 102—2003 第3.1.4条规定：(A)项隐框玻璃幕墙其玻璃与铝型材的粘结必须使用中性硅酮结构密封胶；第4.3.3条规定：(B)项非承重胶缝应采用硅酮建筑密封胶；(C)项组装配件一般均在加工厂组装，第9.1.5条规定：要求在加工厂进行组装的仅限于单元式幕墙和隐框幕墙，并非所有的玻璃幕墙均有此要求；第9.1.3条(D)项采用硅酮结构密封胶粘结固定隐框玻璃幕墙构件时，应在洁净、通风的室内进行注胶，不得在施工现场进行。(D)项错误。

答案：D

82. 提示：《玻璃幕墙工程技术规范》JGJ 102—2003 第4.4.2条规定：点支撑玻璃幕墙的玻璃肋应采用钢化夹层玻璃。

答案：C

83. 提示：《玻璃幕墙工程技术规范》JGJ 102—2003 第4.2.7条规定：有保温要求的玻璃幕墙应采用中空玻璃。低辐射中空玻璃（LOW-E）为最佳选择。

答案：C

84. 提示：《建筑遮阳工程技术规范》JGJ 237—2011 术语中对遮阳系数的解释是：在规定的条件下，玻璃、外窗或玻璃幕墙的太阳能总透射比，与相同条件下相同面积的标准玻璃（3mm厚透明玻璃）的太阳能总透射比的比值。

答案：A

85. 提示：分析并查找相关资料（以普通木旋转门为例）：(A)门扇正、侧面垂直度是2mm；(B)门扇对角线长度差是3mm；(C)相邻扇高度差是1～2.5mm；(D)扇与地面间的缝隙（外门）是4～7mm。C项数值最小。

答案：C

86. 提示：《玻璃幕墙工程技术规范》JGJ 102—2003 第3.4.3条规定：中空玻璃应采用双道密封，可以采用硅酮密封胶。

答案：A

87. 提示：题图所示是自关门使用的铰链（合页）。

答案：C

88. 提示：《建筑设计防火规范》GB 50016—2014 第6.2.1条规定：(A)项舞台上部的观众厅闷顶之间的隔墙上的门应采用乙级防火门；第7.2.3条规定：(B)项剧院后台的辅助用房隔墙上的门窗应采用乙级防火门窗；第6.2.7条规定：(C)项多层建筑内的消防控制室与其他部位的隔墙（耐火极限不低于2.0h），其上的门应采用乙级防火门；第5.3.2条规定：(D)项高层建筑内自动灭火系统的设备室与其他部位隔墙上的门应采用甲级防火门。(D)项正确。

答案：D

89. 提示：查找相关资料并分析，建筑外墙门窗安装工程质量复验的内容包括气密性能指标、水密性能指标、抗风压性能指标、保温性能指标、空气声隔声性能指标五大方面，不包含平面变形性能指标。

答案：D

90. 提示：《建筑用安全玻璃 第一部分：防火玻璃》GB 15763.1—2009 中耐火极限规定的五个等级是 3.00h、2.00h、1.50h、1.00h、0.50h。无 2.50h 的级别。

    答案：C

91. 提示：分析并结合《洁净厂房设计规范》GB 50073—2013 第 5.3.7 条规定，洁净室的构造缝隙应有可靠的密闭措施，木压条压缝不符合要求。

    答案：B

92. 提示：《人民防空地下室设计规范》GB 50038—2005 第 3.9.3 条规定：防空地下室的顶板不应抹灰（包括洗消间、消毒室），防毒通道、扩散室的墙面应平整光洁、易于清洗。故防毒通道墙面不应抹灰是不对的。

    答案：C

93. 提示：矿棉吸声板平面吊顶做法最具立体感的是高低变化较多的跌落。

    答案：D

94. 提示：查找相关技术资料，四角支撑式防静电机房活动地板的构造组成不包含横梁。

    答案：C

95. 提示：施工规范规定玻璃花格在砌筑围墙、漏窗时一般应采用水泥砂浆砌筑和勾缝，水泥应采用白色水泥。

    答案：D

96. 提示：《地下工程防水技术规范》GB 50108—2008 第 5.2.5 条规定：后浇带两侧可做成平直缝或阶梯缝。V 形缝和企口缝不属于后浇带的做法。

    答案：B、D

97. 提示：《地下工程防水技术规范》GB 50108—2008 第 5.1.8 条规定：在建筑变形缝装置里配置止水带，一般应采用热塑性橡胶。

    答案：B

98. 提示：《建筑地面设计规范》GB 50037—2013 第 6.0.3 条规定：混凝土地面垫层的假缝多用于横向缩缝，缝宽为 5～12mm（原 1996 年版《建筑地面设计规范》GB 50037—96 中规定缝宽为 5～20mm；2014 年 5 月 1 日开始执行的新版《建筑地面设计规范》GB 50037—2013 改缝宽为 5～12mm），高度宜为垫层厚度的 1/3，缝内应填水泥砂浆或膨胀型砂浆。

    答案：A

99. 提示：《地下工程防水技术规范》GB 50108—2008 关于后浇带的做法中没有施工温度应低于两侧混凝土施工温度的规定。

    答案：C

100. 提示：《地下工程防水技术规范》GB 50108—2008 第 5.1.6 条规定：地下工程变形缝的防水措施应选用中埋式止水带。

    答案：D

建筑材料与构造

2013年试题

1. 胶凝材料按胶凝条件可分为气硬性胶凝材料和水硬性胶凝材料，下列材料不属于气硬性胶凝材料的是（   ）。
   A 水泥   B 水玻璃   C 石灰   D 石膏
2. 建筑材料按其基本成分的分类可分为（   ）。
   A 天然材料、人造材料、胶囊材料
   B 有机材料、无机材料、合金材料
   C 保温材料、耐火材料、防水材料
   D 金属材料、非金属材料、复合材料
3. 下列材料不属于有机材料的是（   ）。
   A 木材、竹子   B 树脂、沥青   C 石棉、菱苦土   D 塑料、橡胶
4. 关于"密度"的说法，错误的是（   ）。
   A 密度是材料主要的物理状态参数之一
   B 密度是材料在自然状态下单位体积的质量
   C 密度也可以称"比重"
   D 密度的单位是 g/cm^3（克/立方厘米）
5. 测定水泥强度时，主要测定的是（   ）。
   A 水泥凝结硬化后的强度   B 主要熟料硅酸钙的强度
   C 1∶3水泥砂浆的强度   D 1∶3∶6水泥混凝土的强度
6. 一般情况下，通过破坏性试验来测定材料的何种性能？
   A 硬度   B 强度   C 耐候性   D 耐磨性
7. 下列建筑材料导热系数大小的比较，正确的是（   ）。
   A 普通混凝土比普通黏土砖大10倍
   B 钢材比普通黏土砖大100倍
   C 钢材比绝热用纤维板大1000倍以上
   D 钢材比泡沫塑料大10000倍以上
8. 材料的耐磨性与下列何者无关？
   A 强度   B 硬度   C 内部构造   D 外部湿度
9. 以下哪种指标表示材料的耐水性？
   A 吸水率   B 软化系数   C 渗透系数   D 抗冻系数
10. 下列哪种材料不是绝热材料？
    A 松木   B 玻璃棉板   C 石膏板   D 加气混凝土
11. 我国水泥按产品质量分为3个等级，正确的是（   ）。
    A 甲等、乙等、丙等   B 一级品、二级品、三级品
    C 上类、中类、下类   D 优等品、一等品、合格品

12. 关于建筑石材的物理性能及测试要求的下列说法，有误的是（   ）。
    A 密度一般在 2.5～2.7g/cm³
    B 孔隙率一般小于 0.5%，吸水率很低
    C 抗压强度高，抗拉强度很低
    D 测定抗压强度的试件尺寸为 150mm×150mm×150mm

13. 建筑用砂按其形成条件及环境可分为（   ）。
    A 粗砂、中砂、细砂   B 河砂、海砂、山砂
    C 石英砂、普通砂、绿豆砂   D 精致砂、湿制砂、机制砂

14. 汉白玉属于以下哪种石材？
    A 花岗石   B 大理石   C 石灰石   D 硅质砂岩

15. 普通硅酸盐水泥适用于下列哪种混凝土工程？
    A 水利工程的水下部位   B 大体积混凝土工程
    C 早期强度要求较高且受冻的工程 D 受化学侵蚀的工程

16. 根据混凝土拌合物坍落度的不同，可将混凝土分为：
    A 特重混凝土、重混凝土、混凝土、特轻混凝土
    B 防水混凝土、耐热混凝土、耐酸混凝土、抗冻混凝土
    C 轻骨料混凝土、多孔混凝土、泡沫混凝土、钢纤维混凝土
    D 干硬性混凝土、低塑性混凝土、塑性混凝土、流态混凝土

17. 附图所示砌块材料的名称是（   ）。
    A 烧结页岩砖   B 烧结多孔砖
    C 烧结空心砖   D 烧结花格砖

18. 下列四种砖，颜色呈灰白色的是（   ）。
    A 烧结粉煤灰砖   B 烧结煤矸石砖
    C 蒸压灰砂砖   D 烧结页岩砖

19. 《建筑材料放射性核素限量》按放射性水平大小将材料划分为 A、B、C 三类，其中 B 类材料的使用范围是（   ）。
    A 使用范围不受限制
    B 除Ⅰ类民用建筑内饰面，其他均可
    C 用于建筑物外饰面和室外其他部位
    D 只能用于人员很少的海堤、桥墩等处

20. 关于中国清代官殿建筑铺地所用"二尺金砖"的说法，错误的是（   ）。
    A 尺寸为长 640mm，宽 640mm，厚 96mm
    B 质地极细，强度也高
    C 敲击铿然如有金属声响
    D 因色泽金黄灿亮而得名

21. 对木材物理力学性能影响最大的是（   ）。
    A 表观密度   B 湿胀干缩性   C 节疤等疵点   D 含水率

22. 下列木材中，其顺纹抗压强度、抗拉强度、抗剪强度及抗弯强度四项最大的是（   ）。

A 华山松 B 东北云杉
C 陕西麻栎（黄麻栎） D 福建柏

23. 关于竹材与木材的强度比较，正确的是（   ）。
    A 木材抗压强度大于竹材
    B 竹材抗拉强度小于木材
    C 二者抗弯强度相当
    D 竹材抗压、抗拉、抗弯强度都大于木材

24. 下列属于建筑钢材机械性能的是（   ）。
    A 韧性、脆性、弹性、塑性、刚性
    B 密度、延展度、密实度、比强度
    C 强度、伸长率、冷弯性能、冲击韧性、硬度
    D 耐磨性、耐蚀性、耐水性、耐火性

25. 对提高钢材强度和硬度的不良影响的元素是（   ）。
    A 硅　　　　　B 碳　　　　　C 磷　　　　　D 锰

26. 将钢材加热到723～910℃以上，然后在水中或油中急速冷却，这种处理方式称为（   ）。
    A 淬火　　　　B 回火　　　　C 退火　　　　D 正火

27. 抗压强度较高的铸铁不宜用作（   ）。
    A 井、沟、孔、洞盖板 B 上下水管道及连接件
    C 栅栏杆、暖气片 D 结构支承构件

28. 下列哪项不属于铝材的缺点？
    A 弹性模量小、热胀系数大 B 不容易焊接、价格较高
    C 在大气中耐候抗蚀能力差 D 抗拉强度低

29. 与铜有关的下列说法中，错误的是（   ）。
    A 纯铜呈紫红色故称"紫铜"
    B 黄铜是铜与锌的合金
    C 青铜是铜与锡的合金
    D 黄铜粉俗称"银粉"可调制防锈涂料

30. 我国在传统意义上的"三材"是指下列哪三项建筑材料？
    A 砖瓦、钢铁、木材 B 钢材、水泥、木材
    C 金属、竹木、塑料 D 铝材、玻璃、砂石

31. 下列选项不属于石灰用途的是（   ）。
    A 配制砂浆 B 作三合土
    C 蒸养粉煤灰砖 D 优质内装修涂料

32. 下列有关普通玻璃棉的说法，正确的是（   ）。
    A 蓬松似絮，纤维长度一般在150mm以上
    B 使用温度可超过300℃
    C 主要作保温、吸声等用途
    D 耐腐蚀性能较好

33. 岩棉的主要原料为（　　）。
    A 石英岩　　　　B 玄武岩　　　　C 辉绿岩　　　　D 白云岩
34. 下列哪项不是蒸压加气混凝土砌块的主要原料？
    A 水泥、砂子　　B 石灰、矿渣　　C 铝粉、粉煤灰　　D 石膏、黏土
35. 一般建筑塑料的缺点是（　　）。
    A 容易老化　　　B 绝缘性差　　　C "比强度"低　　D 耐蚀性差
36. 人工制作的合成橡胶品种多，但在综合性能方面比得上天然橡胶的（　　）。
    A 尚无一种　　　B 仅有一种　　　C 至少四种　　　D 大约十种
37. 关于环氧树脂胶粘剂的说法，正确的是（　　）。
    A 加填料以助硬化　　　　　　　　B 需在高温下硬化
    C 环氧树脂本身不会硬化　　　　　D 能粘结赛璐珞类塑料
38. 下列油漆不属于防锈漆的是（　　）。
    A 沥青油漆　　　B 醇酸清漆　　　C 锌铬黄漆　　　D 红丹底漆
39. 橡胶在哪个温度范围内具有很好的弹性？
    A －30～+180℃　　　　　　　　B －50～+150℃
    C －70～+140℃　　　　　　　　D －90～+130℃
40. 关于氟树脂涂料的说法，错误的是（　　）。
    A 耐候性可达20年以上　　　　　　B 可在常温下干燥
    C 生产工艺简单，对设备要求不高　D 色泽以陶瓷颜料为主
41. 普通玻璃的原料不包括（　　）。
    A 明矾石　　　　B 石灰石　　　　C 石英砂　　　　D 纯碱
42. 专门用于监狱防爆门窗或特级文物展柜的防砸玻璃是（　　）。
    A A级防砸玻璃　　　　　　　　　B B级防砸玻璃
    C C级防砸玻璃　　　　　　　　　D D级防砸玻璃
43. 关于建筑陶瓷劈离砖的说法，错误的是（　　）。
    A 因焙烧双联砖后得两块产品而得名
    B 砂浆附着力强
    C 耐酸碱性能好
    D 耐寒抗冻的性能差
44. 关于经阻燃处理的棉、麻类窗帘及装饰织物的说法，错误的是（　　）。
    A 生产工艺简单　　　　　　　　　B 能耐水洗
    C 强度保持不变　　　　　　　　　D 手感舒适
45. 为确保工程质量，对环境温度高于50℃处的变形缝止水带，需采用整条的是（　　）。
    A 带钢边的橡胶止水带　　　　　　B 2mm厚的不锈钢止水带
    C 遇水膨胀的橡胶止水带　　　　　D 耐老化的接缝用橡胶止水带
46. 要求室内的隐蔽钢结构耐火极限达到2h，应该使用的涂料是（　　）。
    A 溶剂型钢结构防火涂料
    B 水性、薄型钢结构防火涂料
    C 膨胀型、以有机树脂为基料的钢结构防火涂料

D 非膨胀型、以无机绝热材料为主的钢结构防火涂料

47. 关于吸声材料的说法，错误的是（   ）。
    A 吸声能力来自材料的多孔性，薄膜作用和共振作用
    B 吸声系数 $a=0$，表示材料是全反射的
    C 吸收系数 $a=1$，表示材料是全吸收的
    D 吸收系数 a 超过 0.5 的材料可称为吸声材料

48. 针对 x、γ 辐射，下列哪种材料的抗辐射性能最好？
    A 6mm 厚铅板　　　　　　　　B 20mm 厚铅玻璃
    C 50mm 厚铸铁　　　　　　　 D 600mm 厚黏土砖砌体

49. 关于泡沫玻璃这种环保建材的说法，错误的是（   ）。
    A 基本原料为碎玻璃
    B 磨细加热发泡在 650～950℃ 时制得
    C 不易加工成任何形状
    D 具有节能、保温、吸声、耐蚀的性能

50. 关于"绿色建材"——竹子的说法，错误的是（   ）。
    A 中国是世界上竹林面积最大的国家
    B 中国是世界上竹林产量最高的国家
    C 中国是世界上竹子栽培最早的国家
    D 中国是世界上竹加工产品原料利用率最高的国家

51. 如图所示运动场地面构造，该场地不适合作为（   ）。
    A 田径跑道　　　B 篮球场地
    C 排球场　　　　D 羽毛球场地

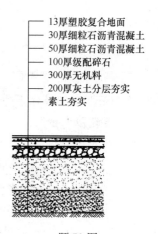

题 51 图

52. 关于消防车道的设计要求，错误的是哪一项？
    A 消防车道的宽度不应小于 4m
    B 普通消防车道的最小转弯半径不应小于 9m
    C 大型消防车的回车场不应小于 15m×15m
    D 大型消防车使用的消防车道路面荷载为 20kN/m²

53. 图示防水混凝土墙身施工缝的防水构造，下列说法错误的是哪一项？

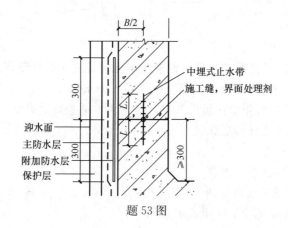

题 53 图

A　$B \geqslant 250mm$
B　采用钢边橡胶止水带 $L \geqslant 120mm$
C　采用铁板止水带 $L \geqslant 150mm$
D　采用橡胶止水带 $L \geqslant 160mm$

54. 地下室结构主体防水混凝土埋置深度为10m，其设计抗渗等级应为哪一个？
A　P6　　　　　B　P8　　　　　C　P10　　　　　D　P12

55. 图示为地下室防水混凝土底板变形缝的防水构造，下列说法错误的是哪一项？
A　混凝土结构厚度 $b=300mm$　　　　B　图示 300mm 宽的材料为外贴式止水带
C　变形缝宽度 $L=30mm$　　　　　　D　变形缝中部黑色块为遇水膨胀止水条

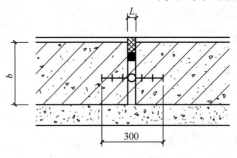

题 55 图

56. 图为石材幕墙外保温外墙整体防水构造示意，其防水层宜选用哪一项？
A　普通防水砂浆　　　　　　　B　聚合物水泥防水砂浆
C　防水透气膜　　　　　　　　D　聚氨酯防水涂膜

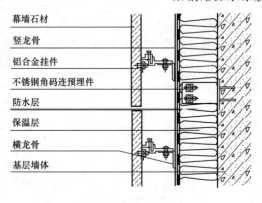

题 56 图

57. 在6~8度抗震区，门窗洞口处预制钢筋混凝土过梁支承长度不能小于多少？
A　120mm　　　　B　180mm　　　　C　200mm　　　　D　240mm

58. 下列相同材料而不同的外墙保温做法中，其保温效果较好的是哪一项？
A　利用墙体内部的空气间层保温
B　将保温材料填砌在夹心墙中
C　将保温材料粘贴在墙体内侧
D　将保温材料粘贴在墙体外侧

59. 建筑物散水宽度的确定与下列哪些因素无关？

A 建筑物耐久等级 B 场地的土壤性质
C 当地的气候条件 D 屋面的排水形式

60. 关于砌体结构墙体构造柱的做法，错误的是哪一项？
A 最小截面为 240mm×180mm
B 必须单独设置基础
C 施工时必须先砌筑后浇筑
D 应沿墙高每隔 500mm 设 2 ϕ6 拉结钢筋，每边伸入墙内不小于 1000mm

61. 泡沫混凝土外墙保温板是一种防水，保温效果都较好的新型外墙保温材料，当用于空心砖外保温时，下列构造措施错误的是哪一项？
A 保温板采用胶粘剂进行粘贴
B 保温板采用锚栓进行辅助加固
C 保温板外贴纤维网布以防裂缝
D 保温板用于高层建筑时应设置托架

62. 当倒置式屋面保温层的厚度按热工计算需 60mm，那么设计厚度应为多少？
A 60mm B 65mm C 70mm D 75mm

63. 北方地区普通办公楼的不上人平屋面，采用材料找坡和正置式做法时，其构造层次顺序正确的是哪一项？
A 保护层—防水层—找平层—保温层—找坡层—结构层
B 保护层—防水层—保温层—隔汽层—找坡层—结构层
C 保护层—保温层—防水层—找平层—找坡层—结构层
D 保护层—防水层—保温层—找平层—找坡层—结构层

64. 关于确定建筑物屋面防水等级的根据，错误的是哪一项？
A 建筑平面形状 B 建筑物的类别
C 建筑重要程度 D 使用功能要求

65. 倒置式屋面在保护层与保温层之间干铺无纺聚酯纤维布的作用是什么？
A 防水 B 隔离 C 找平 D 隔汽

66. 严寒地区建筑屋面排水应采用哪种排水方式？
A 有组织外排水 B 无组织外排水 C 明天沟排水 D 内排水

67. 平屋面上设置架空隔热层的构造要求，错误的是哪一项？
A 架空隔热层的高度宜为 180～300mm
B 架空板与女儿墙的距离不宜小于 250mm
C 架空板下砌筑地垄墙支承
D 屋面宽度较大时应设通风屋脊

68. 关于卷材防水屋面卷材的铺贴要求，错误的是哪一项？
A 屋面坡度＜3％时，卷材应平行屋脊铺贴
B 3％≤屋面坡度≤15％时，卷材铺贴方向不限
C 屋面坡度＞15％时，卷材宜垂直屋脊铺贴
D 多层卷材铺贴时，上下层卷材不得相互平行铺贴

69. 可作为屋面多道防水中的一道防水设防的是哪一项？

A 屋面整体找坡层 B 细石混凝土层
C 平瓦屋面 D 隔汽层

70. 轻钢龙骨石膏板隔墙竖向龙骨的最大间距是多少？

A 400mm B 500mm C 600mm D 700mm

71. 双层玻璃窗的玻璃常采用不同厚度组合，其主要原因是哪一项？

A 节能要求 B 隔声要求 C 透光要求 D 造价要求

72. 关于轻质条板隔墙的设计要求中，错误的是哪一项？

A 双层轻质条板隔墙可用作分户墙

B 90mm 的轻质条板隔墙的楼板安装高度不应大于 3600mm

C 120mm 的轻质条板隔墙的楼板安装高度不应大于 4200mm

D 轻质条板隔墙安装长度不限且在抗震区可不设构造柱

73. 某 10 层的医院病房楼，其病房内装修构造错误的是哪一项？

A 顶棚采用轻钢龙骨纸面石膏板

B 墙面采用多彩涂料

C 地面采用塑胶地面

D 隔断采用胶合板表面涂刷清漆

74. 下列水泵房隔声降噪的措施中，效果较差的是哪一项？

A 水泵基座下加隔振器 B 水泵进出口配软接管
C 管道用弹性支撑承托 D 墙面顶棚贴吸声材料

75. 关于柴油发电机房储油间的设计要求，错误的是哪一项？

A 储油间的总储油量不应超过 8h 的需要量

B 储油间与发电机间隔墙的耐火极限不应低于 2h

C 储油间的门应采用能自行关闭的甲级防火门

D 储油间的地面应低于其他部位或设门槛

76. 下列吊顶轻钢龙骨配件的断面示意图，其中可用于次龙骨和横撑龙骨的是（　　）。

A B C D

77. 高层建筑中庭的钢屋架为达到防火要求，应选择下列做法中的哪一项？

A 刷 5.5mm 厚"薄涂型"防火涂料保护

B 刷 10.0mm 厚"厚涂型"防火涂料保护

C 10.0mm 厚钢丝网片抹灰层保护

D 包轻钢龙骨纸面石膏板进行保护

78. 吊顶内不应安装那种管道？

A 采暖通风管道 B 强电弱电管线
C 给水排水管道 D 可燃气体管道

79. 轻钢龙骨吊顶的吊杆长度大于 1500mm 时，应采取的最佳稳定措施是哪一项？

A 设置反向支撑 B 增加龙骨吊点

  C　加粗吊杆　　　　　　　　　　D　加大龙骨

80. 关于轻钢龙骨吊顶吊杆及龙骨排布的构造要求，错误的是哪一项？
  A　吊顶吊杆的间距一般为1200mm
  B　主龙骨的间距最大值应为1200mm
  C　次龙骨的间距最大值应为600mm
  D　横撑龙骨的间距最大值应为1000mm

81. 关于自动扶梯的设计要求，错误的是哪一项？
  A　倾斜角最大不应超过35°
  B　扶手带外边至任何障碍物的水平距离不应小于0.50m
  C　出入口畅通区的宽度不应小于2.50m
  D　梯级上空的垂直净高不应小于2.20m

82. 有空气洁净度要求的房间不应采用哪一种地面？
  A　普通现浇水磨石地面
  B　导静电胶地面
  C　环氧树脂水泥自流平地面
  D　瓷质通体抛光地板砖地面

83. 图示为住宅的公共楼梯平面图，选项中哪个尺寸是错误的？
  A　Ⅰ＝280mm　　　B　Ⅱ＝1100mm
  C　Ⅲ＝300mm　　　D　Ⅳ＝1150 mm

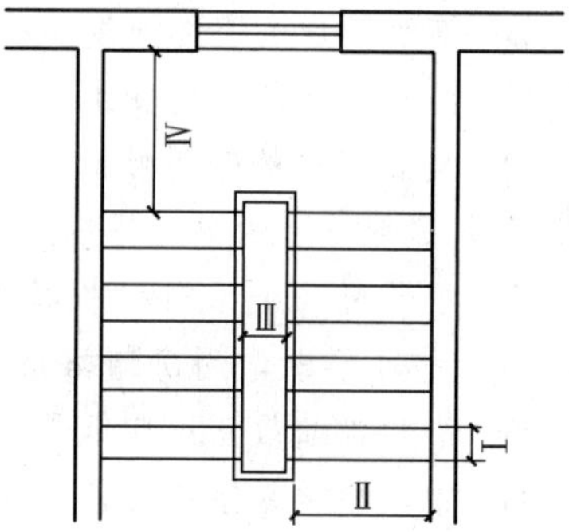

题83图

84. 隐框或半隐框玻璃幕墙的玻璃与铝合金之间采用哪种胶进行粘结？
  A　硅酮玻璃密封胶　　　　　　B　硅酮结构密封胶
  C　硅酮玻璃胶　　　　　　　　D　中性硅酮结构密封胶

85. 幕墙系统立柱与横梁的截面形式常按等压原理设计，其主要原因是哪一项？
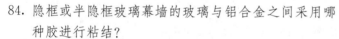

86. 下列哪一种接缝及构造方式不能保障玻璃幕墙板之间楼缝处的防水效果？
  A　胶条内锁　　B　盖板长接　　C　衬垫契合　　D　密封嵌缝

87. 下列幕墙形式不属于外循环双层幕墙的是哪一项？
  A　开放式　　　B　箱体式　　　C　通道式　　　D　廊道式

88. 4500mm高的全玻璃墙采用下端支承连接，其玻璃厚度至少应为多少？
  A　10mm　　　　　　　　　　B　12mm
  C　15mm　　　　　　　　　　D　19mm

89. 玻璃幕墙开启扇的开启角度不宜大于30。开启距离不宜大于哪一项尺寸？
  A　200mm　　　　　　　　　　B　300mm
  C　400mm　　　　　　　　　　D　500mm

90. 图示为窗用铝合金型材断面示意，下列判断错误的是哪一项？

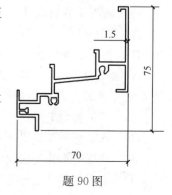

题90图

A 70系列的窗框料

B 推拉窗的上框料

C 推拉窗的下框料

D 可安装可拆卸的纱窗扇

91. 电梯的层门尺寸为宽900mm，高2000mm，则设计门洞尺寸应为哪一项？

    A 宽950mm，高2070mm

    B 宽1000mm，高2080mm

    C 宽1050mm，高2090mm

    D 宽1100mm，高2100mm

92. 彩钢门窗副框的主要作用是什么？

    A 调整洞口的安装尺寸

    B 增加门窗的整体刚度

    C 防止门窗的温度变形

    D 提高门窗的密封性能

93. 下列哪种类型的窗对排烟最不利？

    A 平开窗　　　B 推拉窗　　　C 上悬窗　　　D 中悬窗

94. 关于中小学教学用房墙裙高度的设计要求，错误的是哪一项？

    A 小学普通教室不应低于1.20m

    B 中学科学教室不应低于1.40m

    C 中学风雨操场不应低于2.10m

    D 小学舞蹈教室不应低于1.60m

95. 石材幕墙不应采用的连接方式是哪一项？

    A 钢销式连接　　B 云石胶粘接　　C 插销式连接　　D. 背挂式连接

96. 关于钢结构防火涂料的选用，错误的是哪一项？

    A 室内钢结构工程不应选用水性防火涂料

    B 室外钢结构工程不宜选用膨胀型防火涂料

    C 薄涂型防火涂料上要做相容的耐候面漆

    D 厚涂型防火涂料内一般要设置钢筋网片

97. 墙面抹灰一般分底层、中层和面层抹灰，而中层抹灰的主要作用是什么？

    A 美观　　　　B 找平　　　　C 粘结　　　　D 均匀

98. 地下人防工程内墙抹灰不得采用纸筋灰，其主要原因是哪一项？

    A 防脱皮　　　B 防燃烧　　　C 防霉变　　　D. 防裂纹

99. 建筑物抗震缝的宽度与下列哪项因素无关？

    A 建筑高度　　B 建筑形状　　C 设防烈度　　D 结构类型

100. 关于吊顶变形缝的结构要求，错误的是哪一项？

    A 在建筑物变形缝处吊顶也应设变形缝

    B 吊顶变形缝的宽度可根据装修需要变化

    C 吊顶变形缝处主次龙骨和面板都需断开

    D 吊顶变形缝应考虑防火、防水、隔声等要求

2013 年试题的提示及参考答案

1. 提示：气硬性胶凝材料有：石灰、石膏、水玻璃，水泥属于水硬性胶凝材料。
   答案：A

2. 提示：建筑材料按照其组成成分分为：金属材料、非金属材料和复合材料。
   答案：D

3. 提示：有机材料有木材、树脂、橡胶、沥青等，石棉和菱苦土属于无机材料。
   答案：C

4. 提示：密度是指材料在绝对密实状态下单位体积的质量，单位是 g/cm^3，也称为比重，是表示材料的主要物理参数之一。材料在自然状态下单位体积的质量为表观密度。
   答案：C

5. 提示：测定水泥强度时，是测定水泥和标准砂按照 1∶3 制备而成的水泥胶砂试件的强度。
   答案：C

6. 提示：通过破坏性试验可以测定材料的强度。
   答案：C

7. 提示：普通混凝土的导热系数为 1.63W/（m·K），普通黏土砖导热系数为 0.81W/（m·K），钢材的导热系数大约在 13.7～43.6W/（m·K），泡沫塑料的导热系数约为 0.031～0.043，约为钢材的 1/1500。
   答案：C

8. 提示：材料的耐磨性与材料的强度、硬度和内部结构有关系，与环境湿度无关。
   答案：D

9. 提示：材料的耐水性指标为软化系数。吸水率是材料吸水性指标，渗透系数是材料抗渗性指标，抗冻等级是材料的抗冻性指标。
   答案：B

10. 提示：松木（横纹）、玻璃棉板和加气混凝土都是绝热材料，石膏板不属于绝热材料。
    答案：C

11. 提示：我国水泥产品质量划分为优等品、一等品和合格品。
    答案：D

12. 提示：石材密实度高，密度一般在 2.5～2.7g/cm³，孔隙率很小，一般小于 0.5%，吸水率很低，具有较大的抗压强度，但抗拉强度很低，测定石材的强度石采用边长为 70mm 的立方体试件。
    答案：D

13. 提示：建筑用砂按照其形成条件和环境分为海砂、山砂和河砂等。
    答案：B

14. 提示：汉白玉属于大理石。
    答案：B

15. 提示：普通硅酸盐水泥早期强度较高，抗冻性好，水化热较大，抗腐蚀性能较差，适用于早期强度要求高，有抗冻要求的工程，不适用于大体积混凝土、水中工程、有腐蚀介质的工程。

    答案：C

16. 提示：根据混凝土拌合物坍落度的不同，可将混凝土分为干硬性混凝土、低塑形混凝土、塑形混凝土和流态混凝土等。根据混凝土的表观密度可将混凝土分为特重混凝土、重混凝土、普通混凝土和轻混凝土等。根据混凝土的性能可将其分为防水混凝土、耐热混凝土、耐酸混凝土、抗冻混凝土等。

    答案：D

17. 提示：因无附图，此题不做解答。

18. 提示：蒸压灰砂砖为灰白色。

    答案：C

19. 提示：根据《建筑材料放射性核素限量》规定，按放射性水平可将材料分为 A、B、C 三类，其中 A 类不对人体健康造成危害，使用场合不受限制；B 类不可用于Ⅰ类民用建筑内饰面，可用于其他类建筑内外饰面；C 类只能用于建筑外饰面。比活度超标的其他类只能用于碑石、桥墩等。

    答案：B

20. 提示：中国清代宫殿、庙宇正殿建筑铺地"二尺金砖"是以淋浆焙烧而成，质地细、强度好，敲之铿锵有声响，常见尺寸为长 640mm，宽 640mm，厚 96mm。色泽不是金黄色。

    答案：D

21. 提示：影响木材物理力学性质的因素有含水率、负荷时间、使用温度和节点等缺陷，其中含水率对木材的物理力学性质影响最大。

    答案：D

22. 提示：华山松、东北云杉和福建柏属于针叶树材。陕西麻栎（黄麻栎）是一种硬质阔叶树材，强度高。

    答案：C

23. 提示：竹材的抗拉强度约为木材的 2~25 倍，抗压强度为木材的 1.5~2 倍，抗弯强度也大于木材，所以竹材抗压、抗拉、抗弯三种强度都大于木材。竹材的收缩率小于木材，但不同方向有显著不同，一般是弦向大，纵向小，因此失水收缩时竹材变细而不变短。

    答案：D

24. 提示：建筑钢材的机械性能包括：抗拉性能（有屈服点、抗拉强度、伸长率）、冷弯性能、冲击韧性、硬度和耐疲劳性等。

    答案：C

25. 提示：钢材随着含碳量的增加强度和硬度提高；硅可以显著提高钢材的强度和硬度；锰可以提高钢材的机械性能；磷会使钢材冷脆性增大，降低钢材的机械性能。

    答案：C

26. 提示：将钢材加热到 723~910℃以上，然后在水中或油中急速冷却的热处理方法成为淬火。

答案：A

27. 提示：铸铁的抗压强度较高，但是其抗拉强度和抗弯强度很低，所以适用于承压构件，不适用于承受抗弯强度的构件，如井、沟、孔、洞的盖板。

    答案：A

28. 提示：铝材材质较软，具有良好的延展性、导电性、导热性，热膨胀系数大，弹性模量小，不容易焊接，在大气中容易氧化。

    答案：D

29. 提示：纯铜呈现紫红色，也称为"紫铜"，黄铜是铜和锌合金，青铜是铜和锡的合金。黄铜粉俗称"金粉"。

    答案：D

30. 提示：我国传统意义上的三大材是指：木材、水泥和钢材。

    答案 B

31. 提示：石灰主要用作配砂浆，制作三合土，制备蒸养粉煤灰砖，碳化石灰板等。

    答案：D

32. 提示：普通玻璃棉是以玻璃为主要原料，熔融后以离心喷出法、火焰喷出法制成的一种人造无机纤维。普通玻璃棉的耐热温度为300℃，耐腐蚀性较差。玻璃棉主要用作保温、吸声。

    答案：C

33. 提示：岩棉是采用玄武岩为主要原料生产的无机人造纤维。

    答案：B

34. 提示：加气凝土砌块是由钙质原料（如水泥、石灰等）、硅质原料（如砂子、粉煤灰、矿渣等）和铝粉在一定的工艺条件下制备而成。

    答案：D

35. 提示：建筑塑料具有密度小、比强度大、耐化学腐蚀、耐磨、隔声、绝缘、绝热、抗震、装饰好等优点；同时建筑塑料耐老化性差、耐热性差、易燃、刚度差。

    答案：A

36. 提示：天然橡胶是从橡胶树、橡胶草等植物中提取胶质后加工制成；合成橡胶则由各种单体经聚合反应而得。天然橡胶在常温下具有较高的弹性，稍带塑性，具有非常好的机械强度，耐屈挠性也很好，电绝缘性能良好。不耐老化是天然橡胶的致命弱点，但是，添加了防老剂的天然橡胶，耐老化性能好，天然橡胶有较好的耐碱性能，但不耐浓强酸。天然橡胶耐油性和耐溶剂性很差。合成橡胶一般在性能上不如天然橡胶全面，但它具有高弹性、绝缘性、气密性、耐油、耐高温或低温等性能，相比较而言，合成橡胶的性能虽然略差，但是成本低产能高，所以运用较广。

    答案：A

37. 提示：环氧树脂加填料可以改善电绝缘性、化学稳定性等；不同的固化剂所需的固化温度不同，既有常温下的固化剂，也有高温下的固化剂；环氧树脂自身不能硬化，需要加固化剂；环氧树脂胶粘剂可以粘结金属、非金属材料，但是不能粘结赛璐珞类塑料。

答案：C

38. 提示：沥青油漆是以煤焦油沥青以及煤焦油为主要原料，加入稀释剂、改性剂、催干剂等有机溶剂组成，广泛用于水下钢结构和水泥构件的防腐防渗漏，地下管道的内外壁防腐。醇酸清漆是由酚醛树脂或改性的酚醛树脂与干性植物油经熬炼后，再加入催干剂和溶剂而成，具有较好的耐久性、耐水性和耐酸性，不是防锈漆。锌铬黄漆是以环氧树脂、锌铬黄等防锈颜料、助剂配成漆基，以混合胺树脂为固化剂的油漆，具有优良的防锈功能。红丹底漆是用红丹与干性油混合而成的油漆，该漆附着力好，防锈性能高，耐水性强。

    答案：B

39. 提示：橡胶在—50~150℃温度范围内具有良好的弹性。

    答案：B

40. 提示：氟树脂涂料具有一些其他涂料难以比拟的独特性能，例如：极好的耐候性、优良的抗化学腐蚀性、低摩擦性、憎水性、憎油性、不燃性等，但是其生产工艺比较复杂，对设备要求高。

    答案：C

41. 提示：普通玻璃是由石灰石、石英砂、纯碱、长石等为主要原料制备而成。

    答案：A

42. 提示：D级防砸玻璃的等级最高，专门用于监狱防爆门窗或特级文物展柜的防砸玻璃。

    答案：D

43. 提示：建筑陶瓷劈裂砖是因焙烧双联砖后可得两块产品而得名，劈裂砖与砂浆附着力强，耐酸碱性好，耐寒性好。

    答案：D

44. 提示：对棉、麻类窗帘及装饰织物阻燃处理工艺简单，耐水洗，手感舒适，但是织物的断裂强度下降。

    答案：C

45. 提示：对环境温度高于50℃处的变形缝止水带，应该选择耐热性能好的止水带，相比而言，2mm厚的不锈钢止水带最适合。

    答案：B

46. 提示：要求室内的隐蔽钢结构耐火极限达到2h，应该选择非膨胀型、以无机绝热材料为主的钢结构防火涂料。

    答案：D

47. 提示：吸声系数大于0.2的为吸声材料。

    答案：D

48. 提示：重质的材料具有抗辐射的性能，四种材料中6mm厚铅板的抗辐射性能最好。

    答案：A

49. 提示：生产泡沫玻璃所用原料有基础原料和发泡剂，基础原料一般为各种废玻璃。生产时将废玻璃颗粒和发泡剂按照一定比例混合放入专门的模具中，在650~950℃温度下加热发泡制成的。泡沫玻璃具有保温、吸声、节能、耐腐蚀等优点。

答案：C

50. 提示：我国是世界上栽培、利用竹子最早的国家，也是世界上竹子资源最丰富的国家，竹子种类、竹林面积和竹资源蓄积量均居世界之首，素有"竹子王国"之称，中国竹子种类占世界的近60%，占世界竹林面积的27%。中国还是竹林产量最高的国家。

    答案：D

51. 提示：查国家建筑标准设计图集《体育场地与设施》（一）（08J933-1）：塑胶复合地面的构造做法不适用于羽毛球场地。

    答案：D

52. 提示：《防火规范》第7.1.9条规定：大型消防车的回车场不应小于18m×18m。

    答案：C

53. 提示：《地下防水规范》第4.1.25条中规定：防水混凝土墙身施工缝防水构造采用橡胶止水带做法时L应≥200mm。

    答案：D

54. 提示：《地下防水规范》第4.1.4条中规定：地下室结构主体防水混凝土埋置深度为10m时，设计抗渗等级应为P8。

    答案：B

55. 提示：《地下防水规范》第5.1.6条中规定：变形缝中部应为中埋式止水带。

    答案：D

56. 提示：分析得知，这里的防水层指的是保温层的保护膜，既可以防水又具有透气功能，效果是最好的。

    答案：C

57. 提示：《抗震规范》第7.3.10条中规定：在6~8度抗震区，门窗洞口处预制钢筋混凝土过梁支承长度不能小于240mm。

    答案：D

58. 提示：分析得知，考虑节能，将保温材料粘贴在墙体外侧是最好的做法，也是推荐的做法。

    答案：D

59. 提示：分析得知，建筑物散水宽度的确定与建筑物耐久等级无关。

    答案：A

60. 提示：《抗震规范》第7.3.2条中规定：构造柱可不单独设置基础，但应伸入室外地面500mm，或与埋深小于500mm的基础圈梁相连。

    答案：B

61. 提示：分析得知，泡沫混凝土外墙保温板，用于空心砖外保温时，不宜采用锚栓进行辅助加固。

    答案：B

62. 提示：《倒置式屋面规程》第5.2.5条中规定：倒置式屋面保温层的设计厚度应按计算厚度增加25%取值，且最小厚度不得小于25mm。

    答案：D

63. 提示：分析得知。不上人平屋面，采用材料找坡和正置式做法，其构造层次应为A项所述。

    答案：A

64. 提示：分析得知，确定建筑物屋面防水等级的根据与建筑物平面形状无关。

    答案：A

65. 提示：《倒置式屋面规程》第5.2.6条中规定：倒置式屋面保护层与保温层之间的干铺无纺聚酯纤维布是隔离作用。

    答案：B

66. 提示：《屋面规范》第4.2.9条中规定：严寒地区建筑屋面排水应采用内排水。

    答案：D

67. 提示：分析得知，架空板下的支承构件不叫地垄墙，而应叫支承构件。

    答案：C

68. 提示：《屋面规范》第5.1.6条中规定：多层卷材铺贴时，上下层卷材不得相互垂直铺贴（注：2012版规范已取消了这种规定）。

    答案：D

69. 提示：《屋面规范》第4.5.8条中规定：可以作为屋面的一道防水设防的应该是平瓦屋面。

    答案：C

70. 提示：《住宅装修施工规范》第9.3.2条中规定：轻钢龙骨石膏板隔墙竖向龙骨的最大间距应是600mm。用于隔墙的纸面石膏板的厚度为12mm，板宽有900mm和1200mm两种，每块板应由三根竖向龙骨支承，故其间距应为450mm和600mm两种。600mm是最大间距。

    答案：C

71. 提示：分析得知，双层玻璃窗的玻璃常采用不同的厚度组合，其主要原因是隔声要求。资料表明：玻璃较厚的，隔声性能较好；内外两片玻璃厚度不同的，要比厚度相同的隔声性能好；中间空气层厚的，隔声性能更好。

    答案：B

72. 提示：《轻质条板隔墙规程》第4.3.2条规定：当抗震设防地区的条板隔墙安装长度超过6m时，应设置构造柱。

    答案：D

73. 提示：《防火规范》第5.1.1条指出：10层的医院病房楼属于一类高层建筑。《内部装修防火规范》第3.3.1条中指出：病房的内部装修顶棚应选用A级材料；墙面、地面和隔断均应选用B_1级材料。上述4种材料中，轻钢龙骨纸面石膏板是属于A级材料，多彩涂料和塑胶地面均属于B_1级材料，胶合板表面涂刷清漆则属于B_2级材料。

    答案：D

74. 提示：分析得知，在水泵房的墙面、顶棚粘贴吸声材料隔声效果较差。

    答案：D

75. 提示：原《建筑设计防火规范》GB 50016—2006第5.4.3条中有：A、B、C项的要求。但2014版《防火规范》已无A、B项要求，现仍按旧规范作答。

76. 提示：查找《建筑构造通用图集——吊顶》得知：C图应是次龙骨和横撑龙骨。A图是轻型主龙骨的断面，B图是重型主龙骨的断面，D图是窗帘盒安装铁件。

    答案：C

77. 提示：《防火规范》第5.1.2条规定：高层建筑的屋顶承重构件的耐火极限，一类高层时为1.50h。A项为1.25h，B项为3.00h，C项为约3.50h，D项不符合要求。

    答案：B、C均可

78. 提示：分析得知，水平走向的可燃气管道不可安装在封闭的吊顶内。

    答案：D

79. 提示：《装修验收规范》第6.1.11条中规定：轻钢龙骨吊顶的吊杆长度大于1500mm时，应设置反向支撑。

    答案：A

80. 提示：《住宅装修施工规范》第8.3.1条中没有撑横龙骨的间距最大值应为1000mm的规定。

    答案：D

81. 提示：《民建通则》6.8.2条中规定：梯级上空的垂直净高不应小于2.30m。

    答案：D

82. 提示：综合《地面规范》及《洁净厂房设计规范》GB 50073—2013的相关规定：有空气洁净度要求的房间的地面应平整、耐磨、易清洗、不易积聚静电、避免眩光、不开裂等要求，上述4种做法中，瓷质通体抛光地板砖地面容易长生眩光，不符合要求。

    答案：D

83. 提示：《建筑通则》第6.7.3条规定：休息平台的最小宽度Ⅳ不得小于1200mm。

    答案：D

84. 提示：《玻璃幕墙规范》第3.1.4条规定，隐框或半隐框玻璃幕墙的玻璃与铝合金之间的粘结必须采用中性硅酮结构密封胶。

    答案：D

85. 提示：《金属石材幕墙规范》JGJ 133—2001第4.3.1条中规定：幕墙的防雨水渗漏设计，幕墙构架立柱与横梁的截面形式宜按等压原理设计。

    答案：B

86. 提示：分析得知，盖板长接是不能保障玻璃幕墙板之间接缝处防水效果的。

    答案：B

87. 提示：查找《双层幕墙》标准图（07J 103—8），外循环双层幕墙包括4种形式：整体式、廊道式、通道式和箱体式。开放式不属于外循环方式。

    答案：A

88. 提示：《玻璃幕墙规范》第7.1.1条中指出：4500mm高的全玻璃墙采用下端支承连接时，玻璃的最小厚度应为15mm。

    答案：C

89. 提示：《玻璃幕墙规范》第4.1.5条中指出：玻璃幕墙开启扇的开启角度不宜大于

30°，开启距离不宜大于 300mm。

答案：B

90. 提示：从图形形状及尺寸分析，A 项、B 项、C 项是正确的，D 项是错误的，原因是可安装、可拆卸的纱窗截面尺寸不可能达到 70mm。

答案：B

91. 提示：查找相关资料，考虑电梯门套的装修要求，土建层门洞口尺寸的两侧应预留 100mm，顶部应预留 70~100mm，D 项满足要求。

答案：D

92. 提示：分析得知，彩钢门窗副框的主要作用是调整洞口的垂直安装尺寸，保护框料避免锈蚀。

答案：A

93. 提示：分析得知，由于烟气上升、流向，对排烟最不利的窗型是上边固定、下边敞开的上悬窗。

答案：C

94. 提示：《中小学校设计规范》GB 50099—2011 第 5.1.14 条中指出：小学舞蹈教室的墙裙高度不应低于 2.10m。

答案：D

95. 提示：《金属石材幕墙规范》中石材的连接方式没有采用云石胶粘结的做法。

答案：B

96. 提示：分析得知，薄涂型防火涂料上要做相容的耐候面漆是不必要的。

答案：C

97. 提示：分析得知，中层抹灰的主要作用是找平。

答案：B

98. 提示：《人民防空地下室设计规范》GB 50038—2005 第 3.9.2 条中指出：室内装修应选用防火、防潮的材料，并满足防腐、抗震、环保及其他特殊功能要求的要求。不得采用纸筋灰装修是为避免墙体霉变而采取的措施。

答案：C

99. 提示：分析得知，建筑物防震缝的宽度与建筑形状无关。

答案：B

100. 提示：分析得知，吊顶变形缝的宽度应保证基本宽度，不可根据装修需要变化。

答案：B

建筑材料与构造

2012年试题

1. 下列属于非金属—有机复合材料的是(　　)。
   A 硅酸盐制品　　B 玻璃钢　　C 沥青制品　　D 合成橡胶
2. 下列不属于韧性材料的是(　　)。
   A 钢材　　B 混凝土　　C 木材　　D 塑料
3. 以下常用编码符号正确的是(　　)。
   A ISO——国际标准，GB——中国企业标准，ASTM——美国材料与试验学会标准
   B GB——中国国家标准，JG——中国地方标准，JJS——日本工业协会标准
   C GB——中国国家标准，JC——中国部（委）标准，QB——中国企业标准
   D ISO——国际标准，GB——中国部（委）标准，JC——中国地方标准
4. 下列建筑材料中导热系数最小的是(　　)。
   A 泡沫石棉　　B 石膏板　　C 粉煤灰陶粒混凝土　　D 平板玻璃
5. 混凝土每罐需加入干砂190kg，若砂子含水率为5%，则每罐需加入湿砂的量是(　　)。
   A 185kg　　B 190kg　　C 195kg　　D 200kg
6. 钢材经过冷加工后，下列哪种性能不会改变？
   A 屈服极限　　B 强度极限　　C 疲劳极限　　D 延伸率
7. 建筑材料抗渗性能的好坏与下列哪些因素有密切关系？
   A 体积、比热
   B 形状、容重
   C 含水率、空隙率
   D 孔隙率、孔隙特征
8. 铺设1m²屋面需用标准平瓦的数量为(　　)。
   A 10张　　B 15张　　C 20张　　D 30张
9. 下列材料中吸水率最大的是(　　)。
   A 花岗石　　B 普通混凝土　　C 木材　　D 黏土砖
10. 尺寸为240mm×115mm×53mm的砌块，其烘干质量为2550g，磨成细粉后，用排水法测得绝对密实体积为940.43cm³，其孔隙率为(　　)。
    A 13.7%　　B 35.30%　　C 64.7%　　D 86.3%
11. 下列常用建材在常温下对硫酸的耐腐蚀能力最差的是(　　)。
    A 混凝土　　B 花岗石　　C 沥青卷材　　D 铸石制品
12. 某工地进行混凝土抗压强度的试块尺寸均为200mm×200mm×200mm，在标准养护条件下28d取得抗压强度值，其强度等级确定方式是(　　)。
    A 必须按标准立方体尺寸150mm×150mm×150mm重做
    B 取所有试块中的最大强度值
    C 可乘以尺寸换算系数0.95
    D 可乘以尺寸换算系数1.05
13. 用高强度等级水泥配制低强度混凝土时，为保证工程的技术经济要求，应采取的措施

是( )。
   A 增大粗骨料粒径　B 减少砂率　　　C 增加砂率　　　D 掺入混合材料
14. 哪种水泥最适合制作喷射混凝土?
   A 粉煤灰水泥　　　　　　　　　　B 矿渣水泥
   C 普通硅酸盐水泥　　　　　　　　D 火山灰水泥
15. 配制高强度、超高强度混凝土,须采用以下哪种混凝土掺合料?
   A 粉煤灰　　　　B 硅灰　　　　　C 煤矸石　　　　D 火山渣
16. 划分石材强度等级的依据是( )。
   A 抗拉强度　　　B 莫氏硬度　　　C 抗剪强度　　　D 抗压强度
17. 天安门广场人民英雄纪念碑的碑身石料属于( )。
   A 火成岩　　　　B 水成岩　　　　C 变质岩　　　　D 混合石材
18. 以下各种矿物中密度最大的是( )。
   A 橄榄石　　　　B 石英　　　　　C 黑云母　　　　D 方解石
19. 纤维混凝土在混凝土里掺入了各种纤维材料,掺入纤维的目的是为了( )。
   A 耐热性能　　　B 胶凝性能　　　C 防辐射能力　　D 抗拉强度
20. 测定木材强度标准值时,木材的含水率为( )。
   A 10%　　　　　B 12%　　　　　C 15%　　　　　D 25%
21. 以下哪项对木材防腐不利?
   A 置于通风处　　　　　　　　　　B 浸没在水中
   C 表面涂油漆　　　　　　　　　　D 存放于40~60℃
22. 下列哪种材料在自然界中蕴藏最为丰富?
   A 锡　　　　　　B 铁　　　　　　C 铜　　　　　　D 钙
23. 钢材在冷拉中先降低,再经时效处理后又基本恢复的性能是( )。
   A 屈服强度　　　B 塑性　　　　　C 韧性　　　　　D 弹性模量
24. 下列哪种元素对建筑钢材的性能最为不利?
   A 碳　　　　　　B 硅　　　　　　C 硫　　　　　　D 氮
25. 建筑工程中最常用的碳素结构钢牌号为( )。
   A Q195　　　　 B Q215　　　　　C Q235　　　　　D Q255
26. 钢筋混凝土中的Ⅰ级钢筋是由以下哪种钢材轧制而成的?
   A 碳素结构钢　　　　　　　　　　B 低合金钢
   C 中碳低合金钢　　　　　　　　　D 优质碳素结构钢
27. 不锈钢中主要添加的元素为( )。
   A 钛　　　　　　B 铬　　　　　　C 镍　　　　　　D 锰
28. 岩棉是由下列哪种精选的岩石原料经高温熔融后加工制成的?
   A 白云岩　　　　B 石灰岩　　　　C 玄武岩　　　　D 松脂岩
29. 下列吸声材料的类型及其构造形式中,与矿棉吸声材料配合使用最多的是( )。
   A 薄板　　　　　B 多孔板　　　　C 穿孔板　　　　D 悬挂空间吸声
30. 安装轻钢龙骨上燃烧性能达到B₁级的纸面石膏板,其燃烧性能可作为( )。
   A 不燃　　　　　B 难燃　　　　　C 可燃　　　　　D 易燃

31. 选用建筑工程室内装修时，不应采用的胶粘剂是（　　）。
    A 酚醛树脂　　　　　　　　　　　B 聚酯树脂
    C 合成橡胶　　　　　　　　　　　D 聚乙烯醇缩甲醛

32. 冷底子油是沥青与有机溶剂混合制得的沥青涂料，由石油沥青与汽油配合的冷底子油的合适质量比值是（　　）。
    A 30∶70　　　B 40∶60　　　C 45∶55　　　D 50∶50

33. 下列哪种材料性能是高分子化合物的固有缺点？
    A 绝缘性能　　B 耐磨性能　　C 耐火性能　　D 耐腐蚀性能

34. 下列哪种常用合成树脂最耐高温？
    A 聚丙烯　　　B 有机硅树脂　　C 聚氨酯树脂　　D 聚丙烯

35. 建筑工程中常用的"不干胶"、"502胶"属于（　　）。
    A 热塑性树脂胶粘剂　　　　　　　B 热固性树脂胶粘剂
    C 氯丁橡胶胶粘剂　　　　　　　　D 丁腈橡胶胶粘剂

36. 下列橡胶基防水卷材中，耐老化性能最好的是（　　）。
    A 丁基橡胶防水卷材　　　　　　　B 氯丁橡胶防水卷材
    C EPT/IIR防水卷材　　　　　　　D 三元乙丙橡胶

37. 下列哪种玻璃是由一级普通平板玻璃经风冷淬火法加工处理而成？
    A 泡沫玻璃　　B 冰花玻璃　　C 钢化玻璃　　D 防辐射玻璃

38. 下列能够防护X射线及γ射线的玻璃是（　　）。
    A 铅玻璃　　　B 钾玻璃　　　C 铝镁玻璃　　D 石英玻璃

39. 下列可作为建筑遮阳措施的玻璃是（　　）。
    Ⅰ．中空玻璃　　Ⅱ．夹丝玻璃　　Ⅲ．阳光控制膜玻璃　　Ⅳ．热辐射玻璃
    A Ⅰ、Ⅱ　　　B Ⅱ、Ⅲ　　　C Ⅱ、Ⅳ　　　D Ⅲ、Ⅳ

40. 按化学成分来分类，下列不属于烧土制品的是（　　）。
    A 玻璃　　　　B 石膏　　　　C 陶瓷　　　　D 瓦

41. 建筑面积大于10000m²的候机楼中，装饰织物的燃烧性能等级至少应为（　　）。
    A A级　　　　B B_1级　　　C B级　　　　D B_3级

42. 仅就材质比较，以下哪种地毯的成本最低？
    A 羊毛地毯　　　　　　　　　　　B 混纺纤维地毯
    C 丙纶纤维地毯　　　　　　　　　D 尼龙纤维地毯

43. 下列合成纤维中，耐火性能最好的是（　　）。
    A 涤纶　　　　B 腈纶　　　　C 锦纶　　　　D 氯纶

44. 下列防水材料中最适用于较低气温环境的是（　　）。
    A 煤沥青纸胎油毡　B 铝箔面油毡　C SBS卷材　　D APP卷材

45. 医院洁净手术室内与室内空气直接接触的外露材料可采用（　　）。
    Ⅰ．木材　　　Ⅱ．玻璃　　　Ⅲ．陶瓷　　　Ⅳ．石膏
    A Ⅰ、Ⅱ　　　B Ⅱ、Ⅲ　　　C Ⅲ、Ⅳ　　　D Ⅰ、Ⅳ

46. 多层公共建筑中，防火墙应采用（　　）。
    A 普通混凝土承重空心砌块（330mm×290mm）墙体

B 水泥纤维加压板墙体 100mm

C 轻集料（陶粒）混凝土砌块（300mm×340mm）墙体

D 纤维增强硅酸钙板轻质复合墙体 100mm

47. 下列保温材料中，燃烧性能等级最低的是（　　）。
    A 矿棉　　　　B 岩棉　　　　C 泡沫玻璃　　　　D 挤塑聚苯乙烯

48. 下列民用建筑工程室内装修中不得作为稀释剂和溶剂的是（　　）。
    A 苯　　　　B 丙醇　　　　C 丁醇　　　　D 酒精

49. 民用建筑工程室内装修时，不应用做内墙涂料的是（　　）。
    A 聚乙烯醇水玻璃内墙涂料　　　　B 合成树脂乳液内墙涂料
    C 水溶性内墙涂料　　　　D 仿瓷涂料

50. 竹地板是一种既传统又新潮的"绿色建材"产品，根据《室内装饰装修材料人造板及其制品中甲醛释放限量》（GB 18580—2001）的要求，竹地板的甲醛含量限制值为（　　）。
    A ≤0.12mg/L　　　B ≤0.50mg/L　　　C ≤1.50mg/L　　　D ≤5.00mg/L

51. 为使雨水循环收集至地下而设计的渗水路面，以下措施错误的是（　　）。
    A 采用渗水砖等路面面层实施渗水路面构造
    B 筑渗水路肩，如干铺碎石、卵石使雨水沿路两侧就地下渗
    C 用混凝土立缘石以阻水防溢集中蓄水
    D 使路面高出绿地 0.05～0.10m，确保雨水顺畅流入绿地

52. 机动车停车场的坡度不应过大，其主要理由是（　　）。
    A 满足排水要求　　　　B 兼作活动平地
    C 便于卫生清洁　　　　D 避免车辆溜滑

53. 下图为一般混凝土路面伸缩缝构造图，图中有误的是（　　）。

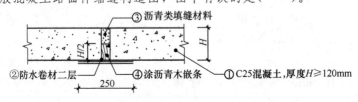

题 53 图

    A ①C25 混凝土，厚度 H≥120mm　　　B ②缝底铺防水卷材 2 层
    C ③缝内填沥青类材料　　　　D ④缝内嵌木条（涂沥青）

54. 消防车道路面荷载的设计考虑，以下错误的是（　　）。
    A 与消防车型号、重量有关
    B 车道下管沟等应能承受消防车辆的压力
    C 高层建筑使用的最大消防车，标准荷载为 20kN/m²
    D 消防车最大载重量需与当地规划部门商定

55. 下列我国城乡常用路面中，防起尘性、消声性均好的是（　　）。
    A 混凝土路面　　　　B 沥青混凝土路面
    C 级配碎石路面　　　　D 沥青表面处理路面

56. 某地下 12m 处工程的防水混凝土设计要点中，错误的是（　　）。
    A 结构厚度应计算确定

B 抗渗等级为 P8
C 结构底板的混凝土垫层，其强度等级不小于 C15
D 混凝土垫层的厚度一般不应小于 150mm

57. 下列关于地下室防水混凝土构造抗渗性的规定中，错误的是(　　)。
A 防水混凝土的抗渗等级不得小于 P6
B 防水混凝土结构厚度不应小于 250mm
C 裂缝宽度应不大于 0.2mm，并不得贯通
D 迎水面钢筋保护层厚度不应小于 25mm

58. 图示为某地下室顶板至地面局部构造的描述，下列要求错误的是(　　)。

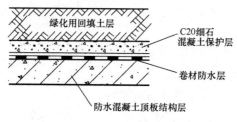

题 58 图

A 覆土应回填种植土
B 防水层与保护层之间应设找平层
C 保护厚度在人工回填时不应小于 50mm
D 种植小乔木应回填覆土厚度应在 800mm 以上

59. 地下室、半地下室内存有可燃物且平均重量超过 30kg/m² 时，其隔墙与门应采用(　　)。
A 房间隔墙的耐火极限不低于 3.5h，门采用甲级防火门、内开
B 房间隔墙的耐火极限不低于 2.0h，门采用甲级防火门、外开
C 房间隔墙的耐火极限不低于 1.5h，门采用乙级防火门、外开
D 房间隔墙的耐火极限不低于 1.0h，门采用乙级防火门、内开

60. 地下室卷材防水并做暗散水时，其防水层和混凝土暗散水应沿外墙上翻高出室外地坪 a，外墙防水砂浆高度 b 值应是(　　)。

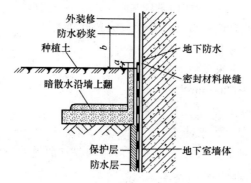

题 60 图

A $a=30$mm，$b=300$mm　　B $a=40$mm，$b=400$mm
C $a=60$mm，$b=500$mm　　D $a=100$mm，$b=900$mm

61. 下列关于砌块女儿墙的规定，错误的是（　　）。
    A　女儿墙厚度至少120mm
    B　抗震设防地区无锚固女儿墙高度应≤0.5m
    C　女儿墙高度超过0.5m时，应加设构造柱与压顶
    D　女儿墙的构造柱间距不应大于3.0m

62. 砌体墙上的孔洞超过以下哪组尺寸时，需预留且不得随意打凿？
    A　200mm×200mm   B　150mm×150mm
    C　100mm×100mm   D　60mm×60mm

63. 下列哪种做法对墙体抗震不利？
    A　整体设地下室
    B　大房间在顶层中部
    C　砌体内的通风道、排烟道等不能紧贴外墙设置
    D　楼梯间尽量设在端部、转角处

64. 下列哪种材料作墙基时必须做墙体防潮层？
    A　普通混凝土   B　页岩砖   C　块石砌体   D　钢筋混凝土

65. 关于架空隔热屋面的设计要求，下列表述中哪条是错误的？
    A　不宜设女儿墙
    B　屋面采用女儿墙时，架空板与女儿墙的距离不宜小于250mm
    C　屋面坡度不宜小于5%
    D　不宜在8度区采用

66. 严寒地区高层住宅首选的屋面排水方式为（　　）。
    A　内排水   B　外排水
    C　内、外排水相结合   D　虹吸式屋面排水系统

67. 当瓦屋面坡度接近50%时，其檐口构造不应设置（　　）。
    A　镀锌薄钢板天沟   B　现浇钢筋混凝土檐沟
    C　砌筑女儿墙   D　安全护栏等

68. 下列关于蓄水屋面的规定，错误的是（　　）。
    A　不宜用于寒冷地区、地震地区或振动较大的建筑物上
    B　蓄水屋面坡度应控制在2%～3%
    C　屋面蓄水池的池身应采用防水混凝土
    D　蓄水深度宜为150～200mm

69. 任何防水等级的地下室，防水工程主体均应选用下列哪一种防水措施？
    A　防水卷材   B　防水砂浆   C　防水混凝土   D　防水涂料

70. 对建筑地面的灰土、砂石、三合土三种垫层的相似点的说法，错误的是（　　）。
    A　均为承受并传递地面荷载到基土上的构造层
    B　最小厚度均为100mm
    C　垫层压实均需保持一定湿度
    D　都可以在0℃以下的环境中施工

71. 某商场的屋顶总面积为1000m²，综合考虑建筑采光与节能，其采光顶面积不应大

于( )。

A 200m²　　　B 300m²　　　C 400m²　　　D 500m²

72. 下列设备机房、泵房等采取的吸声降噪措施，错误的是( )。
    A 对中高频噪声常用20~50mm的成品吸声板
    B 对低频噪声可采用穿孔板共振吸声构造，其板厚10mm，孔径10mm，穿孔率10%
    C 对宽频带噪声则在多孔材料后留50~100mm厚空腔或80~150mm厚吸声层
    D 吸声要求较高的部位可采用50~80mm厚吸声玻璃棉并加设防护面层

73. 以下关于蒸压加气混凝土砌块墙体的设计规定，正确的是( )。
    A 不得用于表面温度常达60℃的承重墙
    B 应采用专用砂浆砌筑
    C 用作外墙时可不做饰面保护层
    D 用作内墙时厚度应≥60mm

74. 下列有关轻集料混凝土空心砌块墙体的构造要点，正确的是( )。
    A 主要应用于建筑物的内隔墙和框架填充外墙
    B 应采用水泥砂浆抹面
    C 砌块墙体上可直接挂贴石材
    D 用于内隔墙的砌块强度等级要高于填充外墙的砌块

75. 下列关于顶棚构造的做法，错误的是( )。
    A 潮湿房间的顶棚应采用耐水材料
    B 人防工程顶棚应在清水板底喷难燃材料
    C 在任何空间，普通玻璃不应作为顶棚材料使用
    D 顶棚装修中，不应采用石棉水泥板面层

76. 在老年住宅内装修吊柜、吊扇、吊灯、吊顶搁板时，构造设计首先要注重( )。
    A 悦目怡人的艺术性　　　　　B 简朴实惠的经济性
    C 抗震、防火的安全性　　　　D 材料构件的耐久性

77. 下列关于建筑照明灯具的制造与设计要点，正确的是( )。
    A 灯具制造要选用难燃材料并具有良好的通风散热措施
    B 灯具重量超过10kg时必须吊装于楼板或梁上
    C 抗震设防烈度8度以上地震区的大型吊灯应有防止脱钩的构造
    D 大型玻璃罩灯具应有防止罩内应力自爆造成危害的措施

78. 图示为地面保温构造做法，除采用挤塑聚苯板(XPS)外，保温层上下应铺设( )。
    A 0.2mm塑料膜浮铺防潮层
    B 10mm厚1:2水泥砂浆找平层
    C 高标号素水泥浆结合层
    D 玻璃纤维网格布保护层

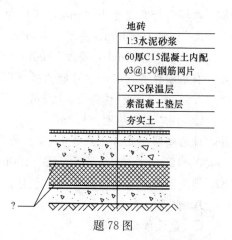

题78图

79. 下图为楼板下吊顶所设保温层的构造做法，保

温层的选用重点应注意（　　）。

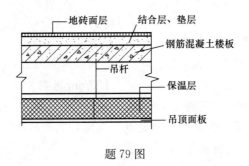

题 79 图

A 防水问题　　　　　　　　　　B 防火问题
C 防噪问题　　　　　　　　　　D 防腐问题

80. 下列关于电梯井底坑内检修门的设置规定中，正确的是（　　）。
   A 底坑深度超过 1800mm 时需设检修门
   B 检修门高度≥1200mm，宽度≥450mm
   C 检修门上应带合页、插销、门把手三种五金件
   D 检修门不得向井道内开启

81. 以下是剪刀楼梯用作高层建筑疏散楼梯的设计要求，错误的是（　　）。
   A 应按防烟楼梯间设计
   B 梯段之间应设置耐火极限不低于 1h 的不燃烧体分隔
   C 应分别设置前室并各设加压送风系统
   D 由走道进入前室再进入剪刀楼梯间的门均应设置甲级防火门

82. 一类高层建筑内走道吊顶应采用（　　）。
   A 铝箔复合材料　　　　　　　　B 矿棉装饰板材
   C 经阻燃处理的木板　　　　　　D 标准硅钙面板

83. 某宾馆内服务楼梯踏步的最小宽度 b、最大高度 h 应为（　　）。
   A $b=220mm$，$h=200mm$　　　B $b=250mm$，$h=180mm$
   C $b=250mm$，$h=260mm$　　　D $b=300mm$，$h=150mm$

84. 电梯门的宽度为 1000mm，高度为 2000mm，则土建层门洞口的理想尺寸应为（　　）。
   A 宽度 1000mm，高度 2000mm　　B 宽度 1050mm，高度 2000mm
   C 宽度 1100mm，高度 2200mm　　D 宽度 1200mm，高度 2100mm

85. 有给水设备或有浸水可能的楼地面，其防水层翻起高度的要求，错误的是（　　）。
   A 一般在墙、柱部位≥0.3m　　　B 卫生间墙面≥1.8m
   C 住宅厨房墙面≥1.2m　　　　　D 公用厨房应进行墙面清洗

86. 地面垫层用三合土或 3∶7 灰土的最小厚度应为（　　）。
   A 120mm　　B 100mm　　C 80mm　　D 60mm

87. 楼地面填充层构造的作用不包括（　　）。
   A 防滑、防水　　　　　　　　　B 隔声、保温
   C 敷设管线　　　　　　　　　　D 垫坡、隔热

88. 现浇水磨石地面一般不采用下列何种材料作分格条?
   A 玻璃
   B 不锈钢
   C 氧化铝
   D 铜

89. 以下哪项是设计木地面时不必采取的措施?
   A 防滑、抗压
   B 防腐、通风
   C 隔声、保温
   D 防火、阻燃

90. 下列关于汽车库楼地面构造的要求中,错误的是( )。
   A 地面应采用难燃烧体材料
   B 采用强度高的地面面层
   C 具有耐磨防滑性能
   D 各楼层应设置地漏

91. 下列有关光伏电幕墙的说法,错误的是( )。
   A 将光电模板安装在幕墙上,利用太阳能获得电源
   B 一般构造为:上层4mm厚白色玻璃,中层光伏电池阵列,下层4mm厚玻璃
   C 中层与上下两层可用铸膜树脂(EVA)热固
   D 光电模板一般的标准尺寸为300mm×300mm

92. 下列关于采光顶用聚碳酸酯板(阳光板)的叙述,错误的是( )。
   A 单层板材厚度3~10mm
   B 耐候性不小于25年
   C 双层板透光率不小于80%
   D 耐温限度—40~120℃

93. 面积为12m×12m的计算机房,其内墙上的门窗应为( )。
   A 普通塑钢门窗,门向内开
   B 甲级防火门窗,门向外开
   C 乙级防火门窗,门向外开
   D 丙级防火门窗,门向内开

94. 全玻璃墙中玻璃肋板的材料与截面最小厚度应为( )。
   A 钢化玻璃,厚10mm
   B 夹层玻璃,厚12mm
   C 夹丝玻璃,厚15mm
   D 中空玻璃,厚24mm

95. 幕墙用铝合金材料与其他材料接触处,一般应设置绝缘垫片或隔离材料,但与以下哪种材料接触时可以不设置?
   A 水泥砂浆
   B 玻璃、胶条
   C 混凝土构件
   D 铝合金以外的金属

96. 与铝单板幕墙作比较,关于铝塑复合板幕墙的说法,错误的是( )。
   A 价格较低
   B 便于现场裁剪摺边
   C 耐久性差
   D 表面不易变形

97. 采光顶选用中空玻璃的气体层厚度不应小于( )。
   A 18mm
   B 15mm
   C 12mm
   D 9mm

98. 以下关于石材墙面采用粘贴法的构造做法,错误的是( )。
   A 厚度≤10mm的石材应用胶粘剂粘贴
   B 厚度≤20mm的石材应用大力胶粘剂粘贴
   C 粘结的石材每一块面积应≤1m²
   D 粘结法适用高度应≤3m

99. 下图为楼地面变形缝构造,其性能主要适用于设置以下哪种变形缝?

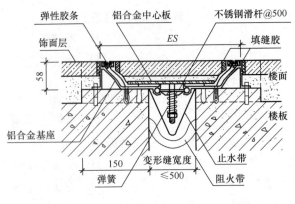

题 99 图

    A 高层建筑抗震缝   B 多层建筑伸缩缝
    C 一般建筑变形缝   D 高层与多层之间的沉降缝

（注：此题 2007 年、2008 年均考过）

100. 下列哪一种做法不可作为地下室伸缩变形缝的替代措施？

    A 施工缝   B 诱导缝   C 后浇带   D 加强带

2012 年试题的提示及参考答案

1. **提示**：玻璃钢是玻璃纤维增强的塑料产品，属于非金属——有机复合材料。硅酸盐制品属于非金属材料，沥青制品和合成橡胶属于有机材料。

    答案：B

2. **提示**：混凝土为脆性材料。钢材、木材和塑料为韧性材料。

    答案：B

3. **提示**：ISO——国际标准，ASTM——美国材料与试验学会标准，GB——中国国家标准，JC——中国部（委）标准，QB——中国企业标准，JJS——日本工业协会标准。

    答案：C

4. **提示**：泡沫石棉的导热系数最小。

    答案：A

5. **提示**：含水率为 5% 的湿砂中含水量为：$190 \times 5\% = 9.5$ kg，则湿砂量为 $190 + 9.5 = 199.5$ kg。

    答案：D

6. **提示**：钢材经过冷加工后，屈服极限提高，强度极限不变，塑形和韧性下降。

    答案：B

7. **提示**：建筑材料抗渗性能的好坏主要取决于材料的孔隙率和孔隙特征。当孔隙率较低时抗渗性提高，当增加封闭孔隙时，抗渗性也提高。

    答案：D

8. **提示**：铺设 1m² 屋面需用标准平瓦的数量为 15 张。

    答案：B

9. 提示：四种材料相比，其中木材的孔隙率最大，吸水率也最大。
   答案：C
10. 提示：砖的自然状态下的体积 $V_0 = 24 \times 11.5 \times 5.3 = 1462.8 \text{cm}^3$
    又已知砖在密实状态的体积 $V = 940.43 \text{cm}^3$
    则孔隙率 $P_0 = \dfrac{V_0 - V}{V_0} \times 100\% = \dfrac{1462.8 - 940.43}{1462.8} = 35.7\%$
    答案：B
11. 提示：混凝土是碱性的，所以其耐硫酸腐蚀能力最差。
    答案：A
12. 提示：混凝土抗压强度随着试块尺寸增大，测得的强度值偏小，当试块尺寸为 200mm×200mm×200mm，可以乘以换算系数 1.05 换算为标准尺寸试件的强度。
    答案：D
13. 提示：当采用高强度等级水泥配制低强度混凝土时，在水泥用量较少的前提下即可满足混凝土的强度要求，但是由于水泥用量少使得混凝土拌合物工作性不好，可掺入混合材料。
    答案：D
14. 提示：喷射混凝土要求水泥凝结硬化速度较快，所以普通硅酸盐水泥最适合制作喷射混凝土。
    答案：C
15. 提示：配制高强度、超高强度混凝土需要选择活性大的掺合料。比较而言，硅灰的活性最大。
    答案：B
16. 提示：砌筑石材按照三个边长为 70mm 的立方体抗压强度的平均值将岩石分为 MU100、MU80、MU60、MU50、MU40、MU30、MU20、MU15 和 MU10 共 9 个强度等级。
    答案：D
17. 提示：天安门广场人民英雄纪念碑的碑身是由 17000 块花岗岩和汉白玉砌成。花岗岩属于岩浆岩，又称火成岩，而汉白玉属于变质岩，所以人民英雄纪念碑的碑身石料是混合石材。
    答案：D
18. 提示：石英的密度约为 2.6g/cm^3，黑云母的密度为 $2.7 \sim 3.3 \text{g/cm}^3$，方解石的密度为 $2.6 \sim 2.8 \text{g/cm}^3$，橄榄石的密度约为 3.34g/cm^3。相比而言，橄榄石的密度最大。
    答案：A
19. 提示：在混凝土中掺入纤维材料可以显著提高混凝土的抗拉强度。
    答案：D
20. 提示：因为木材的强度受其中含水率的影响，为了便于进行强度比较，规定含水率为 15% 时的强度为木材的标准强度。
    答案：C
21. 提示：置于通风处可以保持木材干燥，浸入水中或表面涂油漆可以隔绝空气，这些措施可以有效降低真菌的生长，达到防腐的目的。

答案：D

22. 提示：在自然界中蕴藏最为丰富的金属为铁。

    答案：B

23. 提示：钢材在冷拉中弹性模量、塑形和韧性降低，再经时效处理后塑形、韧性继续降低，而弹性模量恢复。

    答案：D

24. 提示：硫会引起钢材的热脆性，使机械性能、焊接性能及抗腐蚀性能下降。

    答案：C

25. 提示：建筑工程中最常用的碳素结构钢牌号为：Q235。

    答案：C

26. 提示：钢筋混凝土中的Ⅰ级钢筋是由碳素结构钢轧制而成的。

    答案：A

27. 提示：不锈钢是指合金元素铬含量大于12%的合金钢。

    答案：B

28. 提示：岩棉是由玄武岩精选的岩石原料经高温熔融后加工制成的。

    答案：C

29. 提示：矿棉吸声材料多制作成多孔板形式。

    答案：B

30. 提示：安装轻钢龙骨上燃烧性能达到B_1级的纸面石膏板，其燃烧性能可作为不燃材料。

    答案：A

31. 提示：《民用建筑工程室内环境污染控制规范》GB 50325—2010规定，民用建筑工程室内装修时，不应采用107胶等聚乙烯醇缩甲醛胶粘剂。

    答案：D

32. 提示：由石油沥青与汽油配合的冷底子油的合适质量比值是30∶70。

    答案：A

33. 提示：高分子化合物材料比强度高，耐腐蚀，耐磨，绝缘性好，但是其易老化，耐热性差，易燃，刚度差。所以固有的缺点为不耐火。

    答案：C

34. 提示：有机硅树脂，学名聚硅氧烷树脂。主链由硅氧原子交替组成，硅原子上带有有机基团支链的热固性树脂，具有很好的耐高温性能。

    答案：B

35. 提示：建筑工程中常用的"不干胶"和"502胶"的主要成分为丙烯酸酯类胶粘剂，而丙烯酸酯是热塑性树脂，所以这两种胶为热塑性树脂胶粘剂。

    答案：A

36. 提示：三元乙丙橡胶防水卷材是目前耐老化性最好的一种卷材，使用寿命可达50年。与三元乙丙橡胶卷材相比，氯丁橡胶防水卷材除耐低温性稍差外，其他性能基本类似，其使用年限可达20年以上。EPT/IIR防水卷材是以三元乙丙橡胶与丁基橡胶为主要原料制成的弹性防水卷材，配以丁基橡胶的主要目的是为了降低成本但又能保持原来良好的性能。丁基橡胶防水卷材的最大特点是耐低温性特好，特别适用于严寒地区的防水工程及冷库防水工程，但其耐老化性能不如三元乙丙橡胶防水卷材。

  答案：D

37. 提示：由一级普通平板玻璃经风冷淬火法加工处理制成的是钢化玻璃。

  答案：C

38. 提示：钾玻璃（又称硬玻璃）的硬度、光泽度和其他性能比钠玻璃好，用来制作高级日用器皿和化学仪器。铝镁玻璃的力学、光学性能和化学稳定性强于钠玻璃，用来制作高级建筑玻璃。石英玻璃具有优越的力学、光学和热学性能，化学稳定性好，能透过紫外线，可制作耐高温仪器和杀菌灯等设备。铅玻璃，又称重玻璃或晶质玻璃，由于其质量重，具有防护X射线及γ射线的能力。

  答案：A

39. 提示：中空玻璃具有保温作用，夹丝玻璃属于安全玻璃，阳光控制膜玻璃和热辐射玻璃可以控制太阳光的辐射热，可以作为建筑遮阳措施的玻璃使用。

  答案：D

40. 提示：按化学成分来分类，烧土制品的原料中含有黏土成分。所以石膏不属于烧土制品。

  答案：B

41. 提示：建筑面积大于10000m^{2}的候机楼中装饰织物的燃烧性能等级至少应为B_1级。

  答案：B

42. 提示：仅就材质比较，丙纶纤维地毯的成本最低。

  答案：C

43. 提示：氯纶是聚氯乙烯纤维在中国的商品名称，是由聚氯乙烯或其共聚物制成的一种合成纤维。具有耐水性、耐化学性、耐腐蚀性及不燃性等优点，尤其是氯纶纤维织物属于不易燃烧织物，具有离火即熄性，是良好的不燃窗帘和地毯的材料。

  答案：D

44. 提示：SBS防水卷材是橡胶改性沥青防水卷材，具有较高的耐热性、低温柔性、弹性及耐疲劳性等，是目前性能最佳的油毡之一。适合寒冷地区和结构变形频繁的建筑。

  答案：C

45. 提示：医院洁净手术室内与室内空气直接接触的材料要求具有良好的易清洁性。玻璃和陶瓷材料表明光滑，易清洁。

  答案：B

46. 提示：多层公共建筑中，防火墙采用330mm×290mm的普通混凝土承重空心砌块墙体。

  答案：A

47. 提示：矿棉、岩棉和泡沫玻璃属于无机保温材料，都具有良好的不燃性能。挤塑聚苯乙烯属于有机保温材料，其燃烧性能等级最低。

  答案：D

48. 提示：《民用建筑工程室内环境污染控制规范》GB 50325规定：民用建筑工程室内装

修所用的稀释剂和溶剂，严禁使用苯、工业苯、石油苯、重质苯及混苯。

答案：A

49. 提示：《民用建筑工程室内环境污染控制规范》GB 50325 规定：民用建筑工程室内装修时，不应采用聚乙烯醇水玻璃内墙涂料、聚乙烯醇缩甲醛内墙涂料，以及树脂以硝化纤维素为主、溶剂以二甲苯为主的水包油（O/W）多彩内墙涂料。

    答案：A

50. 提示：《室内装饰装修人造板及其制品中甲醛释放限量》GB 18580—2001 中规定，饰面人造板（包括浸渍纸层压木质地板、实木复合地板、竹地板、浸渍胶膜纸饰面人造板等）甲醛限量为≤1.50mg/L。

    答案：C

51. 提示：为使雨水循环收集至地下而设计的渗水路面，并不是将路面积水排入绿地而是渗入路面下部的排水盲沟中。《透水水泥混凝土路面技术规程》CJJ/T 135—2009 中规定：碎石、卵石等粗集料应由水泥拌合后形成具有连续孔隙结构的透水混凝土（无砂混凝土）才可以做路面面层使用。

    答案：D

52. 提示：机动车停车场的坡度不应过大的原因主要是避免车辆溜滑。

    答案：D

53. 提示：《地面规范》第 6.0.3 条中指出，混凝土路面伸缩缝中没有填沥青木嵌条的要求。

    答案：D

54. 提示：查相关资料，消防车最大载重量需与当地消防部门商定。

    答案：D

55. 提示：我国城乡常用的路面做法中，防起尘性、消声性均好的是沥青混凝土路面。

    答案：B

56. 提示：《地下防水规范》第 4.1.6 条中规定：地下 12m 处工程的防水混凝土垫层的厚度一般不应小于 100mm。

    答案：D

57. 提示：《地下防水规范》第 4.1.7 条中规定：迎水面钢筋保护层厚度不应小于 50mm。

    答案：D

58. 提示：《地下防水规范》第 4.8.9 条中规定：防水混凝土顶板与刚性保护层之间应设隔离层。隔离层材料可以选用干铺塑料膜、土工布、卷材或低强度等级的砂浆。

    答案：B

59. 提示：原《高层民用建筑设计防火规范》GB 50045—95 中第 5.2.8 条中规定：地下室内存有可燃物平均重量超过 30kg/m² 的房间隔墙，其耐火极限不应低于 2.0h，房间门应采用甲级防火门。又：防火门必须向疏散方向开启（外开）。2014 版《防火规范》已无此要求，此题仍按旧规范作答。

    答案：B

60. 提示：据《全国民用建筑工程设计技术措施》第 3.2.14 条，a 值应该是 60mm，b 值应该是 500mm。

答案：C

61. 提示：《小型空心砌块规程》第7.1.6条中指出：女儿墙的最小厚度应为190mm。

    答案：A

62. 提示：《砌体规范》第10.5.14条中指出：砌体墙上的孔洞超过200mm×200mm时，需预留并不得随意打凿。《砌体结构工程施工质量验收规范》GB 50203—2011第3.0.11条中规定：设计要求的洞口、沟槽、管道应于砌筑时正确留出或预埋，未经设计同意不得打凿墙体和在墙体上开凿水平沟槽。宽度超过300mm的洞口上部，应设置钢筋混凝土过梁。

    答案：A

63. 提示：《抗震规范》第7.1.7条中指出：楼梯间不宜设置在房屋的尽端或转角处，原因是对墙体抗震不利。

    答案：D

64. 提示：综合《民建通则》第6.9.3条的规定和材料特点，普通混凝土、块石砌体、钢筋混凝土三种材料均具有自身防潮性能，这些墙体均不需要设置墙身防潮层，页岩砖墙体应在指定位置设置墙身防潮层。

    答案：B

65. 提示：《屋面规范》第4.4.9条中没有架空隔热屋面不宜在8度区使用的规定。

    答案：D

66. 提示：《屋面规范》第4.2.9条中规定：严寒地区的高层住宅屋面排水方式应选用内排水。

    答案：A

67. 提示：《屋面规范》中指出：檐口构造可以采用镀锌薄钢板天沟、现浇钢筋混凝土檐沟，亦可采用砌筑女儿墙的做法。坡度接近50%的坡屋面一般不得上人（检修施工人员例外），设置安全护栏是不正确的。

    答案：D

68. 提示：《屋面规范》第4.4.10条中指出：蓄水屋面的坡度不宜大于0.5%。

    答案：B

69. 提示：《地下防水规范》第3.1.4条规定应首选防水混凝土，并根据防水等级的要求采取其他防水措施。

    答案：C

70. 提示：《建筑地面工程施工质量验收规范》GB 50209—2010第3.0.11条中指出：掺有石灰的垫层施工温度不应低于5℃。

    答案：D

71. 提示：《全国民用建筑工程设计技术措施》第5.5.1条规定，考虑节能，采光玻璃的面积不应大于屋顶总面积的20%（即200m²）。

    答案：A

72. 提示：查找相关资料：<400Hz的噪声为低频噪声，400～1000Hz的噪声为中频噪声，>1000Hz的噪声为高频噪声。机房、泵房产生的噪声为低频噪声，B、C、D三种做法均对防止低频噪声有效。A对中高频噪声作用不大。另：中高频噪声大多采取屏蔽措施。

答案：A

73. 提示：根据《蒸压加气混凝土规程》第3.0.5条：B项，加气混凝土砌块应采用专用砂浆砌筑是正确的。A项，可以用于表面温度经常处于80℃以上的部位；C项，加气混凝土砌块用作民用建筑外墙时，应做饰面保护层；D项，用作内墙时厚度应为150mm。

答案：B

74. 提示：根据《小型空心砌块规程》：A项，轻集料混凝土空心砌块主要应用于建筑物的内墙和框架填充外墙是正确的。B项，只有在潮湿环境下的才采用水泥砂浆抹面；C项，由于强度原因砌块墙体上不可以直接挂贴石材；D项，没有用于内隔墙的砌块强度等级要高于填充外墙砌块强度等级的规定。

答案：A

75. 提示：《内部装修防火规范》第3.4.1条中规定：人防工程顶棚材料的耐火等级应为A级，应在清水板底喷涂不燃烧材料。

答案：B

76. 提示：在老年住宅装修吊柜、吊扇、吊灯、吊顶搁板时，构造设计首先要满足抗震、防火的安全性要求。（注：《养老设施建筑设计规范》GB 50867—2013第6.4节中也有明显规定。）

答案：C

77. 提示：参考相关资料，A项，照明灯具制造应选用不燃材料并具有良好的通风、散热措施；B项，采用轻钢龙骨石膏板构造，灯具重量超过5kg时必须吊装于楼板上或梁上；C项，抗震设防烈度7度以上地震区的大型灯具应有防止脱钩的构造；只有D项大型玻璃罩灯具应有防止罩内应力自爆造成危害的措施是正确的。

答案：D

78. 提示：参考相关资料，为避免挤塑聚苯板（XPS板）产生变形，应采用0.2mm塑料膜浮铺防潮层对保温层进行保护。

答案：A

79. 提示：由于吊顶的防火等级应达到A级标准，故防火问题应是重点考虑的问题。

答案：B

80. 提示：参考相关资料，A项，应为底坑深度超过2500mm时需设带锁的检修门；B项，检修门的高度应≥1400mm，宽度应≥600mm；C项，五金件的要求不符合规定（无插销）；D项，检修门不得向井道内开启是正确的。

答案：D

81. 提示：《防火规范》第5.5.28可知A、B、C项正确，又剪刀楼梯间属于防烟楼梯间，第6.4.3条规定：疏散走道通向防烟楼梯间前室和前室通向楼梯间的门均应为乙级防火门。

答案：D

82. 提示：《内部装修防火规范》第3.4.1条中规定：一类高层民用建筑内走道的吊顶装修均应使用A级装修材料，标准硅钙面板属于A级材料。铝箔复合材料、矿棉装饰板材、经阻燃处理的木板均为 B_1 级材料。

答案：D

83. 提示：《民建通则》第 6.7.10 条中规定：宾馆内的服务楼梯踏步的最小宽度 b 为 220mm，最大高度 h 为 200mm。

    答案：A

84. 提示：参考相关资料，考虑电梯门套的装修要求，土建层门洞口尺寸的两侧应预留 100mm，顶部应预留 70~100mm。D 项符合要求。

    答案：D

85. 提示：《住宅装饰施工规范》第 6.3.3 条中规定：防水层在墙、柱部位向上延伸，上延的高度 100mm 即可。

    答案：A

86. 提示：《地面规范》第 4.2.6 和 4.2.8 条中规定：地面垫层用三合土或 3∶7 灰土时的最小厚度均为 100mm。

    答案：B

87. 提示：楼地面填充层应选用轻质材料，其目的主要是解决楼层上下的隔声、敷设管线的要求，也兼有垫坡、隔热的作用。

    答案：A

88. 提示：《建筑地面工程施工质量验收规范》GB 50209—2010 第 5.4.4 条中规定：现浇水磨石面层一般不采用不锈钢做分格条，以避免使用中可能产生的静电火花问题。

    答案：B

89. 提示：查找相关资料，由于木地面具有良好的隔声、保温特点，设计木地面时不必要考虑这些问题。

    答案：C

90. 提示：《车库建筑设计规范》JGJ 100—2015 第 4.4.3 条中规定：机动车库的楼地面应采用强度高、具有耐磨防滑性能的不燃材料，并应在各楼层设置地漏和排水沟等排水设施。

    答案：A

91. 提示：根据《全国民用建筑工程设计技术措施》第 5.10.7 条，光电模板一般的标准尺寸为 500mm×500mm~2100mm×3500mm 之间。

    答案：D

92. 提示：根据《全国民用建筑工程设计技术措施》第 5.2.11 条，聚碳酸酯板（阳光板）的耐候性（设计使用年限）应为不小于 15 年。

    答案：B

93. 提示：《计算机场地安全要求》GB/T 9361—2011 第 6.2 条中指出，电子计算机房位于其他建筑内部时，其隔墙的耐火极限应不低于 2.00h，隔墙上的门应采用甲级防火门，防火门应向外开启。《高层防火规范》第 5.2.7 条中指出：设在高层建筑内的自动灭火系统的设备室、通风机房、空调机房，应采用耐火极限不低于 2.00h 的隔墙、1.50h 的楼板和甲级防火门与其他部位隔开。

    答案：B

94. **提示**：《玻璃幕墙规范》第4.4.3条规定，玻璃肋应采用钢化夹层玻璃；第7.3.1条规定：全玻璃墙中玻璃肋的截面厚度不应小于12mm。

    答案：B

95. **提示**：玻璃、胶条与铝合金接触处，可以不设绝缘垫片或隔离材料。铝合金材料与水泥砂浆、混凝土构件及铝合金以外的金属接触处均应设绝缘垫片或隔离材料。《玻璃幕墙规范》第4.3.8条规定：除不锈钢外，玻璃幕墙中不同金属材料接触处，应合理设置绝缘垫片或采取其他防腐蚀措施。

    答案：B

96. **提示**：参阅相关资料，铝塑复合板具有超剥离强度，材质容易加工，防火性能卓越，耐冲击性强，超高的耐候性，涂层均匀色彩多样，容易保养等特点。耐久性差明显是不正确的。

    答案：C

97. **提示**：根据《建筑玻璃采光顶》JG/T 231—2007或《屋面工程技术规范》GB 50345—2012第4.10.10条：中空玻璃气体层的厚度不应小于12mm。

    答案：C

98. **提示**：采用粘结法固定石材必须是厚度为8～12mm的薄型石材，粘结法施工的石材面积不宜过大，高度也不宜过高。

    答案：B

99. **提示**：图中弹簧应为减震弹簧，缝宽≤500mm只有防震缝时才有可能出现。

    答案：A

100. **提示**：《地下防水规范》第5.1.2条中规定：用于伸缩的变形缝宜少设，可根据不同的工程结构类别、工程地质情况采用后浇带、加强带、诱导缝等替代措施。施工缝是施工过程中的间歇缝，不属于变形缝的范畴。

     答案：A

建筑材料与构造

2011 年试题

1. 用以下哪种粗骨料拌制的混凝土强度最高？
   A 块石　　　　　B 碎石　　　　　C 卵石　　　　　D 豆石
2. 按构造特征划分的材料结构类型中不包括以下哪项？
   A 层状结构　　　B 致密结构　　　C 纤维结构　　　D 堆聚结构
3. 软化系数表示材料的（　　）。
   A 抗渗性　　　　B 吸湿性　　　　C 耐水性　　　　D 抗冻性
4. 对材料进行冲击实验可以检测材料的（　　）。
   A 塑性　　　　　B 韧性　　　　　C 脆性　　　　　D 强度
5. 菱苦土的主要成分是（　　）。
   A 氧化钙　　　　B 氧化镁　　　　C 氧化铝　　　　D 氧化硅
6. 以下哪种材料只能测定其表观密度？
   A 石灰岩　　　　B 木材　　　　　C 水泥　　　　　D 普通混凝土
7. 钢筋混凝土用热轧光圆钢筋的最小公称直径为（　　）。
   A 6mm　　　　　B 8mm　　　　　C 10mm　　　　　D 12mm
8. 建筑上常用于生产管材、卫生洁具及配件的是以下哪种塑料？
   A 聚氨酯　　　　B 聚乙烯　　　　C 环氧树脂　　　D 聚丙烯
9. 筛析法用于检验水泥的（　　）。
   A 安全性　　　　B 密度　　　　　C 细度　　　　　D 标号
10. 建筑工程中常采用的陶粒其最小粒径是（　　）。
    A 4mm　　　　　B 5mm　　　　　C 6mm　　　　　D 7mm
11. 用一级普通平板玻璃经风冷淬火法加工处理而成的是以下哪种玻璃？
    A 钢化玻璃　　　B 泡沫玻璃　　　C 冰花玻璃　　　D 防辐射玻璃
12. 钢筋混凝土中的Ⅰ级钢筋是以下哪种钢材轧制而成的？
    A 碳素结构钢　　　　　　　　　B 低合金钢
    C 中碳低合金钢　　　　　　　　D 优质碳素结构钢
13. 中空玻璃允许的最大空气间层厚度为（　　）。
    A 9mm　　　　　B 12mm　　　　　C 15mm　　　　　D 20mm
14. 以下哪种工程不宜采用高铝水泥？
    A 冬季施工的工程　　　　　　　B 长期承受荷载的结构工程
    C 道路工程　　　　　　　　　　D 耐热混凝土工程
15. 可用于地面及外墙防潮层以下的砌块是（　　）。
    A 蒸压灰砂砖（MU15及以上强度）　B 蒸压加气混凝土砌块
    C 烧结多孔砖　　　　　　　　　　D 页岩空心砖
16. 配制高强、超高强混凝土需采用以下哪种混凝土掺合料？

A 粉煤灰　　　　B 煤矸石　　　　C 火山渣　　　　D 硅灰

17. 减水剂的作用是调节混凝土拌合物的（　　）。
    A 流动性　　　　B 耐久性　　　　C 早期强度　　　D 凝结时间
18. 当配制C30及以上标号的混凝土时，砂中的最大允许含泥量为：
    A 8%　　　　　　B 5%　　　　　　C 3%　　　　　　D 1%
19. 水化热对以下哪种混凝土最为有害？
    A 高强混凝土　　　　　　　　　　B 大体积混凝土
    C 防水混凝土　　　　　　　　　　D 喷射混凝土
20. 下列建材在常温下最容易受硫酸腐蚀的是（　　）。
    A 混凝土　　　　B 花岗岩　　　　C 沥青卷材　　　D 铸石制品
21. 制作木门窗的木材，其具有的特性中以下哪项不正确？
    A 容易干燥　　　B 干燥后不变形　C 材质较重　　　D 有一定花纹和材色
22. 伸长率是表明钢材哪种性能的重要技术指标？
    A 弹性　　　　　B 塑性　　　　　C 脆性　　　　　D 韧性
23. 以下哪种钢材常用于建筑工程中的网片或箍筋？
    A 预应力钢丝　　B 冷拔低碳钢丝　C 热处理钢筋　　D 热轧钢筋
24. 通常用于制作建筑压型钢板的材料是（　　）。
    A 热轧厚钢板　　　　　　　　　　B 热轧薄钢板
    C 冷轧厚钢板　　　　　　　　　　D 冷轧薄钢板
25. 压型钢板的板型分高波板和低波板，其中低波板的最大波高为（　　）。
    A 30mm　　　　 B 40mm　　　　 C 50mm　　　　 D 60mm
26. 以下哪种管材不应作为外排水雨水管使用？
    A 镀锌钢管　　　B 硬PVC管　　　C 彩板管　　　　D 铸铁管
27. 下列门窗用铝合金的表面处理方式中，标准最高的做法是（　　）。
    A 阳极氧化着色　　　　　　　　　B 氟碳漆喷涂
    C 粉末喷涂　　　　　　　　　　　D 电泳涂漆
28. 以下哪种绝热材料不适用于冷库保温工程？
    A 发泡聚氨酯　　B 矿棉　　　　　C 泡沫玻璃　　　D 软木板
29. 以下轻混凝土中保温性能最好的是（　　）。
    A 加气混凝土　　　　　　　　　　B 浮石混凝土
    C 页岩陶粒混凝土　　　　　　　　D 膨胀珍珠岩混凝土
30. 关于膨胀蛭石的描述，以下哪项不正确？
    A 吸湿性较大　　B 耐久性较好　　C 导热系数小　　D 耐火防腐好
31. 建筑工程中塑料门窗使用的主要塑料品种是（　　）。
    A 聚氯乙烯　　　B 聚乙烯　　　　C 聚丙烯　　　　D 聚苯乙烯
32. 关于环氧树脂漆的描述，以下哪项不正确？
    A 机械性能好　　　　　　　　　　B 电绝缘性能好
    C 耐候性好　　　　　　　　　　　D 附着力强
33. 以下哪种胶粘剂特别适用于防水工程？

  A 聚乙烯醇缩甲醛胶粘剂   B 聚醋酸乙烯胶粘剂
  C 环氧树脂胶粘剂   D 聚氨酯胶粘剂

34. 以下哪种橡胶的耐寒性最好？
  A 氯丁橡胶   B 丁基橡胶   C 乙丙橡胶   D 丁腈橡胶

35. 以下哪种漆既耐化学腐蚀又有良好的防燃烧性能？
  A 聚氨酯漆   B 环氧树脂漆   C 油脂漆   D 过氯乙烯漆

36. 以下哪个不是我国的天然漆？
  A 大漆   B 生漆   C 树脂漆   D 调和漆

37. 在金属液面上成型的玻璃种类是（　　）。
  A 镀膜玻璃   B 压花玻璃   C 浮法玻璃   D 热弯玻璃

38. 镀膜玻璃中透射率最高的是（　　）。
  A Low-E玻璃   B 镜面玻璃   C 蓝色遮阳玻璃   D 灰色遮阳玻璃

39. 以下哪种建筑陶瓷不适用于室外？
  A 陶瓷锦砖   B 陶瓷面砖   C 釉面瓷砖   D 壁离砖

40. 以下哪种化纤地毯可以用于建筑物室外入口台阶处？
  A 丙纶纤维地毯   B 腈纶纤维地毯
  C 涤纶纤维地毯   D 尼龙纤维地毯

41. 以下哪种壁布具有不怕水的特点且可以对其进行多次喷涂？
  A 壁毡   B 石英纤维壁布
  C 无纺贴墙布   D 织物复合壁布

42. 在高温下（≥1200℃）可用作吸声材料的是（　　）。
  A 岩棉   B 玻璃棉   C 聚氯乙烯泡沫   D 陶瓷纤维

43. 以下关于水玻璃的描述中不正确的是（　　）。
  A 具有良好的耐碱性能   B 无色透明有一定稠度
  C 随水玻璃模数提高而粘结能力增强   D 凝结过速可导致强度降低

44. 对防火门做耐火试验时，其中一条标准是门的背火面温升最大值为（　　）。
  A 150℃   B 180℃   C 210℃   D 240℃

45. 锅炉房烟道应采用以下哪种砖作内衬材料？
  A 页岩砖   B 混凝土实心砖   C 灰砂砖   D 高铝砖

46. 以下哪种混凝土属于气硬性耐火混凝土？
  A 硅酸盐水泥耐火混凝土   B 水玻璃铝质耐火混凝土
  C 高铝水泥耐火混凝土   D 镁质水泥耐火混凝土

47. 以下哪种吸声构造体对吸收低频声波最有利？
  A 多孔性吸声材料   B 帘幕吸声体
  C 薄板振动吸声结构   D 穿孔板组合吸声结构

48. 生产以下哪种轻集料混凝土时可以有效地利用工业废料？
  A 浮石混凝土   B 页岩陶粒混凝土
  C 粉煤灰陶粒混凝土   D 膨胀珍珠岩混凝土

49. 可用作建筑外墙板的是（　　）。

A 石膏空心条板 B 蒸压加气混凝土条板
C GRC板 D 埃特板

50. 根据国家规范要求,在保证安全和不污染环境的情况下,绿色建筑中可再循环材料使用重量占所用建筑材料总重量的最小百分比应达到(　　)。
A 5% B 10% C 15% D 20%

51. 下图为一般混凝土道路胀缝处的构造,胀缝中的填缝料应采用(　　)。

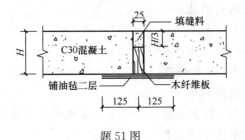

题51图

A 石灰膏泥 B 高强水泥砂浆 C 沥青橡胶 D 填塞木屑木丝

52. 供残疾人使用的坡道其侧面若设置两层扶手时,下层扶手的高度应为(　　)。
A 0.55m B 0.65m C 0.75m D 0.85m

53. 右图为城市道路无障碍设计的盲道铺砌块,关于它的以下说法哪一条正确?
A 用来铺设"行进盲道"
B 为盲道中用量较少的砌块
C 表面颜色为醒目的红色
D 圆点凸出高度至少10mm

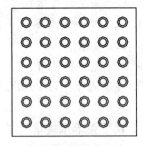

题53图

54. 关于地下工程防水混凝土的下列表述中哪一条是错误的?
A 抗渗等级不得小于P6
B 结构厚度不应小于250mm
C 裂缝宽度不得大于0.2mm且不得贯通
D 迎水面钢筋保护层厚度不应小于30mm

55. 地下工程通向室外地面的开口应有防倒灌措施,以下有关高度的规定中哪一条有误?
A 人员出入口应高出地面≥500mm
B 地下室窗下缘应高出窗井底板≥150mm
C 窗井墙应高出室外地坪≥500mm
D 汽车出入口设明沟排水时,其高度为150mm

56. 地下室防水混凝土底板的坑、池构造图中,坑、池的内壁和底板的做法应为(　　)。
A 一次压光 B 防水涂膜
C 薄刮腻子 D 抹灰砂浆

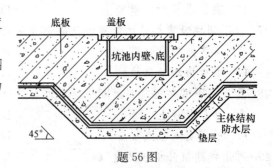

题56图

57. 防水混凝土施工缝构造图中，L 尺寸应该为（ ）。
   A L≥85mm   B L≥100mm
   C L≥110mm   D L≥125mm

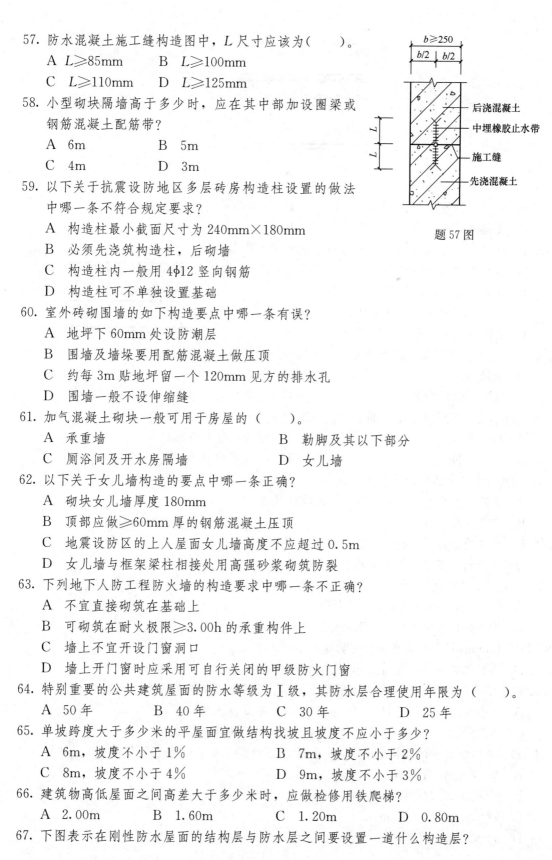

题 57 图

58. 小型砌块隔墙高于多少时，应在其中部加设圈梁或钢筋混凝土配筋带？
   A 6m   B 5m
   C 4m   D 3m

59. 以下关于抗震设防地区多层砖房构造柱设置的做法中哪一条不符合规定要求？
   A 构造柱最小截面尺寸为 240mm×180mm
   B 必须先浇筑构造柱，后砌墙
   C 构造柱内一般用 4φ12 竖向钢筋
   D 构造柱可不单独设置基础

60. 室外砖砌围墙的如下构造要点中哪一条有误？
   A 地坪下 60mm 处设防潮层
   B 围墙及墙垛要用配筋混凝土做压顶
   C 约每 3m 贴地坪留一个 120mm 见方的排水孔
   D 围墙一般不设伸缩缝

61. 加气混凝土砌块一般可用于房屋的（ ）。
   A 承重墙   B 勒脚及其以下部分
   C 厕浴间及开水房隔墙   D 女儿墙

62. 以下关于女儿墙构造的要点中哪一条正确？
   A 砌块女儿墙厚度 180mm
   B 顶部应做≥60mm 厚的钢筋混凝土压顶
   C 地震设防区的上人屋面女儿墙高度不应超过 0.5m
   D 女儿墙与框架梁柱相接处用高强砂浆砌筑防裂

63. 下列地下人防工程防火墙的构造要求中哪一条不正确？
   A 不宜直接砌筑在基础上
   B 可砌筑在耐火极限≥3.00h 的承重构件上
   C 墙上不宜开设门窗洞口
   D 墙上开门窗时应采用可自行关闭的甲级防火门窗

64. 特别重要的公共建筑屋面的防水等级为Ⅰ级，其防水层合理使用年限为（ ）。
   A 50 年   B 40 年   C 30 年   D 25 年

65. 单坡跨度大于多少米的平屋面宜做结构找坡且坡度不应小于多少？
   A 6m，坡度不小于 1%   B 7m，坡度不小于 2%
   C 8m，坡度不小于 4%   D 9m，坡度不小于 3%

66. 建筑物高低屋面之间高差大于多少米时，应做检修用铁爬梯？
   A 2.00m   B 1.60m   C 1.20m   D 0.80m

67. 下图表示在刚性防水屋面的结构层与防水层之间要设置一道什么构造层？

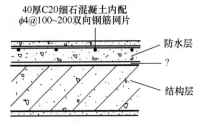

题 67 图

  A 使其平整的找平层   B 使其脱开的隔离层
  C 使其牢靠的粘结层   D 有助排水的找坡层

68. 图示的倒置式保温层屋面构造，以下做法哪一条正确？
  A 保护层用绿豆砂均匀厚铺
  B 保温层用加气混凝土块
  C 防水层可用改性沥青卷材
  D 结合层用高标号素水泥浆两道

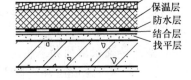

题 68 图

69. 上人平屋面保护层下的隔离层不应采用哪一种材料？
  A 铺纸筋灰   B 高强度水泥砂浆
  C 低强度水泥砂浆   D 薄砂层上干铺油毡

70. 适用防水等级为Ⅰ、Ⅱ、Ⅲ、Ⅳ级屋面防水的构造做法是下列哪一种？
  A 卷材防水   B 细石混凝土刚性防水
  C 平瓦、波形瓦   D 沥青基防水涂料

71. 刚性防水屋面适用于下列哪一种屋面？
  A 日温差较小地区、防水等级为Ⅲ级的屋面
  B 有保温层的屋面
  C 恒久处于高温的屋面
  D 有振动、基础有较大不均匀沉降的屋面

72. 有关轻质条板隔墙的以下构造要求中哪一条有误？
  A 60mm 厚条板不得单独用作隔墙
  B 用作分户墙的单层条板隔墙至少 120mm 厚
  C 120mm 厚条板隔墙接板安装高度不能大于 2.6m
  D 条板隔墙安装长度超过 6m 时应加强防裂措施

73. 以下哪一种隔墙的根部可以不用 C15 混凝土做 100mm 高的条带？
  A 页岩砖隔墙   B 石膏板隔墙
  C 水泥炉渣空心砖隔墙   D 加气混凝土隔墙

74. 彩钢夹芯板房屋墙体构造图中，b 与 H 的数值哪一项不对？
  A $b=40mm$，$H=90mm$
  B $b=60mm$，$H=120mm$
  C $b=75mm$，$H=150mm$
  D $b=100mm$，$H=180mm$

75. 下列玻璃隔断墙的构造要求中哪一条正确?
   A 安装时,玻璃隔断上框顶面应紧贴结构底板,牢固连接
   B 玻璃与金属框格相接处应衬塑料或橡胶垫
   C 用磨砂玻璃时,磨砂面应向室外
   D 用压花玻璃时,花纹面宜向室内

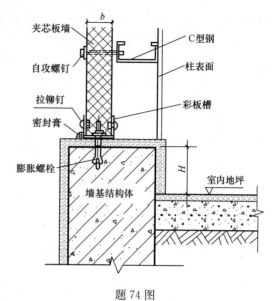

题 74 图

76. 下列关于顶棚的构造要求中哪一项不正确?
   A 有洁净要求的空间其顶棚的表面要平整、光滑、不起尘
   B 人防地下室的顶棚应直接在板底喷涂料
   C 游泳馆的顶棚应设坡度,使顶棚凝结水沿墙面流下
   D 厨房、卫生间的顶棚宜采用石灰砂浆做板底抹灰

77. 下列某 18 层建筑管道竖井的构造做法中哪一条正确?
   A 独立设置,用耐火极限不小于 3.00h 的材料做隔墙
   B 每层楼板处必须用与楼板相同的耐火性能材料作分隔
   C 检修门应采用甲级防火门
   D 检修门下设高度≥100mm 的门槛

78. 图示为高档宾馆客房与走廊间的隔墙,其中哪种隔声效果最差?

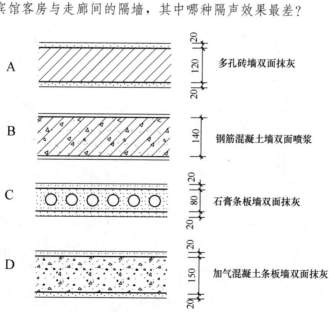

79. 某歌厅面积为 160m²,其顶棚为轻钢龙骨构造,面板为纸面石膏板上刷无机装饰涂

245

料，其耐火极限可以作为哪一级材料使用？

A　B_3级 B　B_2级
C　B_1级 D　A级

80. 封闭的吊顶内不能安装哪一种管道？

A　通风管道 B　电气管道
C　给水排水管道 D　可燃气管道

81. 以下顶棚构造的一般要求中哪一条正确？

A　顶棚装饰面板宜少用石棉制品
B　透明顶棚可用普通玻璃
C　顶棚内的上、下水管应做保温、隔汽处理
D　玻璃顶棚距地高于5m时应采用钢化玻璃

82. 以下吊顶工程的钢筋吊杆构造做法中哪一条有误？

A　吊杆应做防锈处理
B　吊杆距主龙骨端部的长度应≤300mm
C　吊杆长度＞1.5m时应设置反支撑
D　巨大灯具、特重电扇不应安装在吊杆上

83. 屋面顶棚通风隔热层的以下措施中哪一条并不必要？

A　设置足够数量的通风孔
B　顶棚净空高度要足够
C　通风隔热层中加铺一层铝箔纸板
D　不定时在顶棚中喷雾降温

84. 7度抗震设防地区住宅的入户门顶部、卧室床头上方及老年人居室内不宜设置下述哪一种构造？

A　吊顶　　B　吊柜　　C　吊灯　　D　吊杆

85. 下图为某6层住宅顶层楼梯靠梯井一侧的水平栏杆扶手，扶手长度为1.5m，以下哪一个构造示意有误？

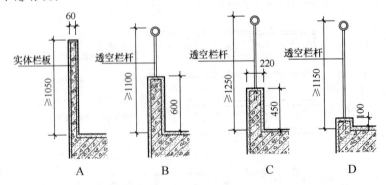

86. 以下要求不发生火花的水磨石地面的构造措施中，哪一条有误？

A　面层材料强度等级≥C20
B　面层骨料应选大理石、白云石等碎粒

C 面层分格嵌条宜用不锈钢嵌条

D 水磨石应采用普通硅酸盐水泥

87. 某科研楼内有专用疏散楼梯，其踏步的最小宽度和最大高度应分别为（   ）。

A 280mm、160mm B 260mm、170mm

C 250mm、180mm D 220mm、200mm

88. 玻璃幕墙用铝合金型材应进行的表面处理工艺中不包括下列哪一种做法？

A 阳极氧化 B 热浸镀锌

C 电泳涂漆 D 氟碳漆喷涂

89. 幕墙的外围护材料采用石材与铝合金单板时，下列数据哪一项正确？

A 石材最大单块面积应≤1.8m²

B 石材常用厚度应为18mm

C 铝合金单板最大单块面积宜≤1.8m²

D 铝合金单板最小厚度为1.8mm

90. 采用玻璃肋支承的点支承玻璃幕墙，其玻璃肋应采用（   ）。

A 钢化玻璃 B 安全玻璃

C 有机玻璃 D 钢化夹层玻璃

91. 幕墙用铝合金材料与以下哪一种材料接触时，可以不设置绝缘垫片或隔离材料？

A 玻璃 B 水泥砂浆

C 混凝土构件 D 铝合金以外的金属

92. 平开钢制防火门应满足的要求中，以下哪一条有误？

A 门框、门扇面板采用1.2mm厚冷轧钢板基

B 门框、门扇内用不燃性材料填实

C 隔扇门应设闭门器，双扇门应设盖板缝、闭门器及顺序器

D 门锁、合页、插销等五金配件的熔融温度不低于800℃

93. 钢制防火窗中的防火玻璃的厚度一般是（   ）。

A 5～7mm B 8～11mm

C 12～15mm D 16～30mm

94. 以下哪一项平开门可以不必外开？

A 所有出入口外门

B 有紧急疏散要求的内门

C 通向外廊、阳台的门

D 老年人建筑的卫生间门、厕位门

95. 以下一般室内抹灰工程的做法中哪一条不符合规定要求？

A 抹灰总厚度≥35mm时要采取加强措施

B 人防地下室顶棚不应抹灰

C 水泥砂浆不得抹在石灰砂浆层上

D 水泥砂浆层上可做罩面石膏灰

96. 图为室内墙面抹灰的水泥护角构造，下列说法中哪一条正确？

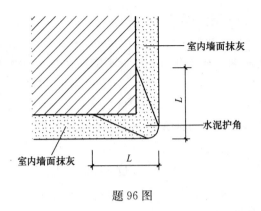

题96图

A 室内墙面、柱面、门洞口的阳角均应做护角

B 采用1:3水泥砂浆做护角

C 护角高度应与室内净高相同

D 护角每侧宽度 $L \geqslant 35mm$

97. 以下人防地下室的内装修规定中哪一条有误?

A 顶棚不应抹灰

B 墙面宜用纸筋抹灰

C 密闭通道和洗消间的墙面地面等要平整、光洁、易清洗

D 蓄电池室的地面和墙裙应防腐蚀

98. 伸缩缝可以不必断开建筑物的哪个构造部分?

A 内、外墙体　　B 地面、楼面　　C 地下基础　　D 屋顶、吊顶

99. 关于建筑物沉降缝的叙述,以下哪一条有误?

A 房屋从基础到屋顶的全部构件都应断开

B 一般沉降缝宽度最小值为30mm

C 地基越弱、房屋越高则沉降缝宽度越大

D 沉降缝应满足构件在水平方向上的自由变形

100. 屋面天沟、檐沟排水可流经( )。

A 伸缩缝　　B 施工缝　　C 沉降缝　　D 抗震缝

2011年试题的提示及参考答案

1. **提示**：碎石是由天然岩石破碎而成,相比块石、卵石和豆石,由于碎石表面粗糙,作为粗骨料拌制的混凝土强度最高。

   答案：B

2. **提示**：按构造特征划分,材料的结构类型有层状结构、纤维结构和堆聚结构。致密结构是按材料孔隙特点划分的。

   答案：B

3. **提示**：软化系数是材料耐水性指标,抗渗等级或渗透系数表示材料的抗渗性,吸湿性

用含水率表示，抗冻等级表示抗冻性。

答案：C

4. 提示：对材料进行冲击实验可以检测材料的韧性。

   答案：B

5. 提示：菱苦土的主要成分是氧化镁。

   答案：B

6. 提示：普通混凝土是一种人造的堆聚结构的材料，不能测定其密度，只能测定其表观密度。

   答案：D

7. 提示：钢筋混凝土用热轧光圆钢筋的公称直径范围为6～22mm，所以其最小公称直径为6mm。

   答案：A

8. 提示：聚丙烯塑料耐腐蚀性能优良，耐疲劳和耐应力开裂性好，力学性能好，主要用于生产管材、卫生洁具及配件、模板等。聚氨酯用于生产优质涂料、防水涂料、弹性嵌缝材料，聚乙烯用于给水排水管、绝缘材料等，环氧树脂生产玻璃钢、胶粘剂等。

   答案：D

9. 提示：筛析法主要用于检验水泥的细度。

   答案：C

10. 提示：陶粒属于轻粗骨料，粗骨料的最小粒径为5mm。

    答案：B

11. 提示：用一级普通平板玻璃经风冷淬火加工处理得到的是钢化玻璃。

    答案：A

12. 提示：钢筋混凝土中的Ⅰ级钢筋是用Q235轧制而成，Ⅱ、Ⅲ和Ⅳ级钢筋均用低合金钢轧制。

    答案：A

13. 提示：此题仍按规范作答，请读者注意。原《中空玻璃》GB/T 11944—2002 规定中空玻璃允许的最大空气间层厚度为20mm，但新规范《中空玻璃》GB/T 11944—2013 标准中没有最大空气层厚度规定。一般的空气层厚度为12mm。

    答案：D

14. 提示：高铝水泥由于晶体转化会使其长期强度有降低的趋势，因此高铝水泥不能用于长期承受荷载的结构工程。

    答案：B

15. 提示：MU15级以上的灰砂砖可用于基础及其他建筑部位。烧结多孔砖和页岩空心砖强度很低。蒸压加气混凝土砌块不得用于建筑物基础和处于浸水、高湿和有化学侵蚀的环境中。

    答案：A

16. 提示：配制高强、超高强混凝土需采用高活性的掺合料，即硅灰。

    答案：D

17. 提示：减水剂可以保证混凝土强度不变而提高流动性。

答案：A

18. 提示：当配制 C30 及以上标号的混凝土时，可以选用Ⅱ类砂，其中最大允许的含泥量不应大于 3.0%。
    答案：C

19. 提示：水泥水化放出的热量会聚积在大体积混凝土中，造成内部温度升高，而外部混凝土温度则随气温下降，造成内外温差达 50~60℃，导致内胀外缩，在混凝土表面产生很大的拉应力，严重的会产生裂缝。
    答案：B

20. 提示：混凝土中含有一定量水泥水化生成的 $Ca(OH)_2$，即混凝土为碱性，所以易受硫酸腐蚀。
    答案：A

21. 提示：制作木门窗的木材，要求容易干燥且干燥后不变形，并有一定花纹和材色。木材质量都较轻。
    答案：C

22. 提示：伸长率表明钢材的塑性。
    答案：B

23. 提示：建筑工程中的网片或箍筋用钢材应具有良好的塑性变形能力。四种钢材中热轧钢筋的塑性最好。
    答案：D

24. 提示：冷轧薄钢板经冷压或冷轧成波形、双曲形、V 形等形状，称为压型钢板；所以用于制作建筑压型钢板的材料是冷轧薄钢板。
    答案：D

25. 提示：压型钢板的板型，分为低波板、中波板和高波板。其中波高小于 30mm 的为低波板，波高 30~70mm 的是中波板，波高大于 70mm 的为高波板。
    答案：A

26. 提示：铸铁管抗腐蚀能力很差，不能作为外排水雨水管使用。
    答案：D

27. 提示：各种门窗用铝合金的表面处理方式中，氟碳漆喷涂颜色丰富，耐候性强，价格较贵，为标准最高的做法。
    答案：B

28. 提示：用于冷库保温工程的绝热材料有泡沫玻璃、软木板和发泡聚氨酯等，矿棉不适用于冷库保温工程。
    答案：B

29. 提示：膨胀珍珠岩混凝土的保温性能最好，其导热系数为 0.025~0.048。
    答案：D

30. 提示：膨胀蛭石不蛀，不腐，吸水性大，最高使用温度可达 1000℃，但其耐久性差。
    答案：B

31. 提示：建筑工程中塑料门窗使用的主要塑料品种为聚氯乙烯。
    答案：A

32. 提示：环氧树脂漆粘结力优良，机械性能好，耐化学药品性（尤其是耐碱性）良好，电绝缘性能好，但其耐候性较差。
    答案：C
33. 提示：聚氨酯胶粘剂粘结力较强，耐溶剂，耐油，耐水，特别适用于防水工程。
    答案：D
34. 提示：丁基橡胶具有突出的耐老化性能，耐低温−50℃，是耐寒性最好的橡胶。
    答案：B
35. 提示：过氯乙烯漆具有优良的溶剂特性、良好的电绝缘性、热塑性和成膜性，化学性能极为稳定，耐腐蚀、耐水，不易燃烧。
    答案：D
36. 提示：我国的天然漆又名国漆、大漆，是由天然树脂制成，所以也是树脂漆，而调合漆是由干性油料、颜料、溶剂、催干剂调合而成。
    答案：D
37. 提示：浮法玻璃是玻璃熔体在金属锡液表面成型而成。
    答案：C
38. 提示：镀膜玻璃中透射率最高的是Low-E玻璃（即低辐射镀膜玻璃）。
    答案：A
39. 提示：釉面瓷砖，即釉面砖又称内墙贴面砖，不适用于室外。
    答案：C
40. 提示：尼龙纤维的耐磨性最好，可用于建筑物室外入口台阶处。
    答案：D
41. 提示：石英纤维是由高纯二氧化硅和天然石英晶体制成的纤维，石英纤维壁布具有不怕水的特点，且可以对其进行多次喷涂。
    答案：B
42. 提示：岩棉的最高使用温度为600℃，含碱玻璃棉最高使用温度为300℃，聚苯乙烯泡沫的最高使用温度为60℃，所以在高温下（≥1200℃），可用作吸声材料的是陶瓷纤维。
    答案：D
43. 提示：水玻璃耐酸性好（除氢氟酸外），但不耐碱。
    答案：A
44. 提示：对防火门做耐火试验时，门的背火面温升最大值为180℃。
    答案：B
45. 提示：锅炉房烟道应选择耐火性好的砖做内衬材料。高铝砖具有良好的耐火性。灰砂砖、页岩砖和混凝土实心砖的长期受热温度不能高于200℃。
    答案：D
46. 提示：水玻璃和镁质水泥属于气硬性胶凝材料，其中水玻璃的耐火性能好。
    答案：B
47. 提示：薄板振动吸声结构具有低频吸声特性，多孔性吸声材料对吸收高、中频声波有利，帘幕吸声体对中、高频声音有一定的吸声效果，穿孔板组合吸声结构具有适合中频的吸声特性。

答案：C

48. 提示：粉煤灰是工业废料。浮石、页岩和珍珠岩为天然矿物材料。

答案：C

49. 提示：埃特板是植物纤维增强硅酸盐平板（即纤维水泥板）。石膏空心条板和蒸压加气混凝土条板也不适用于建筑物浸水、高湿部位。所以用作建筑外墙板的是GRC板。

答案：C

50. 提示：根据国家规范要求，在保证安全和不污染环境的情况下，绿色建筑中可再循环材料使用重量占所用建筑材料总重量的最小百分比应达到10%。

答案：B

51. 提示：《地面规范》第6.0.9条规定：缝中应填弹性材料，沥青橡胶属于这类材料。（注：2013年版规范第6.0.3条的规定亦如此。）

答案：C

52. 提示：《无障碍规范》第3.8.1条规定：设两层扶手时，下层扶手的高度是0.65~0.70m，上层扶手的高度是0.85~0.90m（水平伸长300mm）。

答案：B

53. 提示：《无障碍规范》第3.2.1条规定：此盲道砖为"提示盲道"砖，用于起点、终点及转弯处，颜色为中黄色。它是盲道中用量较少的砌块。

答案：B

54. 提示：《地下防水规范》第4.1.7条规定：钢筋保护层的厚度应根据结构的耐久性和工程环境选用，迎水面钢筋保护层的厚度不应小于50mm。

答案：D

55. 提示：《地下防水规范》第5.7.5条规定：窗井内的底板，应低于窗下缘300mm。

答案：B

56. 提示：《地下防水规范》第5.8.1条规定：坑、池、储水库宜采用防水混凝土整体浇筑，坑、池的内壁和底板应设防水层。受震动作用时应设柔性防水层。

答案：B

57. 提示：《地下防水规范》第4.1.25条规定：施工缝防水构造采用中埋式橡胶止水带时，L应≥200mm。（注：2001版规范规定为125mm。）

答案：D

58. 提示：《抗震规范》中第13.3.4条和《混凝土小型空心砌块建筑技术规程》JGJ/T 14—2011第5.10.5条均指出：墙高超过4m时，应在墙体半高处设置与柱连接且沿墙体全长贯通的钢筋混凝土水平系梁（又称为配筋带），截面高度应不小于60mm。

答案：C

59. 提示：《抗震规范》第7.3.2条指出：构造柱与墙体连接处应砌成马牙槎，并留水平拉筋。施工时应该是先砌砖墙、后浇筑混凝土。

答案：B

60. 提示：围墙亦应按墙体的要求设置伸缩缝。

答案：D

61. 提示：加气混凝土砌块一般不用于承重墙，也不用于勒脚及其以下部分的墙体，更不能在厕浴间及开水房等潮湿房间使用。女儿墙可以采用加气混凝土砌块砌筑。
    答案：D

62. 提示：女儿墙顶部应做≥60mm厚的钢筋混凝土压顶是正确的。A项，女儿墙的最小厚度应为190mm；C项，上人女儿墙的高度应按多层建筑的临空高度取1.05m、高层建筑的临空高度取1.10m；D项，女儿墙的下部应该是屋面板，一般不直接与框架梁、柱接触。
    答案：B

63. 提示：《防火规范》第6.1.1条规定：防火墙应直接设置在建筑物的基础或框架、梁等承重结构上。
    答案：A

64. 提示：《屋面规范》第3.0.1条规定：特别重要的公共建筑屋面防水等级应为Ⅰ级，防水层的合理使用为25年（2012年版规范已将防水等级进行了修改，新规定屋面的防水等级只有两级并取消了年限的规定，特别重要的公共建筑屋面应为Ⅰ级，采用两道防水设防）。
    答案：D

65. 提示：《屋面规范》第4.2.2条规定：单坡跨度大于9m的屋面宜做结构找坡，坡度不应小于3%（2012年版规范已取消了单坡跨度大于9m的屋面宜采用结构找坡的规定）。
    答案：D

66. 提示：《建筑设计资料集8》第59页中指出：高低屋面的高差≥2m时应设检修爬梯。
    答案：A

67. 提示：原《屋面工程技术规范》GB 50345—2004 第4.2.9条规定：在细石混凝土防水层与结构层之间宜设置隔离层，作用是防止两者粘合在一起（2012年版规范已将刚性防水屋面的做法删除）。
    答案：B

68. 提示：根据《倒置式屋面规程》第5.2.2条规定：C项，防水层选用高聚物改性沥青防水卷材是正确的。A项，保护层可选用卵石、混凝土板块、地砖、瓦材、水泥砂浆、细石混凝土、金属板材、人造草皮、种植植物等材料，不可选用绿豆砂；B项，保温材料可以选用挤塑聚苯乙烯泡沫塑料板、硬泡聚氨酯板、硬泡聚氨酯防水保温复合板、喷涂硬泡聚氨酯及泡沫玻璃塑料板等，不可选用加气混凝土块；D项，倒置式屋面的防水层下应设找平层，不必设置结合层。
    答案：C

69. 提示：《屋面规范》第4.2.9条规定：隔离层可采用干铺塑料膜、土工布或卷材，也可采用铺抹低等级强度的砂浆。采用纸筋灰和高强度水泥砂浆是不正确的（2012年版规范的规定亦如此）。
    答案：A、B

70. 提示：《屋面规范》第5.1.1条规定：卷材防水适用于Ⅰ～Ⅳ的屋面防水，但应注意防水卷材的品种、铺贴层数和使用厚度的不同（2012年版规范已将屋面防水等级更改为二级，卷材防水和平瓦、波形瓦防水均可作为Ⅰ、Ⅱ级屋面防水的材料）。

答案：A

71. 提示：《屋面规范》第7.1.1条规定：刚性防水屋面主要适用于防水等级为Ⅲ级的屋面防水。刚性防水层不适用于受较大振动或冲击的建筑屋面。刚性防水一般用于无保温层的屋面（2012年版规范已将刚性防水做法删除）。

答案：A

72. 提示：《轻质条板隔墙规程》第4.2.6条规定：120mm厚条板隔墙接板安装高度不应大于4.5m。

答案：C

73. 提示：轻质墙体或空心墙体的根部有可能吸水或被污染时，应做100mm高、强度等级为C15混凝土的条带，重质墙体、实心墙体可以不做。《蒸压加气混凝土规程》第3.0.3条规定，长期处于浸水和化学侵蚀环境的隔墙不得采用加气混凝土制品。

答案：A、D

74. 提示：根据《压型钢板、夹芯板屋面及墙体建筑构造》（01J925-1）标准图得知：建筑围护结构常用的夹芯板厚度为50～100mm，H值的最小尺寸为≥120mm。因而A项是不正确的。

答案：A

75. 提示：分析和查有关资料得知，玻璃隔断墙的构造要求中，玻璃与金属框格相接处应衬塑料或橡胶垫是正确的。A项，玻璃隔断墙不一定到顶，这时上框无法和顶板连接；C项，采用磨砂玻璃时，磨砂面应向室内；D项，采用压花玻璃时，花纹面宜向室外。

答案：B

76. 提示：厨房、卫生间的顶棚不宜采用石灰砂浆做板底抹灰，以避免石灰砂浆面层吸潮脱落，造成伤人。

答案：D

77. 提示：《防火规范》第5.3.2及5.3.3条规定：管道竖井井壁的耐火极限应为1.00h；在每层楼板处用不低于楼板耐火极限的不燃材料或防火封墙材料封堵，检修门应采用丙级防火门。只有检修门下设高度≥100mm的门槛是对的（是习惯做法，不是规范规定），这样做可以防止灰尘等杂物和积水进入管道井。

答案：D

78. 提示：分析判断和查相关资料得知：A项的隔声量是43～47dB；B项的隔声量是50dB；C项的隔声量是38dB；D项的隔声量是46dB。另：C项墙体最薄，体积密度最小，这也是隔声最差的一个原因。

答案：C

79. 提示：《内部装修防火规范》第3.2.1条规定：160m²的餐厅顶棚应采取A级装修材料。轻钢龙骨上安装纸面石膏板，可以作为A级装修材料使用。

答案：D

80. 提示：可燃气管道的水平走向管线不可安装在封闭的吊顶内。

答案：D

81. 提示：A 项，顶棚装饰面板不应采用石棉制品，原因是档次低、装饰效果差；B 项，透明顶棚的玻璃应采用安全玻璃，普通玻璃不是安全玻璃；C 项，顶棚内的上、下水管作保温、隔汽处理是正确的，这样做的好处是防止产生凝结水；D 项，玻璃顶棚距地面的高度高于 5m 时应该采用夹层玻璃，胶片厚度不应小于 0.76mm。
    答案：C

82. 提示：《装修验收规范》第 6.1.2 条规定：重型灯具、电扇及其他重型设备严禁安装在吊顶工程的龙骨上。只能通过特制的吊杆对灯具、吊扇进行安装，特制的吊杆应与结构直接相连。
    答案：D

83. 提示：不定时在顶棚中喷雾降温是不必要的。
    答案：D

84. 提示：《老年人建筑规范》第 4.10.4 条规定：老年人居室不宜设置吊柜。（注：《养老设施建筑设计规范》GB 50867—2013 第 6.4.4 条也有相关规定。）
    答案：B

85. 提示：《民建通则》第 6.7.7 条规定：靠楼梯井一侧水平扶手长度超过 0.50m 时，扶手高度不应小于 1.05m。且梯井在 0.20m 以下时，不宜采用现浇钢筋混凝土栏板的做法。上述四个图虽然尺寸均能满足要求，但 A 图的构造应采用栏杆，顶部应设置扶手，采用栏板的构造做法欠妥。
    答案：A

86. 提示：《地面验收规范》第 5.4.1 条规定：水磨石地面构造措施中只有厚度为 12～18mm 的要求，没有面层材料强度等级≥C20 的规定。水磨石不是混凝土，用 C 来表示强度等级是不妥当的。面层分格条一般应采用铜条、玻璃条和经过表面处理的铝条，采用不锈钢嵌条是不正确的，原因是与其他物体碰撞时容易产生火花。
    答案：A、C

87. 提示：《民建通则》第 6.7.10 条规定：科研楼内的专用疏散楼梯，其踏步的最小宽度应该是 250mm、最大高度应该是 180mm。
    答案：C

88. 提示：《玻璃幕墙规范》第 3.1.2 条规定：铝合金材料应进行表面阳极氧化、电泳涂漆、粉末喷漆或氟碳漆喷涂处理，没有热浸镀锌的做法。热浸镀锌只用于钢材表面的保护。
    答案：B

89. 提示：综合《金属石材幕墙规范》的有关规定：A 项，石材单块最大面积不宜大于 1.5m²；B 项，用于石材幕墙的石板厚度不应小于 25mm；D 项，铝合金单板最小厚度为 2.5mm；C 项，对铝合金单板的最大单块面积没有具体要求。
    答案：C

90. 提示：《玻璃幕墙规范》第 4.4.3 条规定：采用玻璃肋支承的点支承玻璃幕墙，其玻璃肋应采用钢化夹层玻璃。
    答案：D

91. 提示：《玻璃幕墙规范》第 4.3.10 条规定：幕墙玻璃表面周边与建筑内、外装饰物之间的缝隙不宜小于 5mm，可采用柔性材料嵌缝。但玻璃与铝合金材料接触时可以不设置绝缘垫片或隔离材料,而用橡胶条密封。

答案:A

92. 提示:《防火门》GB 12955—2008 第 5.2.1 条规定:B 项,防火门的门扇内若填充材料,应填充对人体无毒无害的防火隔热材料。但门框中不用填充上述材料;D 项,防火锁的熔融温度应不低于 950℃。

答案:B、D

93. 提示:《防火窗》GB 16809—2008 第 4.1 条规定:钢制防火窗中的玻璃可以采用复合防火玻璃或单片防火玻璃,其厚度一般是 5~7mm。

答案:A

94. 提示:有疏散要求的门均应该外开,老年人建筑的卫生间门、厕位门宜采用推拉门或外开门。只有通向外廊和阳台的门根据情况可以内开或外开。

答案:C

95. 提示:根据施工手册得知:在水泥砂浆层上做罩面石膏灰是错误的。罩面石膏灰只能做在石灰砂浆基层上。

答案:D

96. 提示:《住宅装修施工规范》第 7.1.4 条规定:室内墙面、柱面、门洞口的阳角处均应做护角是对的。图中所示的暗护角应采用 1:2 水泥砂浆,高度不应低于 2m,每侧宽度不应小于 50mm。

答案:A

97. 提示:《人防地下室规范》规定:人防地下室的墙面应光洁,易于清洗,但墙面采用纸筋抹灰不能满足上述要求。又:蓄电池室的地面和墙裙应做防腐蚀措施是对的,但人防地下室的必备房间中没有蓄电池室,只有配电室。电源来自柴油发电机房。

答案:B、D

98. 提示:伸缩缝主要解决由于温度变化而产生的伸缩变形。建筑物的基础处于常温状态,不受温度变化的影响,因此基础不必断开、留缝。

答案:C

99. 提示:《地基规范》第 7.3.2 条规定:沉降缝应有足够的宽度。2~3 层的建筑物沉降缝的宽度为 50~80mm;4~5 层的建筑物沉降缝的宽度为 80~120mm;5 层以上的建筑物沉降缝的宽度不应小于 120mm。

答案:B

100. 提示:《屋面规范》第 4.2.4 条规定:天沟、檐沟纵向坡度不应小于 1‰,沟底水落差不得超过 200mm;天沟、檐沟排水不得流经变形缝和防火墙。施工缝不属于变形缝,故可以流经施工缝。

答案:B

附录1　全国一级注册建筑师资格考试大纲

一、设计前期与场地设计（知识题）

1.1　场地选择

能根据项目建议书，了解规划及市政部门的要求。收集和分析必需的设计基础资料，从技术、经济、社会、文化、环境保护等各方面对场地开发做出比较和评价。

1.2　建筑策划

能根据项目建议书及设计基础资料，提出项目构成及总体构想，包括：项目构成、空间关系、使用方式、环境保护、结构选型、设备系统、建筑规模、经济分析、工程投资、建设周期等，为进一步发展设计提供依据。

1.3　场地设计

理解场地的地形、地貌、气象、地质、交通情况、周围建筑及空间特征，解决好建筑物布置、道路交通、停车场、广场、竖向设计、管线及绿化布置，并符合法规规范。

二、建筑设计（知识题）

2.1　系统掌握建筑设计的各项基础理论、公共和居住建筑设计原理；掌握建筑类别等级的划分及各阶段的设计深度要求；掌握技术经济综合评价标准；理解建筑与室内外环境、建筑与技术、建筑与人的行为方式的关系。

2.2　了解中外建筑历史的发展规律与发展趋势；了解中外各个历史时期的古代建筑与园林的主要特征和技术成就；了解现代建筑的发展过程、理论、主要代表人物及其作品；了解历史文化遗产保护的基本原则。

2.3　了解城市规划、城市设计、居住区规划、环境景观及可持续发展建筑设计的基础理论和设计知识。

2.4　掌握各类建筑设计的标准、规范和法规。

三、建筑结构

3.1　对结构力学有基本了解，对常见荷载、常见建筑结构形式的受力特点有清晰概念，能定性识别杆系结构在不同荷载下的内力图、变形形式及简单计算。

3.2　了解混凝土结构、钢结构、砌体结构、木结构等结构的力学性能、使用范围、主要构造及结构概念设计。

3.3　了解多层、高层及大跨度建筑结构选型的基本知识、结构概念设计；了解抗震设计的基本知识，以及各类结构形式在不同抗震烈度下的使用范围；了解天然地基和人工地基的类型及选择的基本原则；了解一般建筑物、构筑物的构件设计与计算。

四、建筑物理与建筑设备

4.1　了解建筑热工的基本原理和建筑围护结构的节能设计原则；掌握建筑围护结构的保温、隔热、防潮的设计，以及日照、遮阳、自然通风方面的设计。

4.2　了解建筑采光和照明的基本原理，掌握采光设计标准与计算；了解室内外环境照明对光和色的控制；了解采光和照明节能的一般原则和措施。

4.3 了解建筑声学的基本原理；了解城市环境噪声与建筑室内噪声允许标准；了解建筑隔声设计与吸声材料和构造的选用原则；了解建筑设备噪声与振动控制的一般原则；了解室内音质评价的主要指标及音质设计的基本原则。

4.4 了解冷水储存、加压及分配，热水加热方式及供应系统；了解建筑给排水系统水污染的防治及抗震措施；了解消防给水与自动灭火系统、污水系统及透气系统、雨水系统和建筑节水的基本知识以及设计的主要规定和要求。

4.5 了解采暖的热源、热媒及系统，空调冷热源及水系统；了解机房（锅炉房、制冷机房、空调机房）及主要设备的空间要求；了解通风系统、空调系统及其控制；了解建筑设计与暖通、空调系统运行节能的关系及高层建筑防火排烟；了解燃气种类及安全措施。

4.6 了解电力供配电方式，室内外电气配线，电气系统的安全防护，供配电设备，电气照明设计及节能，以及建筑防雷的基本知识；了解通信、广播、扩声、呼叫、有线电视、安全防范系统、火灾自动报警系统，以及建筑设备自控、计算机网络与综合布线方面的基本知识。

五、建筑材料与构造

5.1 了解建筑材料的基本分类；了解常用材料（含新型建材）的物理化学性能、材料规格、使用范围及其检验、检测方法；了解绿色建材的性能及评价标准。

5.2 掌握一般建筑构造的原理与方法，能正确选用材料，合理解决其构造与连接；了解建筑新技术、新材料的构造节点及其对工艺技术精度的要求。

六、建筑经济、施工与设计业务管理

6.1 了解基本建设费用的组成；了解工程项目概、预算内容及编制方法；了解一般建筑工程的技术经济指标和土建工程分部分项单价；了解建筑材料的价格信息，能估算一般建筑工程的单方造价；了解一般建设项目的主要经济指标及经济评价方法；熟悉建筑面积的计算规则。

6.2 了解砌体工程、混凝土结构工程、防水工程、建筑装饰装修工程、建筑地面工程的施工质量验收规范基本知识。

6.3 了解与工程勘察设计有关的法律、行政法规和部门规章的基本精神；熟悉注册建筑师考试、注册、执业、继续教育及注册建筑师权利与义务等方面的规定；了解设计业务招标投标、承包发包及签订设计合同等市场行为方面的规定；熟悉设计文件编制的原则、依据、程序、质量和深度要求；熟悉修改设计文件等方面的规定；熟悉执行工程建设标准，特别是强制性标准管理方面的规定；了解城市规划管理、房地产开发程序和建设工程监理的有关规定；了解对工程建设中各种违法、违纪行为的处罚规定。

七、建筑方案设计（作图题）

检验应试者的建筑方案设计构思能力和实践能力，对试题能做出符合要求的答案，包括：总平面布置、平面功能组合、合理的空间构成等，并符合法规规范。

八、建筑技术设计（作图题）

检验应试者在建筑技术方面的实践能力，对试题能做出符合要求的答案，包括：建筑剖面、结构选型与布置、机电设备及管道系统、建筑配件与构造等，并符合法规规范。

九、场地设计（作图题）

检验应试者场地设计的综合设计与实践能力，包括：场地分析、竖向设计、管道综合、停车场、道路、广场、绿化布置等，并符合法规规范。

全国一级注册建筑师资格考试各科目考试题型及时间表

序号	科　目	考试题型	考试时间（小时）
一	设计前期与场地设计	单选	2.0
二	建筑设计	单选	3.5
三	建筑结构	单选	4.0
四	建筑物理与建筑设备	单选	2.5
五	建筑材料与构造	单选	2.5
六	建筑经济、施工与设计业务管理	单选	2.0
七	建筑方案设计	作图	6.0
八	建筑技术设计	作图	6.0
九	场地设计	作图	3.5
合　计			31.0

说明：注建［2008］1号文件更改建筑技术设计科目考试时间为6.0小时。

附录2 全国一级注册建筑师资格考试规范、标准及主要参考书目

一、设计前期与场地设计（知识题）
1. 中国建设项目环境保护设计规定（87），国环字第002号
2. 民用建筑设计通则 JGJ 37—87
3. 城市居住区规划设计规范 GB 50180—93（新版即将发行）
4. 城市道路交通规划设计规范 GB 50220—95
5. 建筑设计资料集（第二版）有关章节，1994年6月
6. 余庆康编著．建筑与规划．北京：中国建筑工业出版社，1995（其中第4章选址和用地）
7. 其他有关建筑防火、抗震、防洪、气象、制图标准等规范
8. 国家规范有关总平面设计部分

二、建筑设计（知识题）
1. 建筑构图有关原理
2. 张文忠主编．公共建筑设计原理（第二版）．中国建筑工业出版社
3. 朱昌廉主编．住宅建筑设计原理．中国建筑工业出版社
4. 建筑设计资料集（第二版）．民用建筑设计有关内容．中国建筑工业出版社
5. 《建筑工程设计文件编制深度的规定》等有关文件
6. 刘敦桢主编．中国古代建筑史．中国建筑工业出版社
7. 陈志华著．外国建筑史（十九世纪以前）．中国建筑工业出版社
8. 清华大学等编著．外国近现代建筑史．中国建筑工业出版社
9. 潘谷西主编，中国建筑史编写组．中国建筑史．中国建筑工业出版社
10. 李德华主编．城市规划原理（第二版）．中国建筑工业出版社
11. 夏葵，施燕编著．生态可持续建筑．中国建筑工业出版社
12. 林玉莲，胡正凡编著．环境心理学．中国建筑工业出版社
13. 各类民用建筑设计标准及规范

三、建筑结构
1. 高等院校教材（供建筑学专业用者）

第一分册：重庆建筑工程学院编．建筑力学．理论力学（静力学部分）．高等教育出版社

第二分册：干光瑜，秦惠民编．材料力学．（杆件的压缩、拉伸、剪切、扭转和弯曲的基本知识）．高等教育出版社

第三分册：湖南大学编．结构力学（静定部分）．高等教育出版社
建筑抗震设计．高等教育出版社

黎钟，高云虹编．钢结构．高等教育出版社

郭继武编．建筑地基基础．高等教育出版社

郭继武编．混凝土结构与砌体结构．高等教育出版社

2．有关规范、标准

建筑结构荷载规范、砌体结构设计规范、木结构设计规范、钢结构设计规范、混凝土结构设计规范、建筑地基基础设计规范、建筑抗震设计规范、钢筋混凝土高层建筑结构设计与施工规程、建筑结构制图标准等规范、标准中属于建筑师应知应会的内容。

四、建筑物理与建筑设备

建筑物理：

1．刘加平主编．建筑物理（第三版）：高校建筑学与城市规划专业教材．中国建筑工业出版社，2000．

2．建筑设计资料集（第二版）（8、9、10）．中国建筑工业出版社，1994．

3．中国建筑科学研究院主编．民用建筑节能设计标准（采暖居住建筑部分）JGJ 26—95．中国建筑工业出版社

4．中国建筑科学研究院主编．夏热冬冷地区居住建筑节能设计标准 JGJ 134—2001．中国建筑工业出版社

5．中国建筑科学研究院主编．民用建筑热工设计规范 GB 50176—93．中国建筑工业出版社

6．中国建筑科学研究院主编．建筑采光设计标准 GB/T 50033—2001．中国建筑工业出版社

7．中国建筑科学研究院主编．民用建筑照明设计标准 GBJ 133—90．中国计划出版社

8．中国建筑科学研究院主编．民用建筑隔声设计规范 GBJ 118—88．中国计划出版社

9．国家环境保护局监测总站主编．城市区域环境噪声标准 GB 3096—93．国家环保出版社

建筑设备：

1．建筑给水排水设计手册．中国建筑工业出版社，1992

2．建筑给水排水设计规范 GBJ 15—88

3．建筑设计防火规范 GBJ 16—87（2001年版）

4．高层民用建筑设计防火规范 GB 50045—95（2001年版）

5．自动喷水灭火系统设计规范 GB 50084—2001

6．采暖通风与空气调节设计规范 GBJ 19—87

7．民用建筑热工设计规范 GB 50176—93

8．民用建筑节能设计标准（采暖居住建筑部分）JGJ 26—95

9．夏热冬冷地区居住建筑节能设计标准 JGJ 134—2001

10．锅炉房设计规范 GB 50041—92

11．城镇燃气设计规范 GB 50028—93

12．陆耀庆主编．实用供热空调设计手册（上下册）（第二版）．中国建筑工业出版

社，2008.
13. 林琅编. 现代建筑电气技术资质考试复习问答. 中国电力出版社，2002.
14. 民用建筑电气设计规范 JGJ/T 16—92
15. 低压配电设计规范 GB 50054—94
16. 10kV 及以下变电所设计规范 GB 50053—94
17. 供配电系统设计规范 GB 50052—95
18. 建筑物防雷设计规范 GB 50057—94（2000 年版）
19. 民用建筑照明设计标准 GBJ 133—90
20. 火灾自动报警系统设计规范 GB 50116—98
21. 建筑与建筑群综合布线系统工程设计规范 GB/T 50311—2000

五、建筑材料与构造

1. 高等院校教材：《建筑材料》、《建筑构造》
2. 王寿华，马芸芳，姚庭舟编. 实用建筑材料学. 中国建筑工业出版社，1998.
3. 陕西省建筑设计研究院编. 建筑材料手册（第四版）. 中国建筑工业出版社，2000.
4. 有关规定、规范：
   屋面、地面、楼面、防水、装饰、砌体、玻璃幕墙等工程施工及验收规范有关部分
5. 中国新型建筑材料集. 中国建筑工业出版社，1992.

六、建筑经济、施工与设计业务管理

建筑经济：
1. 全国注册建筑师管理委员会编. 一级注册建筑师资格考试手册
2. 全国注册建筑师管理委员会组织编写. 建筑师技术经济与管理读本
3. 建设项目经济评价方法与参数（第 2 版）. 中国计划出版社
4. 概、预算定额（土建部分）

建筑施工：
1. 砌体工程施工质量验收规范 GB 50203—2002
2. 混凝土结构工程施工质量验收规范 GB 50204—2002
3. 屋面工程质量验收规范 GB 50207—2002
4. 地下防水工程质量验收规范 GB 50208—2002
5. 建筑地面工程施工质量验收规范 GB 50209—2002
6. 建筑装饰装修工程质量验收规范 GB 50210—2001

设计业务管理：

法律：
1. 中华人民共和国建筑法（主席令第 91 号）
2. 中华人民共和国招标投标法（主席令第 21 号）
3. 中华人民共和国城市房地产管理法（主席令第 29 号）
4. 中华人民共和国合同法（主席令第 15 号），总则第一章至第四章及第十六章（建设工程合同）
5. 中华人民共和国城市规划法（主席令第 23 号）

行政法规：
6. 中华人民共和国注册建筑师条例（国务院第184号令）
7. 建设工程勘察设计管理条例（国务院第293号令）
8. 建设工程质量管理条例（国务院第279号令）

部门规章：
9. 中华人民共和国注册建筑师条例实施细则（建设部第52号令）
10. 实施工程建设强制性标准监督规定（建设部第81号令）
11. 工程建设若干违法违纪行为处罚办法（建设部第68号令）
12. 建筑工程设计招标投标管理办法（建设部第82号令）

注：全国注册建筑师管理委员会2004年4月21日通知：每年考试所使用的规范、标准，以本考试年度上一年12月31日以前正式实施的规范、标准为准。

现行常用建筑法规、规范、规程、标准一览表（截至2014年底）

分科	序号	编号	名称	被代替编号
法规	1		中华人民共和国建筑法（2011年7月1日起施行）	
	2		中华人民共和国城乡规划法（2008年1月1日起施行）	
	3		中华人民共和国安全生产法（2014年12月1日起施行）	
	4		中华人民共和国环境保护法（2015年1月1日起施行）	
建筑	5	GB 50352—2005	民用建筑设计通则	JGJ 37—1987
	6	GB 50137—2011	城市用地分类与规划建设用地标准	GBJ 137—90
	7	GB 50763—2012	无障碍设计规范	JGJ 50—2001
	8	GB/T 50504—2009	民用建筑设计术语标准	
	9	GB/T 50103—2010	总图制图标准	GB/T 50103—2001
	10	GB/T 50104—2010	建筑制图标准	GB/T 50104—2001
	11	CJJ/T 97—2003	城市规划制图标准	
	12	GB/T 50001—2010	房屋建筑制图统一标准	GB/T 50001—2001
	13	GB/T 50002—2013	建筑模数协调标准	GBJ 2—86、GB/T 50100—2001
	14	GB 50096—2011	住宅设计规范	GB 50096—99
	15	GB 50368—2005	住宅建筑规范	
	16	GB/T 50340—2003	老年人居住建筑设计标准	
	17	GB 50867—2013	养老设施建筑设计规范	
	18	GB 50099—2011	中小学校设计规范	GBJ 99—86
	19	JGJ 67—2006	办公建筑设计规范	JGJ 67—1989

续表

分科	序号	编 号	名 称	被代替编号
建筑	20	JGJ 36—2005	宿舍建筑设计规范	JGJ 36—87
	21	JGJ 58—2008	电影院建筑设计规范	JGJ 58—1988
	22	JGJ 218—2010	展览建筑设计规范	
	23	JGJ 25—2010	档案馆建筑设计规范	JGJ 25—2000
	24	JGJ 48—2014	商店建筑设计规范	JGJ 48—88
	25	JGJ/T 60—2012	交通客运站建筑设计规范	JGJ 60—99/JGJ 86—92
	26	GB 50333—2013	医院洁净手术部建筑设计规范	GB 50333—2002
	27	GB 50038—2005	人民防空地下室设计规范	GB 50038—94
	28	GB/T 50362—2005	住宅性能评定技术标准	
	29	GB 50226—2007	铁路旅客车站建筑设计规范（2011年版）	GB 50226—95
	30	GB 50091—2006	铁路车站及枢纽设计规范	
	31	GB 50041—2008	锅炉房设计规范	GB 50041—92
	32	GB 50156—2012	汽车加油加气站设计与施工规范	GB 50156—2002
	33	CJJ 14—2005	城市公共厕所设计标准	
	34	JGJ/T 229—2010	民用建筑绿色设计规范	
	35	GB/T 50668—2011	节能建筑评价标准	
	36	GB 50222—95	建筑内部装修设计防火规范（2001年版）	
	37	GB 50098—2009	人民防空工程设计防火规范	GB 50098—98
	38	JGJ 144—2004	外墙外保温工程技术规程	
	39	GB 50345—2012	屋面工程技术规范	GB 50345—2004
	40	JG/T 372—2012	建筑变形缝装置	
	41	GB/T 50353—2013	建筑工程建筑面积计算规范	GB/T 50353—2005
	42	GB/T 50947—2014	建筑日照计算参数标准	
	43	GB 50925—2013	城市对外交通规划规范	
	44	GB 50037—2013	建筑地面设计规范	GB 50037—96
结构	45	GB 50009—2012	建筑结构荷载规范	GB 50009—2001（2006年版）
	46	GB 50068—2001	建筑结构可靠度设计统一标准	GBJ 68—84
	47	GB/T 50083—2014	工程结构设计基本术语标准	GB/T 50083—97
	48	GB 50223—2008	建筑工程抗震设防分类标准	GB 50223—2004
	49	GB 50153—2008	工程结构可靠性设计统一标准	GB 50153—92
	50	GB/T 50105—2010	建筑结构制图标准	GB/T 50105—2001
	51	JGJ/T 97—2011	工程抗震术语标准	JGJ/T 97—95
	52	GB 50003—2011	砌体结构设计规范	GB 50003—2001
	53	JGJ 3—2010	高层建筑混凝土结构技术规程	JGJ 3—2002
	54	GB 50005—2003	木结构设计规范（2005年版）	GBJ 5—88

续表

分科	序号	编　号	名　　称	被代替编号
结构	55	GB 50017—2003	钢结构设计规范	GBJ 17—88
	56	GB 50007—2011	建筑地基基础设计规范	GB 50007—2002
	57	GB 50021—2001	岩土工程勘察规范（2009年版）	GB 50021—94
	58	JGJ 209—2010	轻型钢结构住宅技术规程	
	59	JGJ 116—2009	建筑抗震加固技术规程	
	60	JGJ 79—2012	建筑地基处理技术规范	JGJ 79—2002
设备	61	JGJ 26—2010	严寒和寒冷地区居住建筑节能设计标准	JGJ 26—95
	62	JGJ 75—2012	夏热冬暖地区居住建筑节能设计标准	JGJ 75—2003
	63	JGJ 176—2009	公共建筑节能改造技术规范	
	64	JGJ/T 177—2009	公共建筑节能检测标准	
	65	JGJ/T 132—2009	居住建筑节能检测标准	JGJ/T 132—2001
	66	JGJ/T 129—2012	既有居住建筑节能改造技术规程	JGJ 129—2000
	67	GB/T 50785—2012	民用建筑室内热湿环境评价标准	
	68	GB/T 50106—2010	建筑给水排水制图标准	GB/T 50106—2001
	69	GB 50015—2003	建筑给水排水设计规范（2009年版）	GBJ 15—88
	70	GB 50013—2006	室外给水设计规范	GBJ 13—86
	71	GB 50014—2006	室外排水设计规范（2014年版）	GBJ 14—87
	72	GB 50336—2002	建筑中水设计规范	
	73	GB 50318—2000	城市排水工程规划规范	
	74	CJJ 140—2010	二次供水工程技术规程	
	75	GB 50974—2014	消防给水及消火栓系统技术规范	
	76	GB/T 50125—2010	给水排水工程基本术语标准	
	77	GB 50555—2010	民用建筑节水设计标准	
	78	GB/T 50114—2010	暖通空调制图标准	GB/T 50114—2001
	79	GB 50028—2006	城镇燃气设计规范	GB 50028—93
	80	GB 50736—2012	民用建筑供暖通风与空气调节设计规范	GB 50019—2003
	81	CJJ/T 185—2012	城镇供热系统节能技术规范	
	82	GB/T 50786—2012	建筑电气制图标准	
	83	JGJ 16—2008	民用建筑电气设计规范	JGJ/T 16—92
	84	GB 50057—2010	建筑物防雷设计规范	GB 50057—94
	85	GB 50052—2009	供配电系统设计规范	GB 50052—95
	86	JGJ/T 119—2008	建筑照明术语标准	JGJ/T 119—98
	87	GB 50034—2013	建筑照明设计标准	GB 50034—2004
	88	JGJ 242—2011	住宅建筑电气设计规范	
	89	JGJ 310—2013	教育建筑电气设计规范	
	90	GB 50116—2013	火灾自动报警系统设计规范	GB 50116—98

265

续表

分科	序号	编号	名称	被代替编号
设备	91	GB 50118—2010	民用建筑隔声设计规范	GBJ 118—88
	92	GB 50121—2005	建筑隔声评价标准	
	93	GB/T 50356—2005	剧场、电影院和多用途厅堂建筑声学设计规范	
	94	JGJ/T 131—2012	体育场馆声学设计及测量规程	JGJ/T 131—2000
	95	GB/T 50033—2013	建筑采光设计标准	GB 50033—2001
	96	GB 50311—2007	综合布线系统工程设计规范	GB/T 50311—2000
	97	GB 50325—2010	民用建筑工程室内环境污染控制规范	GB 50325—2001
施工	98	GB 50209—2010	建筑地面工程施工质量验收规范	GB 50209—2002
	99	JGJ/T 104—2011	建筑工程冬期施工规程	JGJ/T 104—97
	100	GB 50330—2013	建筑边坡工程技术规范	GB 50330—2002
其他	101	GB/T 50319—2013	建设工程监理规范	GB/T 50319—2000
	102	GB 50500—2013	建设工程工程量清单计价规范	GB 50500—2008
	103	GB 50413—2007	城市抗震防灾规划标准	
	104	GB 50805—2012	城市防洪工程设计规范	CJJ 50—1992
	105	JGJ 155—2007	种植屋面工程技术规程	2013年12月作废
	106	CJJ 47—2006	生活垃圾转运站技术规范	
	107	GB 50108—2008	地下工程防水技术规范	GB 50108—2001
	108	GB/T 50502—2009	建筑施工组织设计规范	
	109	JGJ/T 191—2009	建筑材料术语标准	
	110	JGJ/T 235—2011	建筑外墙防水工程技术规程	
	111	GB/T 50841—2013	建设工程分类标准	

2015年部分建筑法规、规范、规程、标准更新、局部修订一览表

序号	编号	名称	被代替编号
1	JGJ/T 41—2014	文化馆建筑设计规范	JGJ/T 41—87（试行）
2	JGJ 62—2014	旅馆建筑设计规范	
3	GB 51039—2014	综合医院建筑设计规范	JGJ 49—88
4	GB 50849—2014	传染病医院建筑设计规范	
5	JGJ 100—2015	车库建筑设计规范	原《汽车库建筑设计规范》JGJ 100—98
6	JGJ 367—2015	住宅室内装饰装修设计规范	
7	GB 50016—2014	建筑设计防火规范	原《建筑设计防火规范》GB 50016—2006 《高层民用建筑设计防火规范》GB 50045—95
8	GB 50067—2014	汽车库、修车库、停车场设计防火规范	GB 50067—97
9	GB 50314—2015	智能建筑设计标准	GB/T 50314—2006
10	GB/T 50378—2014	绿色建筑评价标准	GB/T 50378—2006

续表

序号	编号	名称	被代替编号
11	GB 50189—2015	公共建筑节能设计标准	
12	GB/T 51095—2015	建设工程造价咨询规范	
13	GB 50204—2015	混凝土结构工程施工质量验收规范	GB 50204—2002（2011年版）
14	JGJ 126—2015	外墙饰面砖工程施工及验收规程	
15	JGJ 345—2014	公共建筑吊顶工程技术规程	
16	JGJ/T 29—2015	建筑涂饰工程施工及验收规程	JGJ/T 29—2003
17	GB 51004—2015	建筑地基基础工程施工规范	
18	GB 50201—2014	防洪标准	GB 50201—94
19	GB 50010—2010	混凝土结构设计规范	局部修订
20	建设工程勘察设计管理条例（2015年6月12日修改）		局部修订

2016年部分建筑法规、规范、规程、标准更新、局部修订一览表

序号	编号	名称	被代替编号
1	GB 50289—2016	城市工程管线综合规划规范	GB 50289—98
2	CJJ 83—2016	城乡建设用地竖向规划规范	CJJ 83—99
3	JGJ 38—2015	图书馆建筑设计规范	JGJ 38—99
4	JGJ 66—2015	博物馆建筑设计规范	JGJ 66—91
5	JGJ 39—2016	托儿所、幼儿园建筑设计规范	JGJ 39—87
6	JGJ 369—2016	预应力混凝土结构设计规范	
7	GB/T 51163—2016	城市绿线划定技术规范	
8	GB 50180—93（2002年版）	城市居住区规划设计规范	局部修订
9	GB 50011—2010	建筑抗震设计规范	局部修订
10	CJJ 37—2012	城市道路工程设计规范	局部修订
11	GB 50420—2007	城市绿地设计规范	局部修订

附录3 2014年度全国一、二级注册建筑师资格考试考生注意事项

参加知识题考试：

一、考生应携带2B铅笔、橡皮、无声及无文本编辑功能的计算器参加考试。

二、在答题前，考生必须认真阅读印于试卷封二的"**应试人员注意事项**"，必须将工作单位、姓名、准考证号如实填写在试卷规定的栏目内，将姓名和准考证号填写并填涂在答题卡相应的栏目内。在其他位置书写单位、姓名、准考证号等信息的按违纪违规行为处理。

三、按题号在答题卡上将所选选项对应的信息点用2B铅笔涂黑。如有改动，必须用橡皮擦净痕迹，以防电脑阅卷时误读。

参加作图题考试：

一、考生于考试前30分钟进入考场做准备。

二、考生应携带以下工具和文具参加作图题考试：无声及无文本编辑功能的计算器，三角板一套，圆规，丁字尺，比例尺，建筑模板，绘图笔一套，铅笔，橡皮，订书机，刮图刀片，胶带纸等。不得携带草图纸、涂改液、涂改带等。参加一级注册建筑师"建筑技术设计"和"场地设计"科目考试的考生还应携带2B铅笔。

三、正式答题前，考生必须认真阅读本作图题考试科目的"**应试人员注意事项**"，将姓名、准考证号如实填写在试卷封面规定的栏目内。参加"建筑技术设计"和"场地设计"科目考试的考生，还须将姓名和准考证号填写并填涂在答题卡相应的栏目内。

四、作图题必须按规定的比例用黑色绘图笔绘制在试卷上。所有线条应光洁、清晰，不易擦去。各科目里若有允许徒手绘制的线条，其有关说明见相应作图题科目"应试人员注意事项"中的规定。

五、考生可将试卷拆开以便作答，作答完毕后由考生本人将全部试卷按照页码编号顺序用订书机重新装订成册，订书钉应订在封面指定位置。

六、"建筑技术设计"和"场地设计"两个作图题考试科目试卷上有选择题，**考生按下列三个步骤完成作答**：1. 作图；2. 根据作图完成选择题作答，并将所选选项用黑色墨水笔填写在括号内；3. 根据选择题作答结果填涂答题卡，按题号在答题卡上将所选选项对应的信息点用2B铅笔涂黑。漏做其中任一步骤均视为无效卷，不予评分。选择题只能选择一个正确答案，且试卷上选择题所选答案必须与答题卡所填涂答案一致。

七、作图题试卷有下列情形之一，造成无法评分的，后果由个人负责：

1. 姓名和准考证号填写错误的；
2. 试卷缺页的；
3. "建筑技术设计"或"场地设计"科目作图选择题与答题卡选项不一致的；
4. "建筑技术设计"或"场地设计"科目的作图选择题、答题卡作答空缺的。

八、特别提请注意，作图题试卷有下列情况之一的，按违纪违规行为处理：
1. 用彩色笔、铅笔、非制图用圆珠笔及泛蓝色钢笔等非黑色绘图笔制图的；
2. 将草图纸夹带或粘贴在试卷上的；
3. 在试卷指定位置以外书写姓名、准考证号，或在试卷上做与答题无关标记的；
4. 使用涂改液或涂改带修改图纸的。

附录4 解读《考生注意事项》

郭保宁

由于工作关系，笔者十余年来参加了注册建筑师考试的考题审核、考试巡考、作图题阅卷等项工作，发现考生因备考不充分、缺少具有针对性的应试技巧、对题目作答要求不够重视等非技术因素造成考试成绩不理想的情况时有发生。每年布置考试考务工作的文件均附有《××××年度全国一、二级注册建筑师资格考试考生注意事项》，并要求考生报考时由报考部门印发给每一位考生。本文旨在结合所了解的情况和一些个人理解对《考生注意事项》做一解读，以便广大考生更有针对性地做好备考工作。本文黑体字部分为2014年《考生注意事项》原文，宋体字部分为笔者的说明、注释和心得。

一、知识题考试

一级注册建筑师资格考试中有6个考试科目为知识题，它们是："设计前期与场地设计"、"建筑设计"、"建筑结构"、"建筑物理与建筑设备"、"建筑材料与构造"、"建筑经济、施工与设计业务管理"；二级注册建筑师资格考试中有2个考试科目为知识题，它们是："建筑结构与设备"和"法律、法规、经济与施工"。

参加知识题考试： 知识题考题都为单项选择题，每一个选择题都有一个讲述问题的题干，题干以问句或不完全陈述句构成，后附4个选项供选择，其中只有1个为正确选择项，考生对这种标准化的考试方式应当不陌生。

（一）考生应携带2B铅笔、橡皮、无声及无文本编辑功能的计算器参加考试。 2B铅笔用于填涂答题卡，建议在正规商店购买2B铅笔以确保用笔质量。"无声、无文本编辑功能"是人力资源和社会保障部人事考试中心对各类资格考试用计算器的统一规定。

（二）在答题前，考生必须认真阅读印于试卷封二的"应试人员注意事项"，必须将工作单位、姓名、准考证号如实填写在试卷规定的栏目内，将姓名和准考证号填写并填涂在答题卡相应的栏目内。 磨刀不误砍柴工，"应试人员注意事项"必须认真阅读并理解。注意在"试卷规定的栏目内（封面装订线左侧）"填写"工作单位、姓名、准考证号"，在"答题卡相应的栏目内"填写"姓名"、填涂"准考证号"。建议考生仔细填写、填涂并核对这部分内容，填写、填涂错误则可能造成张冠李戴或其他情况发生。**在其他位置书写单位、姓名、准考证号等信息的按违纪违规行为处理。**

（三）按题号在答题卡上将所选选项对应的信息点用2B铅笔涂黑。如有改动，必须用橡皮擦净痕迹，以防电脑阅卷时误读。

二、作图题考试

注册建筑师考试作图题分两类，一类为作图选择题，既要求作图又要求在试卷和答题

注：作者郭保宁为住房和城乡建设部执业资格注册考试处原处长。

卡上填写或填涂选择题选项；它们是：一级注册建筑师"建筑技术设计"和一级注册建筑师"场地设计"考试科目。另一类为单纯作图题，只需要完成作图即可；考试科目为：一级注册建筑师"建筑方案设计"，二级注册建筑师"场地与建筑设计"和二级注册建筑师"建筑构造与详图"。

参加作图题考试：作图题主要是考察考生的方案构思能力、工程实践能力和表达能力，这是建筑师的看家本事，也是众多考生通过考试前的扫尾科目，这就更需要考生事先了解作图题的考试方式和作答要求。

（一）**考生于考试前 30 分钟进入考场做准备**。希望考生尽早进入考场，提前做好布置图板、准备绘图用具等项工作。

（二）考生应携带以下工具和文具参加作图题考试：无声及无文本编辑功能的计算器，三角板一套，圆规，丁字尺，比例尺，建筑模板，绘图笔一套，铅笔，橡皮，订书机，刮图刀片，胶带纸等。不得携带草图纸、涂改液、涂改带等。参加一级注册建筑师"建筑技术设计"和"场地设计"科目考试的考生还应携带 2B 铅笔。注意：工具和文具多准备一些可以做到有备无患，其中有的无数量与规格要求，如模板，各类建筑模板、曲线板、椭圆模板、圆模板等建议多带。绘图笔用黑色墨水，建议带常用规格、不同粗细的不少于 3 支，2B 铅笔专用于填涂答题卡。考场上将为每位考生统一配发草图纸，用涂改液或涂改带修改图纸者其试卷按违规卷处理，不予评分。

（三）正式答题前，考生必须认真阅读本作图题考试科目的"应试人员注意事项"，切记此步！每年都有因未按要求作答而影响考试成绩者。将姓名、准考证号如实填写在试卷封面规定的栏目内。参加"建筑技术设计"和"场地设计"科目考试的考生，还须将姓名和准考证号填写并填涂在答题卡相应的栏目内。2003 年以来，一级注册建筑师资格考试中的"建筑技术设计"和"场地设计"两门作图题考试结束后，均先由电脑对考生的答题卡进行读卡评分，根据考生的读卡成绩决定其考卷能否进入下一步人工复评。所以，"建筑技术设计"和"场地设计"两门作图题考试时，都配有答题卡。参加"建筑技术设计"和"场地设计"两门作图题考试的考生，要在"答题卡相应的栏目内"填写"姓名"和填涂"准考证号"，建议考生仔细填写、填涂，并核对这部分内容。

（四）作图题必须按规定的比例用黑色绘图笔绘制在试卷上。所有线条应光洁、清晰，不易擦去。各科目里若有允许徒手绘制的线条，其有关说明见相应作图题科目"应试人员注意事项"中的规定。试卷的"应试人员注意事项"中有可能对徒手绘制线条的范围作出规定，这主要是为了便于考生提高制图的速度。但有两点要注意：1. 画长线条时，再好的徒手功夫也没有在尺上画得快；2. 画建筑单元模块时，用模板要比徒手画图快。至于借助工具还是徒手绘图，关键是看哪个速度快。

（五）考生可将试卷拆开以便作答，拆开试卷的考生注意保管好自己的每一页试卷，往年考试中曾发生过被抄袭及破损的情况。**试卷答完后由考生本人将全部试卷按照页码编号顺序用订书机重新装订成册**，试卷装订漏页有可能会被带离考场，属违反考试规定的行为。提请拆开试卷作答的考生注意，考试完毕装订试卷时切记要仔细核对试卷的页码编号顺序，以防有漏页情况发生，引起不必要的麻烦，同时要核对试卷封面上的个人信息以免张冠李戴，之后再装订成册。**订书钉应订在封面指定位置**。在封面左侧装订线处指定了 4 个装订钉的位置，建议考生将其订满以确保试卷在阅卷期间搬运和整理时不开散。

（六）"建筑技术设计"和"场地设计"两个作图题考试科目试卷上有选择题，考生按下列三个步骤完成作答：1. 作图；2. 根据作图完成选择题作答，并将所选选项用黑色墨水笔填写在括号内；3. 根据选择题作答结果填涂答题卡，按题号在答题卡上将所选选项对应的信息点用 2B 铅笔涂黑。漏做其中一项均视为无效卷，不予评分。选择题只能选择一个正确答案，且要求试卷上对选择题所选答案与答题卡所填涂答案一致。即考生在完成每道题的作图任务后，切记要同时完成在试卷选择题和答题卡上作答。如漏做了后者，在读答题卡时，有可能因分数未达到合格线而不能调卷参加全国统一组织的人工复评；如漏做了前者，即使已调卷参加人工复评，也会因试卷上无选择题答案，无法进行人工复核而被视为无效试卷。因为这两科作图选择题的评分方式目前是采用计算机与人工相结合的办法，所以在此强调两部分都要作答的重要性，不管忽略哪一项，都有可能失去考试通过的机会。这里明确要求选择题用黑色墨水笔作答，虽然，从近几年的评分现场情况看，试卷上的选择题用任何笔作答对考试成绩几乎都没有影响，但还是应尽量按统一要求进行答题。试卷上的选择题为填空作答，要求将所选选项的答案（字母 A、B、C、D 四者之一）填写进其对应选择题给定位置的括号中。在填涂答题卡时，仍须用 2B 铅笔涂黑所选选项，如有改动，必须用橡皮擦净痕迹，以防电脑阅卷时误读。

（七）作图题试卷有下列情形之一，造成无法评分的，后果由个人负责：

1. 姓名和准考证号填写错误的；

2. 试卷缺页的；

3. "建筑技术设计"或"场地设计"科目作图选择题与答题卡选项不一致的；

4. "建筑技术设计"或"场地设计"科目的作图选择题、答题卡作答空缺的。

这四种情形在以上"二、作图题考试"中的（三）、（五）、（六）条中已经进行了说明及强调。

（八）特别提请注意，作图题试卷有下列情况之一的，按违纪违规行为处理：

1. 用彩色笔、铅笔、非制图用圆珠笔及泛蓝色钢笔等非黑色绘图笔制图的；

2. 将草图纸夹带或粘贴在试卷上的；

3. 在试卷指定位置以外书写姓名、准考证号，或在试卷上做与答题无关标记的；

4. 使用涂改液或涂改带修改图纸的。

《考生注意事项》将"参加作图题考试"内容中的考试违纪违规情况集中列于此，目的是让考生能清晰地了解此部分内容，从而杜绝因个人不慎造成此类行为的发生。

三、提请考生注意

（一）合理分配考试时间

对于知识题（选择题），参照下表各科目作答每道题所用的时间，按此掌握答题速度，并注意留出检查的时间，这样便于从容作答及整体把握答题进度。

分级	一级						二级	
科 目	设计前期与场地设计	建筑设计	建筑结构	建筑物理与建筑设备	建筑材料与构造	建筑经济、施工与设计业务管理	建筑结构与设备	法律、法规、经济与施工
题 量	90	140	120	100	100	85	100	100
考试时间（时）	2.0	3.5	4.0	2.5	2.5	2.0	3.5	3.0
每题时间（分）	1.33	1.50	2.00	1.50	1.50	1.41	2.10	1.80

对于一级注册建筑师"建筑技术设计"、"场地设计"和二级注册建筑师"建筑构造与详图"这类每一门考试科目中有几道作图题的考试来说，建议考生拿到试卷后用几分钟时间先通览一遍考题，先挑相对简单和自己熟悉的题来做，以防被相对复杂和自己不熟悉的题占用过多时间，到考试后期有一些自己会做的题因为时间不够而无法完成，从而影响自己整体水平的发挥。另外，笔者要不厌其烦地特别强调，一级注册建筑师的"建筑技术设计"和"场地设计"两门作图题考试都有选择题，考试结束后先要由电脑对考生的答题卡进行读卡评分，根据读卡成绩淘汰掉分数未达到合格线的考生，未被淘汰的才能被调卷进行人工复评，考生要充分认识到填涂答题卡的重要性。另外，别忘记在试卷上的选择题中选择答案，否则也会因为试卷上无选择题答案而无法进行人工复核，试卷被视为无效试卷。因此，考生要安排出适当的时间作选择题和填涂答题卡。此前每年都出现过考生的读卡成绩较高，作图也不错，但试卷上的选择题未做，因而人工复评时无法对其进行复核，最终考试未能通过的情况。

对于一级注册建筑师"建筑方案设计"作图题和二级注册建筑师"场地与建筑设计"里的第二大题"建筑设计"作图题，考生要根据个人的具体情况大致划分方案构思与制图两个阶段的时间分配量，在人工评卷中，每年都可以发现既有方案构思不错而制图未完成的，又有制图表达完整但方案有明显缺陷的，只有把握好两阶段的时间分配量，才能保证个人整体水平的充分发挥。

（二）方案作图题的作答方法

方案作图题特指一级注册建筑师"建筑方案设计"作图题和二级注册建筑师"场地与建筑设计"里的第二大题"建筑设计"作图题，这类试题基本相当于大学的快速设计，但比快速设计更加注重方案构思和工程实践能力，而淡化一些其他内容（如无立面设计等）。完成这类考试建议分四步：1. 完全读懂题目要求，分析并明确作图任务；2. 根据任务描述、功能关系图等已知条件结合上述分析在草图纸上勾画草图；3. 确定结构柱网尺寸、面积等定量因素，同时对照题目要求调整、完善平面和功能关系及各部分面积；4. 在试卷上正式制图。提醒考生制图时要像画素描一样注意整体把握制图深度的一致性。笔者见到过这样的答卷，一层平面图中的作图甚至细致到结构部分全部涂黑、卫生间能表现的内容也都画了出来，但二层平面却是空白！因建筑一、二层有很多相互关联的功能关系，一层画得再好有时也无法单独给分；像这样的情况实属可惜。另外，应避免对细部、局部花过多时间和片面追求图面质量，而要把主要精力用于平面及功能关系等总体方案的构思和设计上。

（三）充分做好考前的非技术因素准备工作

考生在备考时除了全面、系统地梳理各科目专业知识外，建议用一些时间做好考前的非技术因素准备工作。笔者认为有以下几点应引起重视：1. 考试前认真阅读当年的《全国一、二级注册建筑师资格考试考生注意事项》，每年的《考生注意事项》与往年相比都会有多多少少的一些变动。尤其近年来，在考试作答等要求上，可能会有一些新的内容，提请考生要密切关注，高度重视。如考生未能在报考部门得到《考生注意事项》，请在住房和城乡建设部执业资格注册中心网站（www.pqrc.org.cn）上考试考务栏目内查找当年的考试考务通知。参加每门考试，尤其是作图题考试时，在正式答题前一定要认真阅读各门考试的"考试须知"。2. 通过阅读每年度的《全国一、二级注册建筑师资格考试考生注意事项》、考前培训和与考生交流，掌握好各考试科目的个人信息填写、填涂要求和作答要求。3. 登录相关网站（如 ABBS 建筑论坛等），在不违反考试规则的前提下借鉴其他考生的考试经验。4. 参加考试时所携带的工具和文具应尽量齐全，但注意不要发生规定所禁止的行为，如用涂改液、涂改带修改作图题的线条等。还有一点要注意，如个别地方的考场未给考生准备图板，考生要自己准备 2 号图板参加作图题考试。5. 由于我国建筑设计行业率先实现了计算机辅助设计，近十多年来毕业的考生几乎没有在图板上做过设计工作，建议考前多做一些手工制图练习，以确保作图的速度和质量。

说明：本文宋体字部分只是笔者的说明、注释和心得，仅以个人观点为考生提出一些建议，如与相关规定或要求不符，当以相关规定或要求为准。

2014 年 9 月

附录 5 对知识单选题考试备考和应试的建议

一级注册建筑师的 9 门考试中有 6 门是知识单选题考试。二级注册建筑师的 4 门考试中有 2 门是知识单选题考试。从 2011 年起，一级《建筑设计》、《建筑结构》、《建筑物理与建筑设备》和《建筑材料与构造》4 科知识单选题考试在考试时间不变的条件下，每科的试题数均较 2010 年的试题数减少了 20 道题，减轻了考生的负担。其他 2 科和二级的 2 科试题数没有变化。这些知识单选题的试题数、考试时间和及格标准见下表。

分 级	考 试 科 目	考试时间（小时）	考试题数	试卷满分	及格标准
一级	设计前期与场地设计	2.0	90	90	54
	建筑设计	3.5	140	140	84
	建筑结构	4.0	120	120	72
	建筑物理与建筑设备	2.5	100	100	60
	建筑材料与构造	2.5	100	100	60
	建筑经济、施工与设计业务管理	2.0	85	85	51
二级	建筑结构与设备	3.5	100	100	60
	法律、法规、经济与施工	3.0	100	100	60

从表中可看出及格线都是 60%。对历年试题的分析可以看出，有 50%～60% 的试题属于常规知识范围，也就是建筑师应知应会的知识；约 30%～35% 的题比较难，一般建筑师可能做不出来；还有约 10%～15% 的题可以说是偏题、怪题，几乎可以说，一般考生根本做不出来，就是老师也要多方查资料才能找到结果。也就是说，要想考出 80 分或 90 分的成绩几乎不可能。因此建议考生备考一定要重点明确，主要复习建筑师应知应会的知识，切忌去钻那些偏题、怪题。考生争取 60 分通过就行了，不必去追求高分，也没有必要。

在应试拿到考题时，建议考生不要顺着试题顺序往下做。因为有的题会比较难，有的题会比较生僻，耽误的时间比较多，以致到最后时间不够，致使会做的题却来不及做，这就得不偿失了。建议考生将做题过程分如下三步走：

首先用 10～20 分钟（根据考题的多少）将题从头到尾看一遍，一是首先解答出自己很熟悉很有把握的题；二是将那些需要稍加思考估计能在平均答题时间里做出的题做个记号。这里说的平均答题时间见下表，就是根据每科考试时间和题数计算出的平均答题时间。从表中可以看出，一级除《建筑结构》平均每题为 2 分钟外，其他 5 科平均答题时间均在 1 分 20 秒至 1 分 30 秒之间。二级 2 科平均每题答题时间在 2 分钟上下。将估计在这个时间里能做出来的题做个记号。

分级	考试科目	考试时间（小时）	考试题数	每题时间（分、秒）
一级	设计前期与场地设计	2.0	90	1分20秒
	建筑设计	3.5	140	1分30秒
	建筑结构	4.0	120	2分
	建筑物理与建筑设备	2.5	100	1分30秒
	建筑材料与构造	2.5	100	1分30秒
	建筑经济、施工与设计业务管理	2.0	85	1分24.7秒
二级	建筑结构与设备	3.5	100	2分06秒
	法律、法规、经济与施工	3.0	100	1分48秒

第二遍就做这些做了记号的题，这些题应该在考试时间里能做完。做完了这些题可以说就考出了考生的基本水平，不管考生的基础如何，复习得怎么样，临场发挥得如何，至少不会因为题没做完而遗憾了。对这些应知应会的题准备考试时一定要认真复习，考试时争取要都能做出来，这是考试及格的基础。

这些会做的题或基本会做的题做完以后，如果还有时间，就做那些需要花费时间较多的题。对这些比较难的题没有把握不要紧，有的可以采用排除法，把肯定不对的答案先排除掉，剩下的再猜答，能做几个算几个。并适当抽时间检查一下已答题的答案。

在考试将近结束时，比如说还剩5分钟要收卷了，你就要看看还有多少道题没有答，这些题确实不会了，也不要放弃。在单选题考试中，对不会的题估填了答案对了也是有分的。建议考生回头看看已答题的答案A、B、C、D各有多少，虽然整个卷子四种答案的数量不一定是平均的，但还是可以这样来考虑。看看已答的题中A、B、C、D哪个最少，然后将不会做、没有答的题按这个前边最少的选项通填，这样其中会有1/4甚至还会多于1/4的题能得分。你如果应知应会的题得了五十多分，再加上这些通填的题得了十几分，加起来就及格了。

以上建议供各位考生参考。
预祝大家顺利通过考试！

主编　曹纬浚
2016年10月